C++高级程序设计教程

张 娜 编著

清华大学出版社
北京

内容简介

本书系统地讲解了C++的语法规则，重点介绍了面向对象程序设计方法。全书分为10章，包括C++编程简介、C++语言的基础知识、C++在非面向对象方面的常用新特性、类和对象、关于类和对象的进一步讨论、运算符的重载、类的继承与派生、多态性和虚函数，以及模板、字符串和异常，C++的输入与输出。

每章内容包括学习目标、综合实例、习题等环节，在体系结构上力求分散难点、突出重点，在语言叙述上逻辑清晰，引入了较多的示例并对示例中涉及的语法、编写思路和输出结果进行详尽的解释和分析，通过案例教学法让内容深入浅出，所有的示例都在Visual Studio C++环境下运行通过。本书配有相应的教学课件、习题答案以及所有示例、综合实例的源代码。

本书可以作为高等学校计算机专业以及软件学院、高职院校计算机专业"面向对象程序设计(C++程序设计)"课程的教材。

图书在版编目(CIP)数据

C++高级程序设计教程/张娜编著. —北京：清华大学出版社，2017
(21世纪高等学校规划教材·计算机科学与技术)
ISBN 978-7-302-47053-3

Ⅰ. ①C… Ⅱ. ①张… Ⅲ. ①C语言－程序设计－高等学校－教材 Ⅳ. ①TP312.8

中国版本图书馆CIP数据核字(2017)第112309号

责任编辑：贾 斌 王冰飞
封面设计：傅瑞学
责任校对：徐俊伟
责任印制：沈 露

出版发行：清华大学出版社
网 址：http://www.tup.com.cn，http://www.wqbook.com
地 址：北京清华大学学研大厦A座 邮 编：100084
社 总 机：010-62770175 邮 购：010-62786544
投稿与读者服务：010-62776969，c-service@tup.tsinghua.edu.cn
质 量 反 馈：010-62772015，zhiliang@tup.tsinghua.edu.cn
课 件 下 载：http://www.tup.com.cn，010-62795954
印 装 者：北京泽宇印刷有限公司
经 销：全国新华书店
开 本：185mm×260mm **印 张**：24.25 **字 数**：606千字
版 次：2017年10月第1版 **印 次**：2017年10月第1次印刷
印 数：1～2000
定 价：59.00元

产品编号：073607-01

出版说明

随着我国改革开放的进一步深化，高等教育也得到了快速发展，各地高校紧密结合地方经济建设发展需要，科学运用市场调节机制，加大了使用信息科学等现代科学技术提升、改造传统学科专业的投入力度，通过教育改革合理调整和配置了教育资源，优化了传统学科专业，积极为地方经济建设输送人才，为我国经济社会的快速、健康和可持续发展以及高等教育自身的改革发展做出了巨大贡献。但是，高等教育质量还需要进一步提高以适应经济社会发展的需要，不少高校的专业设置和结构不尽合理，教师队伍整体素质亟待提高，人才培养模式、教学内容和方法需要进一步转变，学生的实践能力和创新精神亟待加强。

教育部一直十分重视高等教育质量工作。2007 年 1 月，教育部下发了《关于实施高等学校本科教学质量与教学改革工程的意见》，计划实施“高等学校本科教学质量与教学改革工程”（简称“质量工程”），通过专业结构调整、课程教材建设、实践教学改革、教学团队建设等多项内容，进一步深化高等学校教学改革，提高人才培养的能力和水平，更好地满足经济社会发展对高素质人才的需要。在贯彻和落实教育部“质量工程”的过程中，各地高校发挥师资力量强、办学经验丰富、教学资源充裕等优势，对其特色专业及特色课程（群）加以规划、整理和总结，更新教学内容、改革课程体系，建设了一大批内容新、体系新、方法新、手段新的特色课程。在此基础上，经教育部相关教学指导委员会专家的指导和建议，清华大学出版社在多个领域精选各高校的特色课程，分别规划出版系列教材，以配合“质量工程”的实施，满足各高校教学质量和教学改革的需要。

为了深入贯彻落实教育部《关于加强高等学校本科教学工作，提高教学质量的若干意见》精神，紧密配合教育部已经启动的“高等学校教学质量与教学改革工程精品课程建设工作”，在有关专家、教授的倡议和有关部门的大力支持下，我们组织并成立了“清华大学出版社教材编审委员会”（以下简称“编委会”），旨在配合教育部制定精品课程教材的出版规划，讨论并实施精品课程教材的编写与出版工作。“编委会”成员皆来自全国各类高等学校教学与科研第一线的骨干教师，其中许多教师为各校相关院、系主管教学的院长或系主任。

按照教育部的要求，“编委会”一致认为，精品课程的建设工作从开始就要坚持高标准、严要求，处于一个比较高的起点上。精品课程教材应该能够反映各高校教学改革与课程建设的需要，要有特色风格、有创新性（新体系、新内容、新手段、新思路，教材的内容体系有较高的科学创新、技术创新和理念创新的含量）、先进性（对原有的学科体系有实质性的改革和发展，顺应并符合 21 世纪教学发展的规律，代表并引领课程发展的趋势和方向）、示范性（教材所体现的课程体系具有较广泛的辐射性和示范性）和一定的前瞻性。教材由个人申报或各校推荐（通过所在高校的“编委会”成员推荐），经“编委会”认真评审，最后由清华大学出版社审定出版。

目前，针对计算机类和电子信息类相关专业成立了两个“编委会”，即“清华大学出版社计算机教材编审委员会”和“清华大学出版社电子信息教材编审委员会”。推出的特色精品教材包括：

(1) 21世纪高等学校规划教材·计算机应用——高等学校各类专业，特别是非计算机专业的计算机应用类教材。

(2) 21世纪高等学校规划教材·计算机科学与技术——高等学校计算机相关专业的教材。

(3) 21世纪高等学校规划教材·电子信息——高等学校电子信息相关专业的教材。

(4) 21世纪高等学校规划教材·软件工程——高等学校软件工程相关专业的教材。

(5) 21世纪高等学校规划教材·信息管理与信息系统。

(6) 21世纪高等学校规划教材·财经管理与应用。

(7) 21世纪高等学校规划教材·电子商务。

(8) 21世纪高等学校规划教材·物联网。

清华大学出版社经过三十多年的努力，在教材尤其是计算机和电子信息类专业教材出版方面树立了权威品牌，为我国的高等教育事业做出了重要贡献。清华版教材形成了技术准确、内容严谨的独特风格，这种风格将延续并反映在特色精品教材的建设中。

清华大学出版社教材编审委员会

联系人：魏江江

E-mail：weijj@tup.tsinghua.edu.cn

前言

C++语言是一种面向对象的编程语言，它是当今最主流的面向对象编程语言之一，它的功能很强大，很容易被人们理解和接受。目前，大多数高校计算机专业和IT培训学校都将C++作为基础的教学内容之一，这对于培养学生的基础编程能力具有非常重要的意义。

本书从教学的实际需求出发，结合初学者的认知规律，由浅入深、循序渐进地讲解了与C++程序设计相关的知识，重点讲解了C++面向对象的编程知识，并将C++语言知识和使用的示例有机结合起来，使知识和示例相辅相成，既有利于读者学习知识，又有利于指导读者实践，有效地强化了实践教学。具体来讲，本书具有以下特色：

(1)本书中的所有实例程序都是完整的，通过Visual Studio C++调试，能够在Windows XP、Windows 7系统下编译和运行。

(2)结合大量直观的示例来讲解各部分的内容，提供了程序设计实现的具体步骤，使初学者快速掌握C++的编程方法，体会C++的简单易学。

(3)本书的结构完整，根据循序渐进的认知规律设计各章节的内容。

(4)每章都配有学习目标、综合实例、本章小结和习题，可以帮助读者巩固所学的知识点，锻炼读者的实际动手能力。

全书分为10章，各章的基本内容如下。

第1章：介绍了面向对象的方法及其基本概念、C和C++的关系、C++程序的编写和实现，概括地说明了Visual Studio 2010集成开发环境，并以示例使读者熟悉开发C++程序的几种操作过程。

第2章：对C++语言的基础知识进行了介绍，包括标识符与关键字、常量与变量、运算符与表达式、语句及其流程控制、函数、构造数据类型、指针、数组与指针的关系、结构体与共用体，旨在使读者对C++语言有一个初步认识，为全书的学习打下基础，也为之前学过C语言的同学对C++语言中的C语言知识做一个简单的复习总结。

第3章：讲解了C++在非面向对象方面的常用新特性，主要讲解与C语言的不同，包括简单的C++输入与输出、用const定义常量、函数的重载、有默认参数的函数、引用、动态分配内存、布尔类型、函数原型、作用域运算符、内置函数以及C++的注释，目的是在第2章的基础上引入C++在非面向对象方面的新特性。

第4章：介绍了面向对象的概念、类、对象的创建、类的成员函数、对象成员的引用、构造函数、析构函数、对象数组、对象指针、对象成员、对象创建时内存的动态分配。

第5章：关于类和对象的进一步讨论，主要讲解了类的封装性、作用域和可见性、类的静态成员、友元、类模板、结构体和类、联合体和类、共享数据的保护。

第6章：讲解了运算符的重载，主要包括运算符重载的一般概念、重载运算符的实现，以及单目运算符、双目运算符和特殊运算符的重载。

第7章：类的继承与派生，主要包括继承与派生的概念、单继承、继承中的构造函数与析构函数、多继承与虚基类等。

第 8 章：多态性和虚函数，主要讲解 C++多态的概念、虚函数、虚析构函数、纯虚函数和抽象类。

第 9 章：模板、字符串和异常，详细介绍 C++函数模板、模板类、C++模板中的函数式参数；详细描述 C++中的 string 类和字符串，string 字符串的访问和拼接，string 字符串的增、删、改、查等操作；介绍了 C++异常处理、用 throw 抛出异常和 C++中的 exception 类。

第 10 章：详细介绍了 C++的输入与输出，不仅介绍了 C++输入输出的概念，而且详细讲解了与 C++输入输出有关的类和对象、标准的输出流、C++格式化输出，并在本章的最后几节介绍了文件的概念、文件流类与文件流对象、文件的打开与关闭、对 ASCII 文件和二进制文件的读写操作以及对字符串流的读写操作。

本书由张娜编著，作为编者，虽有多年的程序设计语言教学经验和工程实践经验，但也深知在这一领域仍有许多知识尚未融会贯通并正确使用，尽管在编写过程中参考了多部相关教材和参考书，也和学生进行了深入交流，但由于编者水平有限，书中难免存在一些疏漏和不足之处，敬请广大读者批评指正。

编　者

2017 年 5 月

目　录

第1章 C++编程简介

本章学习目标：

- 掌握面向对象程序设计的概念；
- 掌握类和对象的概念；
- 掌握面向对象的特性；
- 会编写一个简单的C++程序。

1.1 面向对象的方法

1.1.1 面向对象编程

面向对象编程(Object Oriented Programming,OOP,面向对象程序设计)是一种计算机编程架构,它的基本原则是计算机程序是由单个能够起到子程序作用的单元或对象组合而成。面向对象编程是为了达到软件工程的3个主要目标,即重用性、灵活性和扩展性。

在程序设计发展过程中有两种重要的编程方法,即面向过程程序设计方法和面向对象程序设计方法。面向过程的程序设计是以具体解题过程为研究和实现的主体,而面向对象的程序设计是以解决问题中的各种对象为主体。随着软件开发规模的不断扩大、升级加快、维护量增加以及在软件开发过程中分工日趋精细,面向对象技术能够很好地解决面向过程程序设计难于解决的种种难题。

面向对象技术的核心是以更接近于人类思维的方法建立计算机逻辑模型,即尽可能运用人类的思维方式,以现实世界中的事物为中心思考问题、认识问题,使得软件开发的方法和过程尽可能接近人类认识世界、解决问题的方法与过程。利用类和对象机制将数据及附着在数据之上的操作封装在一起,并通过统一的接口对外交互,使反映现实世界实体的各个类能够在程序中独立、自治和继承。面向对象方法可大大提高程序的可维护性和可重用性,也大大提高了程序开发的效率和程序的可管理性。

1.1.2 面向对象方法的由来

在面向对象的方法出现之前都是采用面向过程的程序设计方法。早期的计算机主要是用于科学计算,程序设计的本质是设计出一个计算方法求解问题。

随着计算机的发展,计算机的性能越来越强,用途也越来越广,不再仅仅限于数学计算,随着计算任务越来越复杂,程序的规模也越来越复杂。20 世纪 60 年代产生的结构化程序设计思想为面向过程的方法解决复杂问题提供了有力的方法,因而在 20 世纪 70 年代到 80 年代,结构化程序设计方法成为所有软件开发设计领域及每个程序员都采用的方法。结构化程序设计方法的思想是自顶向下、逐步求精;其程序设计结构按照功能划分为若干个基本模块,这些模块形成了一个树状结构;各模块之间的关系尽可能简单,在功能上相对独立,即模块的内聚性强,耦合度低。每一个模块内部均是由顺序、选择和循环 3 种基本结构组成。结构化程序设计由于采用模块分解和功能抽象以及自顶向下、分而治之的方法,从而有效地将一个较复杂的程序系统设计任务分解成许多易于控制和处理的子任务,便于开发和维护。

虽然结构化程序设计方法具有很多的优点,但是它仍是一种面向过程的程序设计方法,它把数据和处理数据的过程分离为相互独立的实体,当数据结构改变时所有相关的处理过程都要进行相应的修改,每一种相对于老问题的新方法都要带来额外的开销,程序的可重用性差。另外,面向过程的程序设计方法的可维护性差,原因是一个好的应用软件不会让用户按照固定的操作顺序,相应地这种软件的功能很难用过程来描述和实现。

而面向对象的程序设计可以屏蔽这些缺点,什么是面向对象的方法呢?首先,它是将数据及数据的操作方法放在一起,作为一个相互依存、不可分割的整体——对象。对于相同类型的对象抽象出共性,形成类。类通过一个简单的外部接口与外界发生联系,而对象与对象之间通过消息进行通信。通过后续章节中类的继承和多态性还可以提高软件的可重用性,使得软件的开发和维护都更为方便。

1.1.3 面向对象的语言

面向对象方法起源于面向对象的编程语言(Object Oriented Programming Language, OOPL)。20 世纪 50 年代后期,在用 FORTRAN 语言编写大型程序时常出现变量名在程序的不同部分发生冲突的问题。鉴于此,ALGOL 语言的设计者在 ALGOL60 中采用了以 Begin…End 为标识的程序块,使程序块内的变量名是局部的,以避免它们与程序块外的同名变量相冲突。这是编程语言中首次提供封装(保护)的尝试。此后程序块结构广泛用于高级语言(例如 Pascal、Ada、C)之中。

20 世纪 60 年代中后期,Simula 语言在 ALGOL 的基础上研制开发,它将 ALGOL 的块结构概念向前发展一步,提出了对象的概念,并使用了类,也支持类继承。20 世纪 70 年代,Smalltalk 语言诞生,它取 Simula 的类为核心概念,它的很多内容借鉴于 Lisp 语言。Xerox 公司对 Smautalk72/76 持续不断地研究和改进,在系统设计中强调对象概念的统一,引入对象、对象类、方法、实例等概念和术语,采用动态联编和单继承机制。

从 20 世纪 80 年代起,人们基于以往已提出的有关信息隐蔽和抽象数据类型等概念,以及由 Modula2、Ada 和 Smalltalk 等语言所奠定的基础,再加上客观需求的推动,进行了大量的理论研究和实践探索,不同类型的面向对象语言(例如 Object-C、Eiffel、C++、Java、Object-Pascal 等)逐步发展和建立起来,并建立起完整的 OO 方法的概念理论体系和实用的软件系统。

面向对象源自于 Simula,真正的 OOP 由 Smalltalk 奠基。Smalltalk 现在被认为是最纯的 OOPL。正是通过 Smalltalk80 的研制与推广应用,使人们注意到 OO 方法所具有的模块化、信息封装与隐蔽、抽象性、继承性、多样性等独特之处，这些优异的特性为研制大型软件以及提高软件的可靠性、可重用性、可扩充性和可维护性提供了有效的手段和途径。

自20世纪80年代以来，人们将面向对象的基本概念和运行机制运用到其他领域，获得了一系列相应领域的面向对象的技术。面向对象方法已被广泛应用于程序设计语言、形式定义、设计方法学、操作系统、分布式系统、人工智能、实时系统、数据库、人机接口、计算机体系结构以及并发工程、综合集成工程等，在许多领域的应用都得到了很大的发展。1986年在美国举行了首届面向对象编程、系统、语言和应用(OOPSLA'86)国际会议，使面向对象受到世人瞩目，其后每年都举行一次，这进一步标志OO方法的研究已普及到全世界。

1.2 面向对象的基本概念

1.2.1 类和对象

类是对象概念在面向对象编程语言中的反映，是相同对象的集合。在客观世界中，每一个有明确意义的事物都可以看成一个对象，它是一个可以辨识的实体。在现实世界中，任何具体的事物都可以是一个对象，例如计算机是对象、公交车是对象……每个对象都有其属性和行为，以区别于其他的对象。例如，一台电视有型号、尺寸和生产厂家等属性，也有开机、关机等行为。用户可以把具有相似特征的事物归为一类，例如所有的电视机可以归为“电视机类”。

类是一种数据类型，而对象是一个类的实例。例如将学生设计为一个类，张三和李四各为一个对象。类和对象是不同的概念，类定义对象的类型，但它不是对象本身。对象是类的具体实体，称为类的实例。当只用定义类的对象时才会给对象分配相应的内存空间。

1.2.2 面向对象的特点

面向对象最基本的特征是封装性、继承性和多态性。

1. 封装性

在面向对象程序设计(Object Oriented Programming，OOP)中把对象的数据和代码组合在同一个结构中，这就是对象的封装性。类似于黑盒的概念，人们不需要懂得对象的工作原理和内部结构就可以使用日常生活中的许多对象。例如，电视机的内部结构很复杂，在使用它时只需要知道如何操作几个基本按钮即可。对象的封装性是将对象的数据封装在对象内部，外部程序必须且只能使用正确的方法才能访问要读写的数据。封装的目的是将对象的使用者和设计者分开，使用者不必了解对象方法的具体实现，只需要用设计者提供的消息接口来访问对象。

2. 继承性

继承类是指特殊类的对象拥有一般类的属性和方法，其中一般类称为基类或父类，特殊类称为派生类或子类。继承的好处是共享代码，继承后父类的所有属性和方法都将存在于子类中。

如果一个类 A 继承自另一个类 B,则这个类 A 称为类 B 的子类,而把类 B 称为类 A 的父类。继承可以使得子类具有父类的各种属性和方法,而不需要再次编写相同的代码。在令子类继承父类的同时可以重新定义某些属性,并重写某些方法,即覆盖父类原有的属性和方法,使其获得与父类不同的功能。另外,为子类追加新的属性和方法也是常见的做法。

3. 多态性

多态是指一个实体同时具有多种形式。它是面向对象程序设计的又一个重要特性。多态性描述的现象是如果几个子类都重新定义了父类的某个函数(具有相同的函数名),当消息被发送到一个子类对象时,该消息会被不同的子类解释为不同的操作。多态性是在对象体系中把设想和实现分开的手段。

1.3 C 和 C++的关系

C++是由 C 发展而来的,与 C 兼容。用 C 语言编写的程序基本上可以不加修改地用于 C++。从 C++的名字来看,它是 C 的超集。C++既可以用于面向过程的结构化程序设计,又可以用于面向对象的程序设计。C++对 C 的“增强”表现在以下两个方面:

(1) 在原来面向过程的程序设计基础上对 C 语言的功能做了不少扩充。

(2) 增加了面向对象机制。

面向对象的程序设计方法和面向过程的程序设计方法不是矛盾的,而是各有用途、互为补充的。在面向对象的程序设计中仍然要用到面向结构的程序设计知识,例如在类中定义一个函数就需要用结构化程序设计方法来实现。对于简单的问题,直接用面向过程的方法就可以实现。

学习 C++不仅要利用 C++进行面向过程的结构化程序设计,更要学习利用 C++进行面向对象的程序设计。本书简单介绍了 C++在面向过程程序设计中的应用,重点介绍了 C++在面向对象程序设计中的应用。

为了使读者能了解什么是 C++程序,下面介绍几个简单的程序。

【例 1.1】 输出字符“This is a C++program.”。

程序如下:

```
#include<iostream>                          //包含头文件 iostream
using namespace std;                         //使用命名空间 std
int main()
{
    cout <<"This is a C++program.";
    return 0;
}
```

程序的运行结果如下:

```
This is a C++program.
```

程序的说明如下：

每一个 C++程序都必须有一个 main 函数。main 前面的 int 表示主函数带回一个整型的函数值，标准的 C++规定 main 函数必须声明为 int 型，而且在 main 函数前面加 int，同时在 main 函数的最后加一条语句“return 0；”。

函数体是由大括号{ }括起来的。本例中有一个以 cout 开头的语句，它是 C++用于输出的语句。cout 是 C++系统定义的对象名，称为输出流对象。“<<”是“插入运算符”，与 cout 配合使用，在本例中它的作用是将运算符“<<”右侧双引号内的字符串“This is a C++ program.”输出到显示器中。注意，C++所有语句的最后都应当有一个分号。

“#include <iostream>”是 C++的一个预处理命令，在行的末尾没有分号。它的作用是将文件 iostream 的内容包含到该命令所在的程序文件中，文件 iostream 的作用是向程序提供输入或输出时所需要的一些信息。由于这类文件都放在程序单元的开头，所以称为“头文件”(head file)。

“using namespace std；”的含义是使用命名空间 std。由于 C++标准库中的类和对象是在命名空间 std 中声明的，因此程序中如果需要用到 C++标准库，就需要用“using namespace std;”声明，表示要用到命名空间 std 中的内容。

“//包含头文件 iostream”是一个注释行，C++规定在一行中如果出现“//”，则从它开始到本行末尾之间的全部内容都作为注释。

【例 1.2】 包含类的 C++程序。

```
#include <iostream>                    //预处理命令
using namespace std;
class Student                          //声明一个类，类名为 Student
{
private:                               //以下为类中的私有部分
    int num;                           //私有变量 num
    int score;                         //私有变量 score
public:                                //以下为类中的公有部分
    void setdata()                     //定义公有函数 setdate
    {
        cin >> num;                    //输入 num 的值
        cin >> score;                  //输入 score 的值
    }
    void display()                     //定义公有函数 display
    {
        cout <<"num = "<< num << endl;     //输出 num 的值
        cout <<"score = "<< score << endl; // 输出 score 的值
    };
};                                     //类的声明结束
int main()
{
    Student stud1,stud2;               //定义 stud1 和 stud2 为 Student 类的对象
    stud1.setdata();                   //调用对象 stud1 的 setdata 函数
    stud2.setdata();                   //调用对象 stud2 的 setdata 对象
    stud1.display();                   //调用对象 stud1 的 display 函数
    stud2.display();                   //调用对象 stud2 的 display 函数
    return 0;
}
```

程序的运行情况如下：

输入：

```
081416101 98
081416102 95
```

输出：

```
num = 081416101
score = 98
Num = 081416102
score = 95
```

程序的运行结果如图 1.1 所示。

```
E:\16-17第一学期\教材\源码\1.2\Debug\1.2.exe
081416101 98
081416102 95
num=81416101
score=98
num=81416102
score=95
请按任意键继续. . .
```

图 1.1　例 1.2 的运行结果

这是一个包含类的较简单的C++程序。该程序中声明了一个类 Student，在一个类中包含两种成员——数据（变量 num、score）和函数（setdata 函数和 display 函数），分别称为数据成员和成员函数。成员函数是用来对数据成员进行操作的。也就是说，一个类是由一批数据以及对其操作的函数组成的。

类可以体现数据的封装性和信息隐蔽。在上面的程序中，在声明 Student 类时把类中的数据和函数分为两大类，即 private（私有的）和 public（公有的），也就是把全部数据（num、score）指定为私有的，把函数（setdata、display）指定为公有的。当然也可以把一部分数据和函数指定为私有的，把另一部分数据和函数指定为公有的，这根据需要而定。在大多数情况下会把所有数据指定为私有的，以实现信息的隐藏。

凡是被指定为公有的数据或函数既可以被本类中的成员函数调用，也可以被类外的语句所调用；被指定为私有的数据或函数只能被本类中的成员函数调用，而不能被类外的语句所调用（除了以后介绍的"友元类"成员以外）。这样做的目的是对数据进行保护，只有被指定的本类中的成员函数才能调用它们，拒绝其他无关的部分调用它们，以防止误调用，这样才能真正地实现封装。信息隐藏是 C++的一大特点。

在类 Student 中有两个公有的成员函数 setdata 和 display。setdata 函数的作用是给本类中的私有数据 num 和 score 赋予确定的值，这是通过 cin 语句实现的，在程序运行时从键盘输入 num 和 score 的值。display 函数的作用是输出已被赋值的变量 num 和 score 的值。

在该程序中定义了 Student 类的两个对象 stud1、stud2，这种定义方法和定义整型变量"int a,b;"方法类似，区别在于 int 是系统已经预先定义好的标准数据类型，而 Student 是

用户自己定义的类型。和其他变量一样，对象是占实际的存储空间的。在用 Student 定义了 stud1 和 stud2 以后，这两个对象具有相同的结构和特性。

```
stud1.setdata();
stud2.setdata();
stud1.display();
stud2.display();
```

这 4 条语句是用来调用对象的成员函数，必须说明要调用哪一个对象的函数，限定方法如下：

```
对象名.成员函数名
```

例 1.2 中调用对象的成员函数如表 1.1 所示。

表 1.1 调用对象的成员函数

对象名	num(学号)	score(成绩)	setdata 函数	display 函数
stud1	stud1.num	stud1.score	stud1.setdata()	stud1.display()
stud2	stud2.num	stud2.score	stud2.setdata()	stud2.display()

其中，“.”是一个成员运算符，把对象和成员连接起来。stud1.setdata()表示调用对象 stud1 的 setdata 成员函数，在执行此函数中的 cin 语句时，从键盘输入的值送给 stud1 对象的 num 和 score，作为学生 1 的学号和成绩。stud2.setdata()表示调用对象 stud2 的 setdata 成员函数，在执行此函数中的 cin 语句时，从键盘输入的值送给 stud2 对象的 num 和 score，作为学生 2 的学号和成绩。

1.4 C++程序的编写和实现

前面介绍了用 C 语言编写的程序，要想写出的程序得到最终的结果，需要经过以下步骤：

1.4.1 用 C++语言编写程序

所谓的程序，就是一组计算机系统能识别和执行的指令。每一条指令使得计算机执行特定的操作。用高级语言编写的程序称为“源程序”(source program)。C++的源程序是以.cpp 作为扩展名的。

1.4.2 对源程序进行编译

计算机只能识别和执行由 0 和 1 组成的二进制部分，而不能识别和执行用高级语言写的指令，因此必须先用编译器(complier，也称为编译程序或编译系统)把源程序翻译成二进制形式的“目标程序”。

编译以源程序文件为单位分别编译，每一个程序单位组成一个源程序文件，如果有多个程序单位，编译系统就把它们编译成多个目标程序。目标程序一般以.obj 作为扩展名。编译的作用是对源程序进行词法检查和语法检查。词法检查是检查源程序的上下文的单词拼写是否有错误。语法检查是根据源程序的上下文来检查程序的语法是否有错误,例如 cout 语句中输出变量 a 的值,但是在前面并没有定义变量 a。在编译时对文件中的全部内容进行检查,在编译结束后会显示所有的编译出错信息。一般编译系统给出的出错信息分为两种,一种是错误(error);一种是警告(warning),指一些不影响运行的轻微的错误。凡是检查出了 error 类的错误就不能生成目标程序,必须改正后重新编译。

1.4.3 对目标文件进行链接

在改正所有的错误并全部通过编译后得到一个或多个目标文件,此时要用系统提供的"链接程序(linker)"将一个程序的所有目标程序和系统中的库文件以及系统提供的其他信息链接起来,最终形成一个可执行的二进制文件,它的扩展名是.exe,是可以直接执行的。

1.4.4 运行程序

运行最终形成的可执行的二进制文件(.exe),得到运行结果。

1.4.5 分析运行结果

如果运行结果不正确,应检查程序或算法是否有问题。

综上所述,C++程序的编写实现过程如图 1.2 所示。

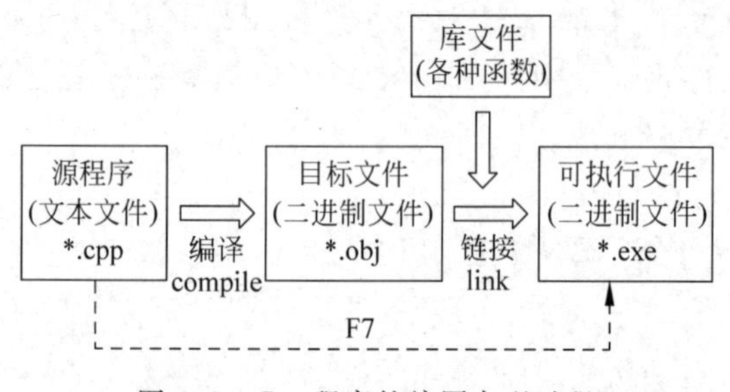

图 1.2 C++程序的编写实现过程

1.5 如何用 Visual Studio 2010 编写 C++程序

1.5.1 Visual Studio 2010 编程环境

Visual Studio 是微软公司推出的开发环境,是目前最流行的 Windows 平台应用程序开发环境。Visual Studio 2010 版本于 2010 年 4 月 12 日上市,其集成开发环境(IDE)的界面被重新设计和组织,变得更加简单明了。Visual Studio 2010 同时带来了.NET Framework 4.0、Microsoft Visual Studio 2010 CTP(Community Technology Preview,CTP),并且支持开发面向 Windows 7 的应用程序。除了 Microsoft SQL Server 以外,它还支持 IBM DB2 和 Oracle 数据库。

1.5.2 Visual Studio 2010 的启动

单击“开始”按钮，选择“程序”→Microsoft Visual Studio 2010→Microsoft Visual Studio 2010 命令，即可进入 Visual Studio 2010 的起始页界面，如图 1.3 所示。

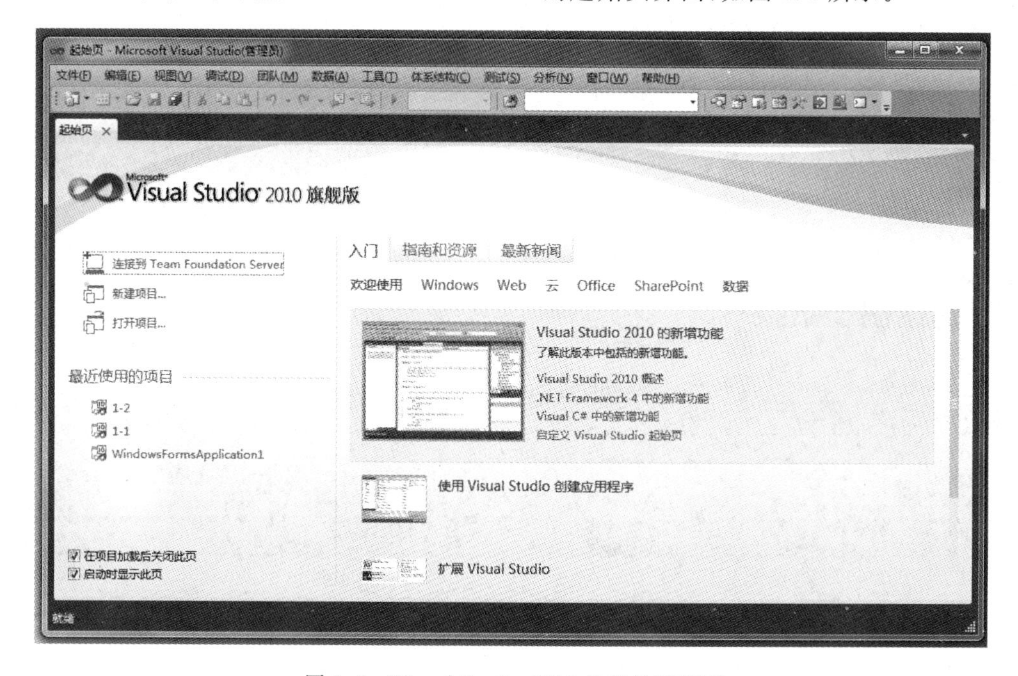

图 1.3　Visual Studio 2010 的起始页界面

1.5.3 新建一个 C++项目

(1) 在 Visual Studio 2010 集成开发环境中可以通过两种方法创建项目，一种是通过“起始页”左侧的“新建项目”命令，另一种是选择“文件”→“新建”→“项目”命令，这两种方法都会弹出如图 1.4 所示的“新建项目”对话框，在该对话框中选择不同的编程语言创建各种项目，此处选择“空项目”，然后依次在“名称”框中设置项目名称，在“位置”下拉列表框中选择项目的保存位置，并选择是否创建解决方案的目录，在完成所有设置之后单击“确定”按钮完成项目的创建。

(2) 在“解决方案资源管理器”中的头文件或者源文件中右击，选择“添加”→“新建项目”命令，如图 1.5 所示，出现如图 1.6 所示的界面，选择“C++文件”，并输入名称。

(3) 在图 1.7 所示的界面中输入 C++代码。

(4) 编译运行，单击工具栏中的“启动调试”按钮或者按 F5 键运行程序，将显示程序的运行结果，如图 1.8 所示。

1.5.4 Visual Studio 2010 界面介绍

Visual Studio 2010 集成开发环境与以前的版本相比，操作更加方便、功能更加实用、程序的启动速度更快，而且提供了更多的功能，提高了工作效率。

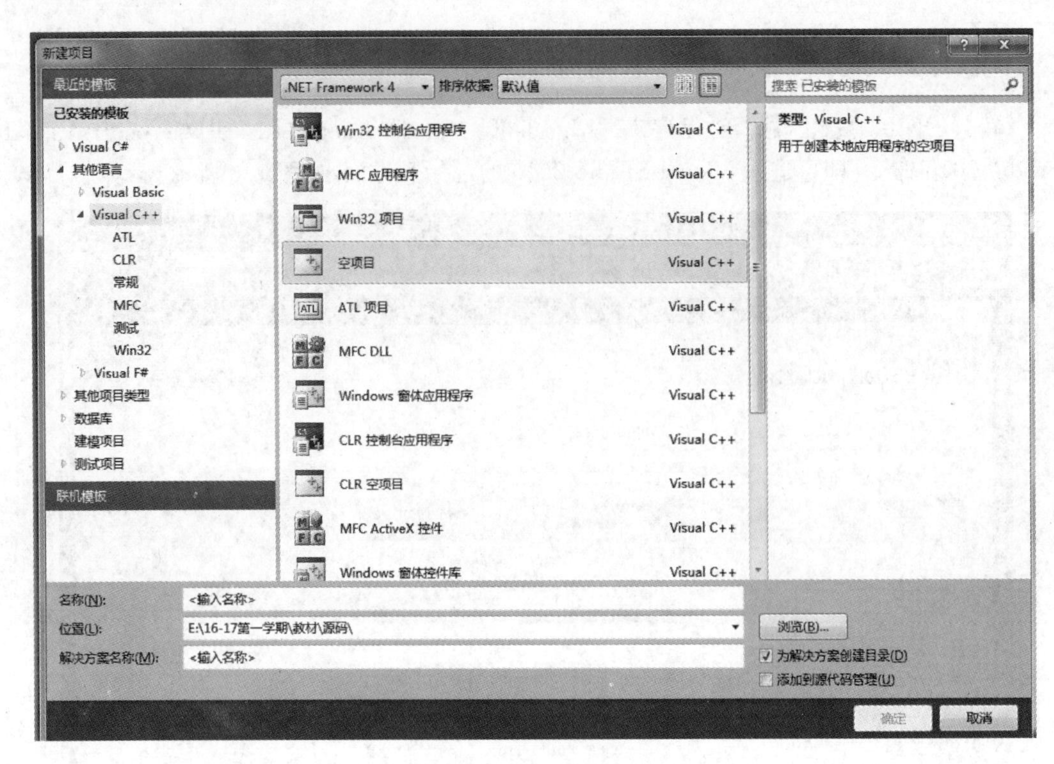

图 1.4 “新建项目”对话框

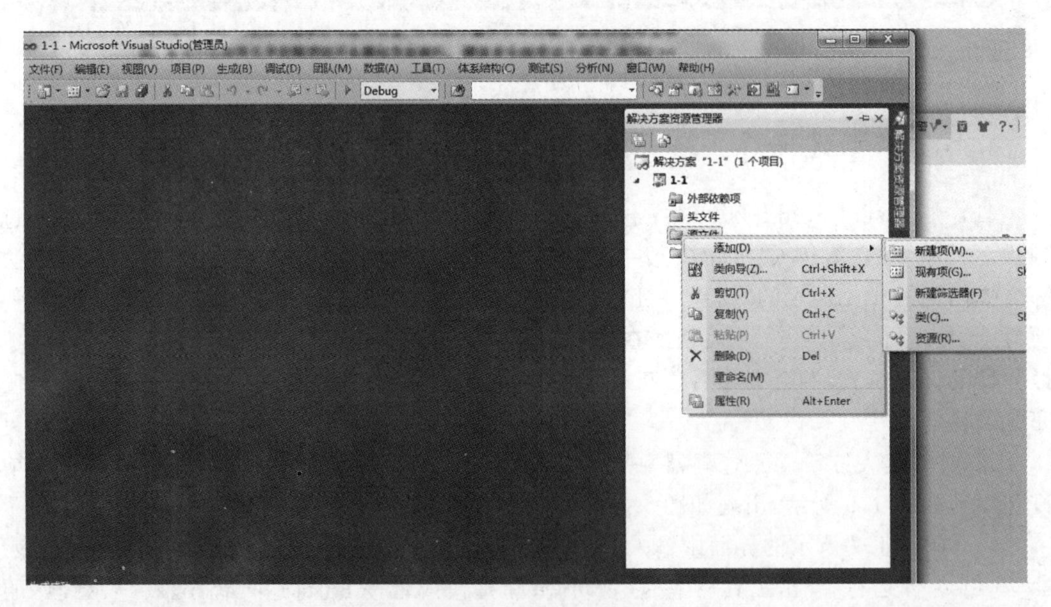

图 1.5 选择“添加”→“新建项”命令

启动 Visual Studio 2010，新建或打开一个 C++程序，首先打开的是主窗口，如图 1.9 所示。主窗口是主要的工作界面，包括标题栏、菜单栏、工具栏、工具箱、文档窗口、解决方案资源管理器、服务器资源管理器等。

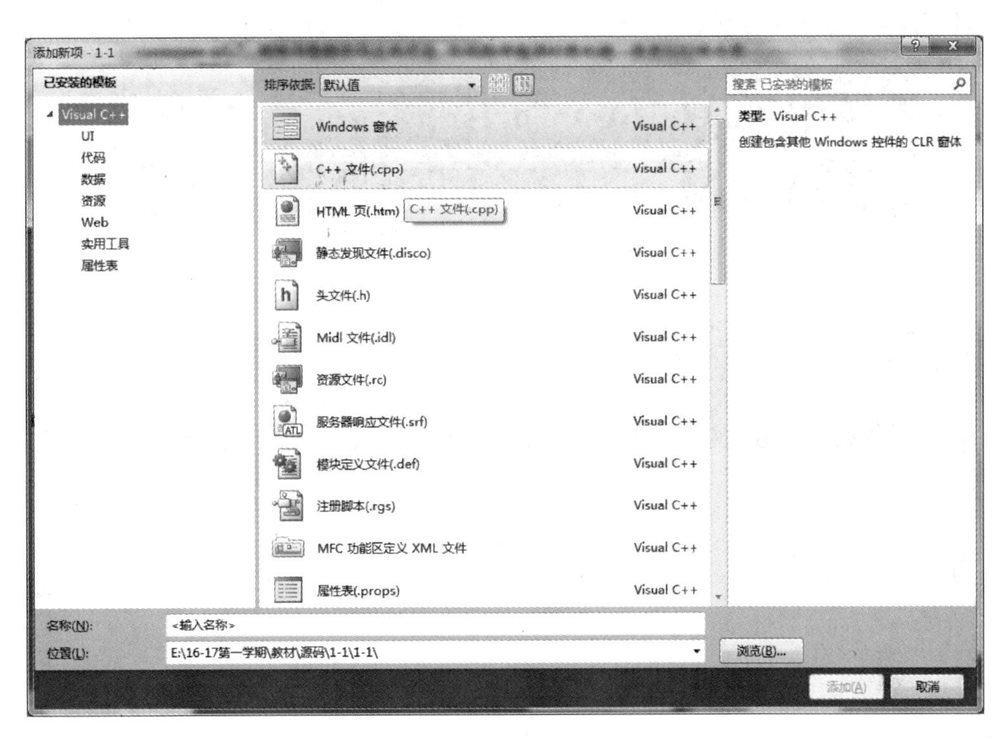

图 1.6　选择"C++文件"

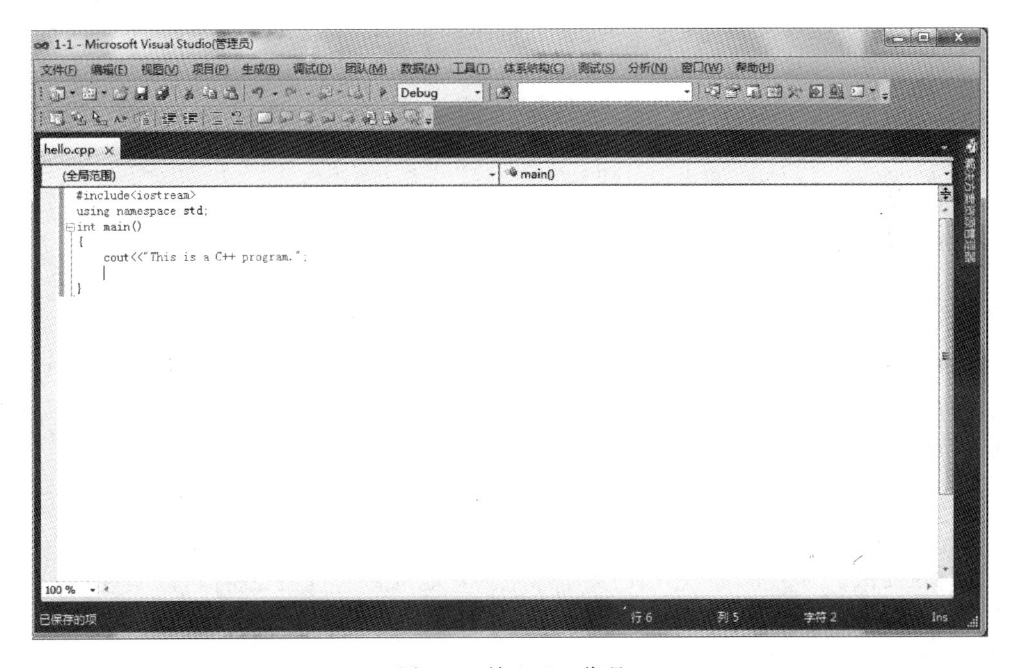

图 1.7　输入 C++代码

1. 标题栏

标题栏位于窗口的最顶端,显示名称和程序的运行状态等。在标题栏最左端是窗口控

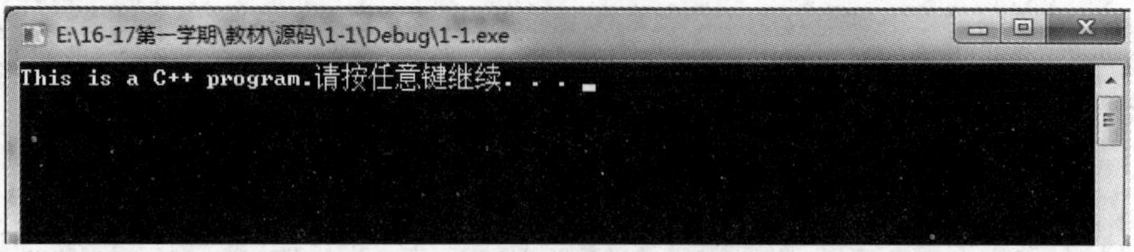

图 1.8 显示程序的运行结果

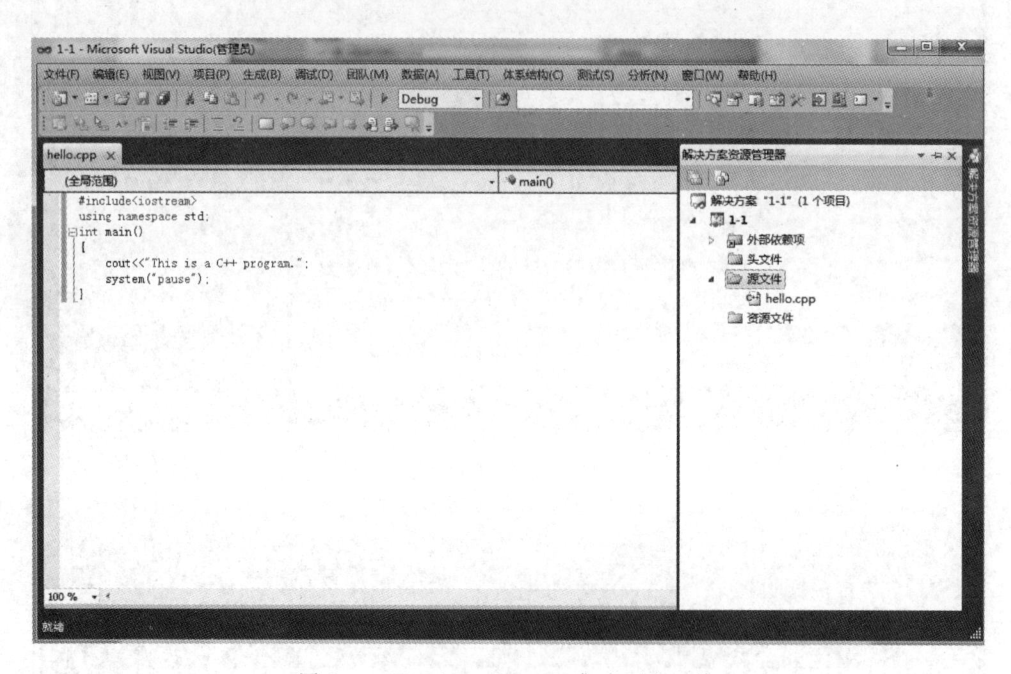

图 1.9 Visual Studio 2010 集成开发环境

制菜单框，标题栏最右端是最大化按钮、最小化按钮和关闭按钮。

2. 菜单栏

菜单栏中的主菜单及其子菜单提供了 Visual Studio 2010 集成开发环境的所有功能。当某菜单处于灰暗状态时，表明它是不可用的。用户可以通过鼠标单击执行菜单命令，也可以通过 Alt 键加上菜单项上的字母键(热键)执行菜单命令。

3. 工具栏

工具栏提供了与菜单栏中常用的菜单命令相对应的命令按钮，这样可以实现在不打开主菜单的情况下进行相关操作，从而达到快捷操作的目的。如果要显示或隐藏某一工具栏，可以选择"视图"→"工具栏"命令，然后单击要显示或隐藏的工具栏。

4. 解决方案资源管理器

解决方案资源管理器从本质上说是一个可视化的文档管理系统，用户可用它查看项目及其文件的有组织视图，通过使用解决方案资源管理器可以重命名、重新排列以及添加文件，所有这些操作都可以通过鼠标右键完成。如果想删除一个文件，只需在“解决方案资源管理器”里面选中这个文件，然后按 Delete 键即可。用户也可以通过鼠标右键添加新文件、新文件夹，还可以拖动网页或者其他文件到这个目录中，或者将它们从这个目录中拖出。在“解决方案资源管理器”窗口的标题栏中显示了该解决方案文件(.sln)的名称。

5. “类视图”窗口

“类视图”窗口如图 1.10 所示。在集成环境中如果没有出现该窗口，可以通过选择“视图”→“类视图”命令显示该窗口。该窗口中以树形结构显示了当前项目中的所有类，并在每个类中列出了成员变量和成员函数，每一个类首先列出带有紫色图标的成员函数，然后是带有蓝绿色图标的成员变量。在每个成员的图标左边都有一个标志，以表示成员类型和存取类别的信息，在保护类型成员图标旁边的标志为一把钥匙，私有成员的标志是一把锁，而公有成员图标旁边没有标志。

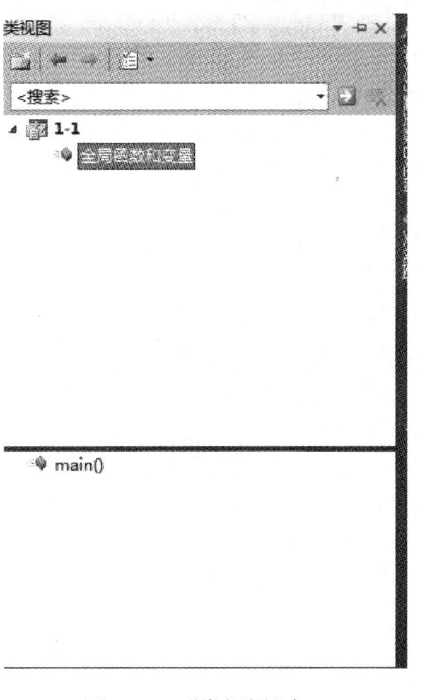

图 1.10　“类视图”窗口

在“类视图”窗口中双击类名会在主工作区中打开这个类的头文件，显示出类的声明；而双击某个类的成员，在主工作区中会显示该成员的定义代码。

综合实例

创建一个包括类的 C++程序，给定主函数，写出类的定义，构成一个完整的程序，使得程序执行后的输出结果如下：

```
88 + 32 = 120
88 - 32 = 56
```

程序的输出界面如图 1.11 所示。

图 1.11　综合实例的运行结果

程序的代码如下：

```
#include<iostream>
using namespace std;
class Tst
{
private:
    int x,y;
public:
    void init(int a,int b)
    {
        x=a;
        y=b;
    };
    void print()
    {
        cout<<x<<"+"<<y<<"="<<x+y<<endl;
        cout<<x<<"-"<<y<<"="<<x-y<<endl;
    };
};
void main()
{
Tst t;
t.init(88,32);
t.print();
system("pause");
}
```

本章小结

面向对象编程简称OOP技术，是开发应用程序的一种新方法、新思想。本章介绍了类和对象的概念，即类是对象概念在面向对象编程语言中的反映，是相同对象的集合，对象是具有数据、行为和标识的编程结构；并且重点介绍了面向对象的概念、面向对象的特点。

习题

一、选择题

1. C++源程序文件的默认扩展名为（　　）。

A. .cpp　　B. .exe　　C. .obj　　D. .lik

2. 由C++源程序文件编译而成的目标文件的默认扩展名为（　　）。

A. .cpp　　B. .exe　　C. .obj　　D. .lik

3. 由C++目标文件链接而成的可执行文件的默认扩展名为（　　）。

A. .cpp　　B. .exe　　C. .obj　　D. .lik

4. 编写C++程序需要经过的几个步骤依次是（　　）。

A. 编译、编辑、链接、调试　　B. 编辑、编译、链接、调试

C. 编译、调试、编辑、链接　　D. 编辑、调试、编辑、链接

5. 程序中主函数的名字为(　　)。

A. main　　B. MAIN　　C. Main　　D. 任意标识符

6. 设"int a=15,b=26;",则"cout <<(a,b);"的输出结果是(　　)。

A. 15　　B. 26,15　　C. 15,26　　D. 26

7. 面向对象软件开发中使用的 OOD 表示(　　)。

A. 面向对象分析　　B. 面向对象设计

C. 面向对象语言　　D. 面向对象方法

8. 决定 C++语言中函数的返回值类型的是(　　)。

A. return 语句中的表达式类型

B. 调用该函数时系统随机产生的类型

C. 调用该函数时的主调用函数类型

D. 在定义该函数时所指定的数据类型

二、编程题

给出两个数 a 和 b,求两个数的较大者,要求用面向对象的程序设计方法实现。

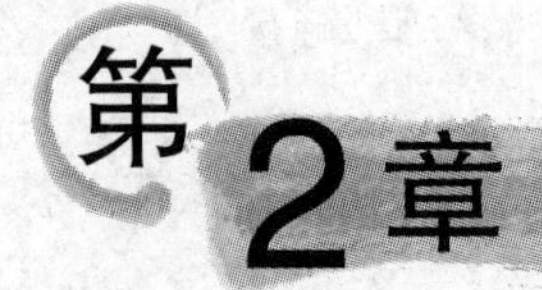

第2章 C++语言的基础知识

本章学习目标：

- 理解标识符的命名规则、C++关键字以及常量和变量的概念；
- 掌握 C++常用的数据类型；
- 掌握数组和字符串的使用方法；
- 掌握函数的运用。

本章介绍 C++语言的基础知识，包括数据类型、常量和变量、运算符和类型转换、表达式、数组与字符串等，正确理解和使用这些基本元素对于编写程序代码是非常重要的。

2.1 标识符与关键字

标识符(identifier)是用来给程序中的各元素进行标识的名称，例如常量名、变量名、方法名、类名等。关键字(keyword)又称保留字，是一种有特殊意义的标识符，由系统预先定义好，不能用于其他目的。

2.1.1 标识符

C#的标识符需要遵循下列命名规则：

(1) 标识符由字母、数字、下画线(_)组成。

(2) 标识符必须以字母或下画线开头，长度不限，但只有前 32 个字符有效。

(3) C++对大、小写非常敏感，所以 a1 和 A1 是两个不同的标识符。

group_3、intA、_abc 是一些合法的标识符，而 12data、try#、open-door 是一些非法的标识符。标识符主要用来标识常量、变量和函数等。

2.1.2 关键字

C++保留了关键字，在用户定义标识符时不应使用这些关键字。每个关键字都有特定的含义，如 using、class、static。这些关键字如表 2.1 所示。

关键字在 Visual Studio 环境的代码视图中默认以蓝色显示，以供用户识别。

表 2.1　C++关键字表

关　键　字				
asm	do	if	return	typedef
auto	double	incline	short	typeid
bool	dynamic_cast	int	signed	typename
break	else	long	sizeof	union
case	enum	mutable	static	unsigned
catch	explicit	namespace	static_cast	using
char	export	new	struct	virtual
class	extern	operator	switch	void
const	false	private	template	volatile
const_cast	float	protected	this	wchar_t
continue	for	public	throw	while
default	friend	register	true	
delete	goto	teinterpret_cast	try	

2.2　常量与变量

在程序中所处理的数据表现为两种形式——常量和变量。

2.2.1　常量

常量是指在程序运行过程中保持不变的量,常用的有字面常量和符号常量。

字面常量又称直接常量,C++中有整型常量、实型常量、字符常量、字符串常量。

- 整型常量：例如 2、100、－1 等。
- 实型常量：例如 3.14159、2.0、－1.0 等。
- 字符型常量：例如'A'、'a'、'0'、'7'、'\n'、'\a'等。带斜杠的为转义字符,表示特殊的含义。如'\n'表示换行,'\a'表示响铃等。
- 字符串常量：也简称字符串,它们是括在双引号内的字符序列,例如"The area is:"、"Beijing"、"Hello,World! \n"等。

符号常量是用标识符表示的常量,用关键字 const 声明。例如：

```
const double Pi = 3.14159;
const int MAXINT = 32767;
```

下面通过一个简单的 Windows 窗体程序来了解常量与变量。

【例 2.1】　了解常量与变量。

```
#include<iostream>
using namespace std;
void main()
{
const double Pi = 3.1415926, r = 2.0;
double area,circum;
area = Pi * r * r;
cout <<"The area is :"<< area << endl;
circum = 2.0 * Pi * r;
cout <<"The circumference is :"<< circum << endl;
system("pause");
}
```

程序的运行结果如图 2.1 所示。

图 2.1　例 2.1 的运行结果

说明：在声明语句中，用 const 修饰的标识符将指定一个“只读的”程序实体，称为 const 变量。这种 const 变量一旦定义便无法进行重写，其生存期一直持续到程序结束。

2.2.2　变量

在程序执行过程中值可变的量称为变量。每一个变量都有一个由程序员给出的变量名，以此来标识该变量；同时每一个变量又具有一个特定的数据类型。例如：

```
int a,b = 1;
float length = 2.0,width = 3.0;
char ch;
ch = "A";
```

2.3　运算符与表达式

运算符是对参与运算的数据进行运算的符号表示，也称操作符。参与运算的数据称为操作数。操作数可以是常量，也可以是变量。表达式则是完成某种特定操作的形式描述，通常由操作符和操作数组成。

C++的运算符有以下 13 类。

- 算术运算符：+、-、*、/、%、++、--。
- 关系运算符：>、<、==、>=、<=、!=。
- 逻辑运算符：!、&&、||。

- 位运算符：<<、>>、~、|、^、&。
- 赋值运算符：=。
- 条件运算符：? :。
- 逗号运算符：,。
- 指针运算符：*　&。
- 字长运算符：sizeof。
- 强类型转换运算符：(类型)。
- 分量运算符：.　->。
- 下标运算符：[]。
- 其他：如函数调用运算符。

2.3.1　算术运算符

1. 双目算术运算符

双目算术运算符有+、-、*、/、%。例如：

```
a = b + c;
d = e % f;
```

注意，*、/、%的优先级比+、-高。

2. 自反运算符

自反运算符是一种简化的特殊运算符，有+=、-=、*=、/=和%=，分别称为自反加赋值、自反减赋值、自反乘赋值、自反除赋值和自反模赋值。例如：

```
a += b;          //等同于 a = a + b
a -= b;          //等同于 a = a - b
```

C++的自反运算符比较简洁。

3. 增量和减量运算符

增量和减量运算符属于单目运算符，有++、--。例如：

```
int i = 0;
i++;
```

增量和减量运算符有前缀形式和后缀形式。例如：

```
int i = 0;
i++;
// ------------------------------
int j = 0;
++j;
```

这两种形式的运算结果是一样的，但在某些表达式中有可能不一样。例如：

```
int i = 5;
x = i++;                    // x 的运算结果为 5
// ------------------------------
int i = 5;
x = ++i;                    // x 的运算结果为 6
```

一个是先引用后增量，一个是先增量后引用。但在实际使用时一般尽量避免这种写法，以免造成不必要的错误。可以将其拆成两句：

```
int i = 5;
x = i;
i++;                        // x 的运算结果为 5
```

应该注意的是，增量和减量运算符的作用对象只能是变量。例如 5++、(a+b)++都是错误的，因为作用对象都不是变量。

2.3.2 关系运算符

关系运算符是指对两个操作数之间的大小进行比较。C++中提供的关系运算符有>、<、>=、<=、==和!=。

==和!=的优先级要低于前 4 个。关系运算符都是双目运算符，两个操作数也必须是同类型的，其运算的结果只能是 1 和 0。在 C++中用 1 和 0 代表真和假。例如：

```
int a,b = 2,c = 3;
a = b > c;                  // a 的值为 0
```

关系运算符常用在条件语句中，例如：

```
if(a > b)
…
else
…
```

2.3.3 逻辑运算符

C++有 3 个逻辑运算符，它们是逻辑与 &&、逻辑或||和逻辑非!。

! 为单目运算符，其运算方向是自右向左结合的；&& 和||为双目运算符，其运算方向是自左向右结合的。

2.3.4 条件运算符

条件运算符是一种在两个表达式的值中选择一个的操作。它的一般形式如下：

```
e1?e2:e3
```

其操作过程为若 e1 为真，则此条件表达式的值为 e2；若 e1 为假，则表达式取 e3 的值。条件运算符是 C++ 中唯一的三元运算符。例如：

```
max = a > b?a:b;
```

2.3.5　位运算符

位运算是 C++的一大特色，使它兼有了低级语言的功能，而其他许多高级语言没有。C++ 中的位运算符有以下两类。

(1) 按位逻辑运算符：位与(&)、位或(|)、位取反(～)、位异或(^)。

(2) 移位运算符：左移(<<)、右移(>>)。

位运算只能对整型和字符型的数据进行运算，而不能对浮点型的数据进行运算。例如：

```
a = 0x67;                //即二进制数 01100111
~a;                      //求反后 a 的值为 10011000
```

移位运算是将一个操作中的各位都向左或右移动几位，后面的用 0 填补。例如：若 a=10001101，则经过 a << 3 的操作后，*a* 的值就变成 01101000。用户应注意到移位运算的特点，即左移一位相当于乘 2，右移一位相当于除 2。

2.4　语句及其流程控制

2.4.1　语句

语句是源语言级的操作指令，C++ 中的语句可分为以下 5 种。

(1) 表达式语句：例如“a=2.0 * Pi * r;”。

(2) 声明语句：例如“int a=1;”。

(3) 空语句：例如只有一个分号。

(4) 块语句：由一对大括号括起来的一段复合语句。

(5) 流程控制语句：用于控制程序的执行顺序，常用的有顺序结构、循环结构、选择结构。

2.4.2　if…else 选择结构

其基本结构如下：

```
if(判断表达式)
"真"语句;
else
"假"语句;
```

【例 2.2】 返回两数较大者的程序。

```
#include<iostream.h>
int main()
{
    int x,y;
    cout<<"Enter 2 integers separated by a space :";
    cin>>x>>y;
    cout<<"The max is :";
    if(x>y)
    cout<<x<<endl;
    else
    cout<<y<<endl;
    return 0;
}
```

程序的运行结果如图 2.2 所示。

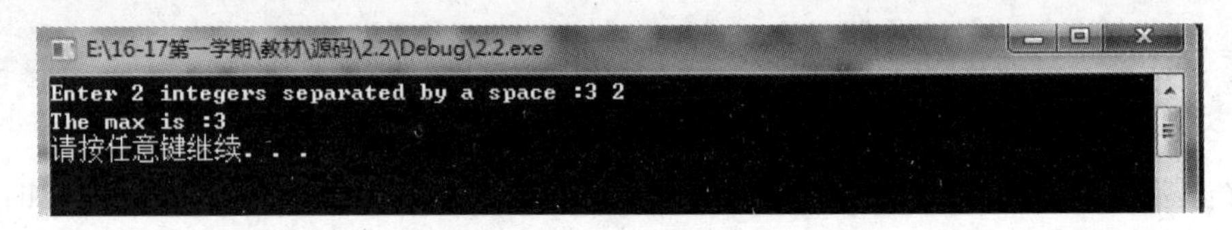

图 2.2 例 2.2 的运行结果

if…else 结构也可以嵌套，请看下面的例子。

【例 2.3】 返回 3 个数中较大一个的程序。

```
#include<iostream>
using namespace std;
int main()
{
    int x,y,z;
    cout<<"Enter 3 integers separated by a space :";
    cin>>x>>y>>z;
    cout<<"The max is :";
    if(x>y)
        if(x>z)
        cout<<x<<endl;
        else
        cout<<z<<endl;
    else
        if(y>z)
        cout<<y<<endl;
        else
        cout<<z<<endl;
    system("pause");
    return 0;
}
```

程序的运行结果如图 2.3 所示。

```
E:\16-17第一学期\教材\源码\2.3\Debug\2.3.exe
Enter 3 integers separated by a space :12 9 10
The max is :12
请按任意键继续. . .
```

图 2.3　例 2.3 的运行结果

2.4.3　switch 选择结构

其基本结构如下：

```
switch(开关表达式)
{
    case 常量 1:
        语句序列;
    case 常量 2:
        语句序列;
    …
    default:
        语句序列;
}
```

【例 2.4】 测试输入的字符是否为数字的程序。

```
#include<iostream>
using namespace std;
int main()
{
    char c;
    cout<<"Enter a character:";
    cin>>c;
    cout<<"It is a:";
    switch(c)
    {
        case '0':
        case '1':
        case '2':
        case '3':
        case '4':
        case '5':
        case '6':
        case '7':
        case '8':
        case '9':
            cout<<"digiter."<<endl;
            break;
        default:
            cout<<"non-digiter."<<endl;
```

```
            break;
        }
        return 0;
}
```

2.4.4 while 语句

其基本结构如下：

```
while(条件表达式)
    语句;
```

【例 2.5】 计算 1～100 的整数和的程序。

```
#include<iostream.h>
int main()
{
    int i=0; int sum=0;
    while(i++<100)
        sum+=i;
    cout<<"The sum is:"<<sum<<endl;
    return 0;
}
```

【例 2.6】 欧几里得算法：求两个非负整数 m、n 的最大公因子。

解：求两个非负整数 m、n 的最大公因子可用迭代相除法，这里用 u 表示被除数、v 表示除数、r 表示余数，迭代相除法可以描述为如下：

u=m; v=n;

当 r=u%v 不为 0 时，

u=v; v=r;

输出 v;

如 m=36，n=21，计算过程为

u=36; v=21;

r=u%v =15 不为 0，

u=21; v=15;

r=u%v =6 不为 0，

u=15; v=6;

r=u%v =3 不为 0，

u=6; v=3;

r=u%v =0

v=3 是 36 和 21 的最大公约数。

代码如下：

```
//计算非负整数 m 和 n 的最大公约数程序
#include<iostream.h>
int main()
{
    int m,n,u,v,r;
    cout<<"Enter two positive integers:";
    cin>>m>>n;
    u=m; v=n;
    if(u*v!=0)
    {
        while(r=u%v)
        {
            u=v; v=r;
        }
        cout<<"The ged is:"<<v<<endl;
    }
    else
        cout<<"Divided by zero!"<<endl;
    return 0;
}
```

程序的运行结果如图 2.4 所示。

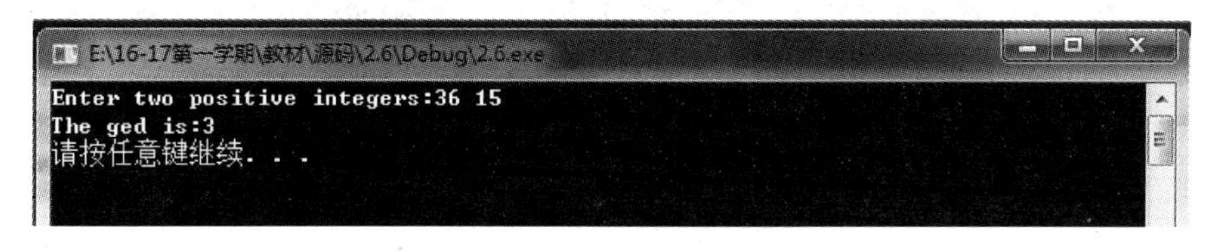

图 2.4 求两个数的最大公约数程序的运行结果

【例 2.7】 Fibonacci 问题。

$a_0=1$

$a_1=1$

…

$a_n=a_{n-1}+a_{n-2}$

求第 n 项的值。

程序代码如下：

```
// Fibonacci 数列
#include<iostream>
using namespace std;
int main()
{
    unsigned int fib,fib1,fib2;
    unsigned int number,n=0;
    cout<<"Enter a number of Fibonacci terms:";
    cin>>number;
```

```
    cout <<"The Fibonacci series are:";
    while(++n <= number)
    {
        if(n < 3)
        fib = fib1 = fib2 = 1;
        else
        {
        fib = fib1 + fib2;
        fib1 = fib2;
        fib2 = fib;
    }
    cout << fib <<",";
    }
    cout << endl;
    system("pause");
    return 0;
}
```

程序的运行结果如图 2.5 所示。

```
E:\16-17第一学期\教材\源码\2.7\Debug\2.7.exe
Enter a number of Fibonacci terms:10
The Fibonacci series are:1,1,2,3,5,8,13,21,34,55,
请按任意键继续. . .
```

图 2.5 Fibonacci 数列的运行结果

2.4.5 do…while 语句

其基本结构如下：

```
do
    语句;
while(条件表达式);
```

do…while 结构的特点是先执行后判断。

【例 2.8】 求 1～100 的和。

```
#include <iostream>
using namespace std;
int main()
{
    int i = 1;
    int sum = 0;
    do{
        sum += i;
    }while(i++< 100);
```

```
    cout <<"The sum is:"<< sum << endl;
    system("pause");
    return 0;
}
```

程序的运行结果如图 2.6 所示。

图 2.6 求 1～100 的和的结果

2.4.6 for 循环结构

其基本结构如下：

```
for(表达式 1;表达式 2;表达式 3)
语句;
```

【例 2.9】 for 语句示例。

```
include < iostream >
using namespace std;
int main()
{
    int i,j;
    //打印表头
    cout <<" |";
    for(i = 1;i < = 9;i++) cout << i <<"";
    cout << endl;
    //打印表线
    cout <<" --- |";
    for(i = 1;i < = 9;i++) cout <<" ------- ";
    cout << endl;
    //打印表体
    for(i = 1;i < = 9;i++)
    {
    cout << i <<" |";
    for(j = 1;j < = 9;j++)
    {
    if(i * j < = 9)cout << i * j <<"";
    else cout << i * j <<"";
```

```
    }
    cout << endl;
    }
    system("pause");
    return 0;
}
```

程序的运行结果如图 2.7 所示。

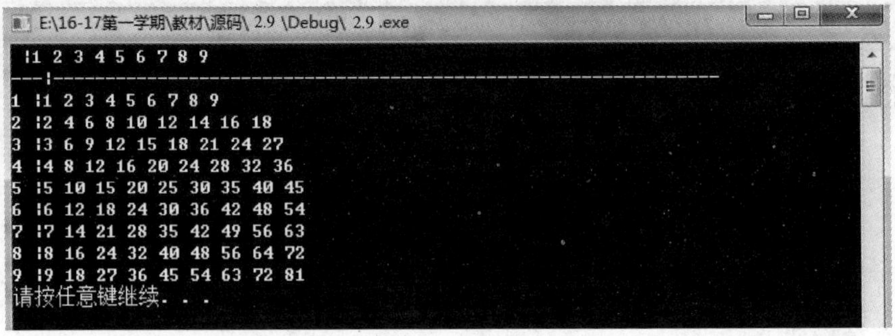

```
E:\16-17第一学期\教材\源码\ 2.9 \Debug\ 2.9 .exe
 |1 2 3 4 5 6 7 8 9
---|-------------------------------------------------------------
1 |1 2 3 4 5 6 7 8 9
2 |2 4 6 8 10 12 14 16 18
3 |3 6 9 12 15 18 21 24 27
4 |4 8 12 16 20 24 28 32 36
5 |5 10 15 20 25 30 35 40 45
6 |6 12 18 24 30 36 42 48 54
7 |7 14 21 28 35 42 49 56 63
8 |8 16 24 32 40 48 56 64 72
9 |9 18 27 36 45 54 63 72 81
请按任意键继续. . .
```

图 2.7　例 2.9 的运行结果

2.4.7　程序中止函数 exit()

exit()是系统函数库 stdlib.h 中的一个函数，它的功能是中止程序的执行，并在程序退出之前对现场进行清理，例如关闭被程序打开的文件等，然后返回到操作系统。

【例 2.10】 计算一个数的平方根。

```
//计算一个数的平方根
#include <iostream.h>
#include <stdlib.h>
#include <math.h>
int main()
{
    float f;
    cout <<"Enter a real:";
    cin >> f;
    if(f < 0)
    {
        cout <<"Illegal digiter!"<< endl;
        exit(-1);
    }
    cout <<"The square root is:"<< sqrt(f)<< endl;
    system("pause");
    return 0;
}
```

程序的运行结果如图 2.8 所示。

图 2.8　求一个数的平方根的结果

2.5　函数

2.5.1　函数的结构和函数的定义

一个大型的程序一般可以分成一系列“单一功能模块”的集合。在 C++ 中单一功能模块通常被设计成一个函数，因而 C++ 程序可以被设计成一系列函数的组合，这是面向过程程序设计的一般方法。一个完整的 C++ 程序一般包含一个主函数和若干个子函数，主函数可以调用子函数，子函数也可以调用其他的子函数。利用函数可以大大降低程序设计的工作量，使程序更加清晰可靠。许多编译系统本身就带有很多预定义的函数，并把它们以库函数的形式提供给用户，这大大方便了程序设计人员。

函数定义的一般形式如下：

```
类型标识符 函数名(形参列表)
{
    函数体;
}
```

类型标识符为函数的返回类型，可以是整型、浮点型等 C++ 的合法类型，也可以是无值型(void 型)。

函数名是函数的标识，可以是一个有效的 C++ 标识符。

形参列表是括在小括号内的 0 个或多个以逗号分隔的形式参数。它定义了函数将从调用函数中接收几个数据及它们的类型，所以称为形式参数。形式参数的含义是指仅当函数被调用时系统才为其分配存储空间。与之相对应，主调程序传递过来的参数称为实在参数。

通常，形式参数和实在参数简称为形参和实参。

函数的返回值由返回语句 return 来实现。

【例 2.11】 求 3～100 的素数。

```
#include <iostream>
using namespace std;
char prime(unsigned int number);
int main()
{
```

```
    int m;
    cout <<"The primers from 3 - 100 are:"<< endl;
    for(m = 3;m < = 100;m++)
        if(prime(m) == 1) cout << m <<",";
    system("pause");
    return 0;
}
char prime(unsigned int number)
{
    char f = 1;
    unsigned int n;
    for(n = 2;n < = number/2;n++)
    if(number % n == 0)
    {
        f = 0;
        break;
    }
    return f;
}
```

程序的运行结果如图 2.9 所示。

```
E:\16-17第一学期\教材\源码\2.11\Debug\2.11.exe
The primers from 3-100 are:
3,5,7,11,13,17,19,23,29,31,37,41,43,47,53,59,61,67,71,73,79,83,89,97,
请按任意键继续. . .
```

图 2.9　求 3～100 的素数的结果

2.5.2　函数名重载

函数名重载就是多个函数使用同一个函数名。

【例 2.12】　判断两数中的较大者。

```
#include < iostream >
using namespace std;
int max(int x,int y);
double max(double x,double y);
int main()
{
    cout << max(10,20)<< endl;
    cout << max(1.23,4.56)<< endl;
    system("pause");
    return 0;
}
int max(int x,int y)
{
    return x > y?x:y;
```

```
}
double max(double x,double y)
{
    return x>y?x:y;
}
```

程序的运行结果如图 2.10 所示。

图 2.10　例 2.12 的运行结果

函数重载的好处是主调函数会根据参数自动选择正确的子函数，这大大提高了程序的通用性和可读性。

2.5.3　递归函数

一个函数直接或间接调用自身便构成了函数的递归调用。递归在程序设计中经常用到，它可以大大简化程序的设计。

【例 2.13】 递归计算 $n!$ 的函数。

```
#include<iostream>
using namespace std;
int rfact(int n);
int main()
{
    cout<<rfact(5)<<endl;
    system("pause");
    return 0;
}
int rfact(int n)
{
    if(n<0){
        cout<<"Negative argument."<<endl;
        exit(-1);
    }
    else
        if(n==1) return 1;
    else
        return n*rfact(n-1);
}
```

程序的运行结果如图 2.11 所示。

递归过程不应无限制地进行下去，应当能在调用有限次以后就到达递归调用的中点得到一个确定值，然后进行回代。回代的过程是从一个已知推出下一个值的过程。任何有意

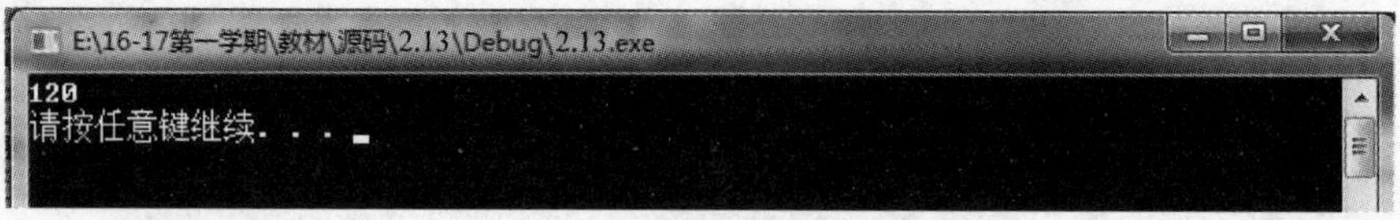

```
E:\16-17第一学期\教材\源码\2.13\Debug\2.13.exe
120
请按任意键继续. . .
```

图 2.11　求 5! 的程序的运行结果

义的递归总是由两部分组成，即递归形式与递归终止条件。本例的算法就是基于以下递归数学模型：

$$\mathrm{fact}(n)=\begin{cases}\text{非法} & (n<1)\\ 1 & (n=1)\\ n*\mathrm{fact}(n-1) & (n>1)\end{cases}$$

【例 2.14】 汉诺塔问题(Tower of Hanoi)。

```
#include <iostream>
using namespace std;
int hanoi(int number,char a[],char b[],char c[]);
int main()
{
    int number;
    cout <<"Please enter the number of disks to be moved:";
    cout << endl;
    cin >> number;
    hanoi(number, "PileA","PileB","PileC");
    system("pause");
    return 0;
}
int hanoi(int number,char a[],char b[],char c[])
{
    if(number > 0)
    {
        hanoi(number - 1,a,c,b);
        cout <<"Move disc "<< number <<" from "<< a <<" to "<< b << endl;
        hanoi(number - 1,c,b,a);
    }
    return 0;
}
```

程序的运行结果如图 2.12 所示。

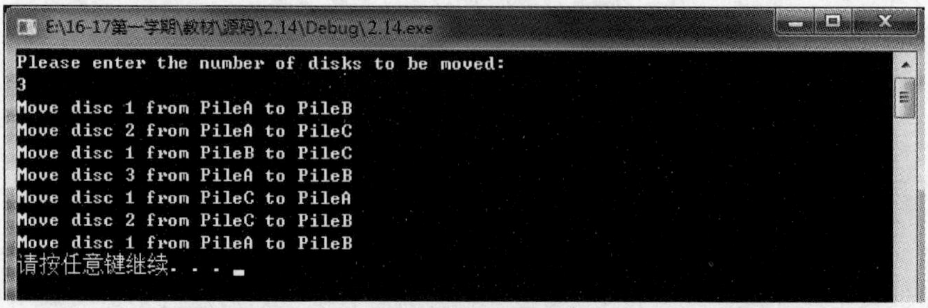

```
E:\16-17第一学期\教材\源码\2.14\Debug\2.14.exe
Please enter the number of disks to be moved:
3
Move disc 1 from PileA to PileB
Move disc 2 from PileA to PileC
Move disc 1 from PileB to PileC
Move disc 3 from PileA to PileB
Move disc 1 from PileC to PileA
Move disc 2 from PileC to PileB
Move disc 1 from PileA to PileB
请按任意键继续. . .
```

图 2.12　汉诺塔问题

2.5.4　C++库函数

C++语言的核心部分很小,其外壳却十分丰富,在这个外壳中提供了丰富的库函数。程序员使用库函数无须再自行定义,只要注意以下3点即可:

(1) 了解函数的功能。

(2) 了解函数的原型。

(3) 库函数按功能分为不同的库,每个库都有相应的头文件,给出了该库中各个函数的原型声明等有关信息。在程序员使用库函数之前,只需在程序中使用#include指令嵌入相应的头文件而不必再进行函数的原型说明。

【例2.15】 库函数的例子。

```
#include<iostream>
#include<math.h>
using namespace std;
int main()
{
    float f;
    cout<<"Enter a real number:";
    cin>>f;
    cout<<"The square root of "<<f<<"is: "<<sqrt(f)<<endl;
    system("pause");
    return 0;
}
```

程序的运行结果如图2.13所示。

图2.13　例2.15的运行结果

库函数是一些被验证的、高效率的函数,在进行程序设计时应优先选用库函数。C++提供了大量的库函数和宏,在程序中可以调用它们来执行各种各样的任务。它们包含有低级和高级的I/O、串及文件的操作、存储分配、进程控制、数据转换、数学运算等。

C++的库函数和宏包含在Lib子目录和Include子目录中。在调用函数前需要进行函数定义与函数声明。所有Visual C++库例程的原型在一个或多个库文件中声明。

在使用库函数时用#include命令包含其相应的头文件就包含了其原型声明。使用头文件比直接写声明语句的一个好处是可以保证其正确性。系统头文件在Include子目录中,系统函数定义在Lib子目录中,在链接时系统将会根据原型到相应的库文件中链接相应的库例程,用户一般不必关心。C++常用的库函数如表2.2所示。

表 2.2 C++常用的库函数

类　型	库 函 数
字符分类函数	ctype. h
转换函数	ctype. h
目录管理函数	dir. h
图形函数	graphics. h
输入输出函数	iostream. h、io. h、stdio. h、conio. h
接口函数	dos. h
串和内存操作函数	mem. h、string. h
数学函数	math. h、complex. h、bcd. h、float. h、stdlib. h
内存分配函数	alloc. h、dos. h
杂类函数	stdlib. h、dos. h、locate. h
进程控制函数	process. h、signal. h
文本窗口显示函数	conio. h
时间、日期函数	time. h、dos. h
其他	

2.6 构造数据类型

前面所介绍的数据类型都属于基本数据类型(字符型、整型、浮点型)。基本数据类型是由语言系统的编译器预先定义的,是构造高级数据类型的基本元件。除基本数据类型以外,C++还提供了组合数据类型(或称构造数据类型),例如数组、结构体、共用体等。

2.6.1 数组

数组是一种用一个名字来标识一组有序且类型相同的数据组成的派生数据类型,它占有一片连续的内存空间。数组中的每个元素都具有以下特征:

(1) 它们的类型是相同的。

(2) 每个元素在数组中有一个位置,即该元素在数组中的顺序关系。C++数组元素的位置用括在中括号中的序号表示,这个序号也称下标,下标的起始序号为 0,下标的个数称为维数。

作为一个整体,数组有以下特征。

(1) 名字:用于对数组各元素的整体标识,这个名字称为数组名。

(2) 类型:数据各元素的类型。

(3) 维数:标识数据元素所需的下标个数。

(4) 长度:可容纳的数组元素个数。

定义一个数组必须声明其以上特征。

2.6.2 一维数组

一维数组也称向量,用于组织具有一维顺序关系的一组同类型数据。

声明一个一维数组的格式如下：

```
类型标识符　数组名[数组长度]
```

【例 2.16】 计算由键盘输入的 5 个人的平均年龄。

```
#include<iostream>
using namespace std;
int main()
{
    int age[5];
    int i,sum = 0;
    cout <<"Enter an age:";
    for(i = 0;i < 5;i++)
    {
        cin >> age[i];
        sum = sum + age[i];
        cout <<"Enter another age:";
    }
    cout <<"The average is:"<< sum/5.0 << endl;
    system("pause");
    return 0;
}
```

程序的运行结果如图 2.14 所示。

图 2.14　求 5 个数的平均数

用户也可以在定义一维数组时对其进行初始化，初始化表达式按元素顺序依次写在一对大括号内，例如：

```
int age[5] = {18,20,17,21,19};
```

在初始化数组时可以只指定部分元素的初值，例如：

```
int age[5] = {18,20,17};
```

则后两个元素的初值自动为 0。

在初始化时数组长度也可以隐含，例如：

```
int age[] = {18,20,17,21,19};
```

其长度由编译器自动决定。

【例 2.17】 冒泡排序程序。

例如一组数据"21,18,20,17,19",对其从小到大排序。

第 1 轮排序过程:

```
21 ↓ 18    18    18    18
18    21 ↓ 20    20    20
20    20    21 ↓ 17    17
17    17    17    21 ↓ 19
19    19    19    19    21  ↓
```

经过一轮后,最大数沉底,比较 $n-1$ 次;

第 2 轮,经过 $n-2$ 次比较,次大数沉底;

……

第 $n-1$ 轮,经过 1 次比较,排序成功。

显然,这个排序过程是一个二次循环。

程序的代码如下:

```
#define N 5
#include<iostream.h>
int age[N] = {21,18,20,17,19};
void bubble(int a[],int n);
void show(int a[],int n);
int main()
{
    bubble(age,N);
    show(age,N);
    return 0;
}
void bubble(int a[],int n)
{
    int i,j,t,temp;
    for(i = 1;i <= n - 1;i++)
    {
        t = n - i;
        for(j = 0;j <= t - 1;j++)
            if(a[j]> a[j + 1])
            {
                temp = a[j]; a[j] = a[j + 1]; a[j + 1] = temp;
            }
    }
}
void show(int a[],int n)
{
    int i;
    for(i = 0;i < n;i++)
        cout <<"age["<< i <<"]:"<< age[i]<< endl;
}
```

程序的运行结果如图 2.15 所示。

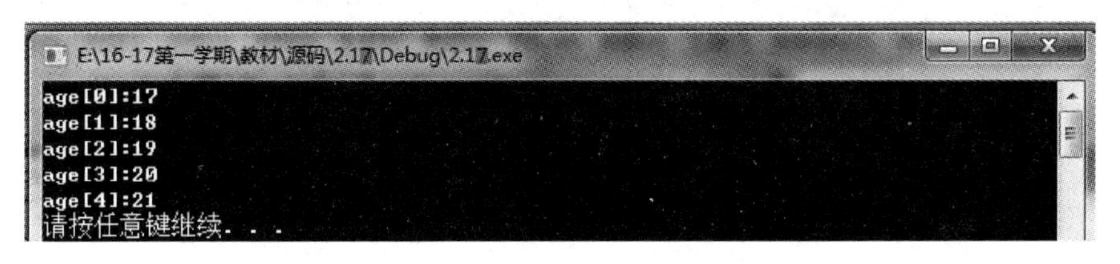

图 2.15　冒泡排序的结果

注意：

(1) 一维数组的一个很重要的应用就是字符串的使用。

字符串是若干有效字符的序列，在 C++ 中没有定义专门的字符串变量，而是用一维字符数组来表示字符串。例如：

```
char str[] = {"H", "e", "l", "l","o", "!"};
```

但这种初始化方法太麻烦了，为此 C++提供了一种简便的方法：

```
char str[] = "Hello!";
```

但是不能用字符串直接给字符数组赋值，例如：

```
str = "Hello!"; //错误
```

因为 str 是数组名，无法直接用这种方式让数组获得值。另外，只有变量才能做赋值操作，而 C++ 中是没有字符串变量的。

(2) 如果想要使字符数组获得值，除了初始化以外，C++提供了专门的串复制函数 strcpy()。例如：

```
strcpy(str, "Hello!");
```

C++提供了一组专门用于进行串操作的库函数，这些库函数的原型都放在 string. h 头文件中，主要有串复制函数 strcpy()、串比较函数 strcmp()、串长测试函数 strlen()、串连接函数 strcat()。例如：

```
strcat(str1,str2);
a = strlen(str);
b = strcmp(str1,str2);
/* 如果 b = 0,两串相等; 如果 b > 0,str1 > str2; 如果 b < 0,str1 < str2 */
```

C++用“\0”作为字符串的结尾，因而对于一个字符串来说，其实际存放的有效字符个数最多不超过字符数组长度－1。例如字符串"Hello!"的实际存储映像如图 2.16 所示。

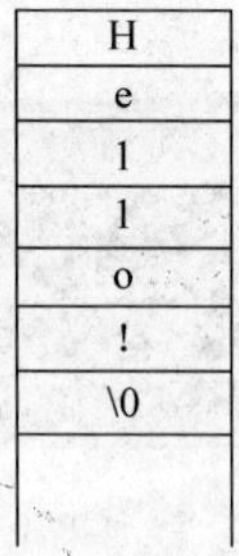

图 2.16　字符串的存储映像

2.6.3　多维数组

1. 多维数组的概念

数组是用于按顺序存储同类型数据的数据结构。如果有一个一维数组，它的每一个元素是类型相同的一维数组，就形成一个二维数组，以此类推，可推出多维数组。

二维数组的一般定义形式如下：

```
类型标识符 数组名[m][n];
```

其中，m 和 n 均为整型常量。

多维数组可以看成是一个 $m \times n$ 的矩阵，m 是行数，n 是列数，例如：

```
int age[3][5];
```

其定义了一个 3 行 5 列的二维数组，也可以看成是一个有 3 个元素的一维数组，每个元素又是一个含有 5 个元素的数组，即数组的数组。

2. 多维数组的声明

多维数组在内存中也是占用一个连续的区域。例如一个二维数组可以用下面的语句声明并初始化：

```
int a[3][5] = {{17,20,19,18,21},
               {19,18,21,17,20},
               {21,17,20,19,18}};
```

多维数组的大小为各维大小之积。当声明语句中提供有全部元素的初始值时，第一维的大小可以省略，例如：

```
int a[][5] =  {{17,20,19,18,21},
               {19,18,21,17,20},
               {21,17,20,19,18}};
```

编译器将会根据初始数据的行数确定第一维的大小。

2.7 指针

指针主要用来表示复杂的数据结构，利用指针可以进行动态内存的分配，可以灵活地使用字符串，还可以使函数有多个返回值。

2.7.1 指针类型与指针的声明

C++中的每一个实体（如变量、数组和函数等）都要在内存中占有一个可标识的存储区域，这个存储区域是用地址来标识的。

有的变量占一个字节，有的变量占多个字节，地址是指它们所占存储单元的第1个字节的地址。

在C++语言中除了可引用变量外，还可引用变量的地址，例如&a。

指针也即地址。但略有区别的是，指针含有类型的含义，而地址往往只强调了存储单元的编号，如指向整型的指针和指向浮点型的指针是不同的，但两者的地址值从数值上看并没有太大的差别。

由于C++是一种具有低级语言功能的高级语言，所以系统允许在程序中使用指针，用于间接访问程序对象，从而使数据的存取更为灵活。

指针也可以动态改变，用于指向不同的内存单元，这就需要定义指针变量。所谓指针变量，是指该变量所在内存单元中存放的是指针，或者说指针变量是存储另一个对象（通常指变量）内存地址的变量，如图2.17所示。指针变量有时也简称指针。

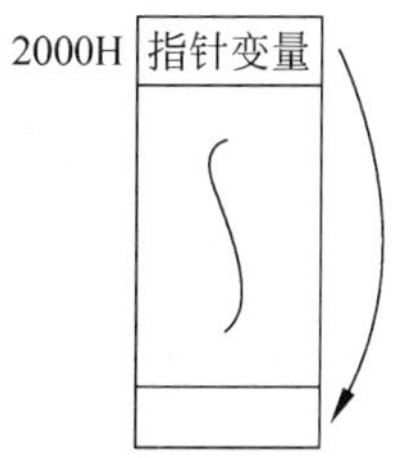

2000H 指针变量

图2.17 指针变量

当指针变量的值发生变化时，也即地址值发生变化，从而指向不同的程序对象，使数据的访问非常灵活。其缺点是不太直观。

为了区分不同程序对象的地址，C++为指针定义了类型。因而指针的类型实际上是它所指向的程序对象（也称程序实体）的类型。在定义一个指针变量之前先要声明，如同声明一个变量时要指定它的类型一样，在声明指针时也要指定指针的类型，例如：

```
int *p;
//定义了一个整型指针变量p,它只能用于访问整型程序对象
```

在定义了一个指针变量p以后，系统就为这个指针变量分配了一个存储单元，用它来存放地址。但此时该指针变量并未指向确定的整型变量，因为该指针变量中并未输入确定的地址，例如：

```
int *p
```

要想使一个指针变量指向一个整型变量，必须将整型变量的地址赋给该指针变量。例如：

```
int * p;
int i = 3;
p = &i;
```

指针定义的一般形式如下：

```
类型标识符 * 标识符;
```

2.7.2 指针变量的引用

指针变量只能存放地址，不可将任何其他非地址类型的数据赋给一个指针变量。例如：

```
int * p1;
p1 = 100;                //非法
```

一个实体可以直接用其标识符指称，也可以用指向它的指针指称，用指针指称它所指向的实体称为指针的间接引用。例如：

```
float f1,f2:
float * pf1 = &f1;
* pf1 = 3.1415926;
f2 = * pf1;
```

在C++中有两个指针运算符，即&、*。

(1) & 是一个单目运算符，称为地址运算符，它返回运算对象的内存地址。

(2) * 作为单目运算符时称为指针运算符，它返回指针所指向的变量的值。例如：

```
val = * p;
```

指针运算符 &、* 有相同的优先级，高于算术运算符。

2.7.3 指向指针的指针

一个指针变量可以指向一个整型数据或一个实型数据，或一个字符型数据，也可以指向一个指针型数据。如图2.18所示，px是指向变量 x 的指针，ppx是指向px的指针。px称为变量 x 的一级指针，ppx称为变量 x 的二级指针，也就是指针的指针。

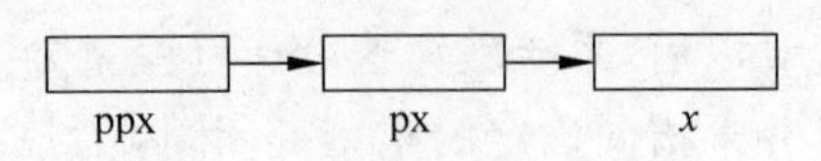

图2.18 指向指针的指针

指针的指针也称为双重指针，其定义格式如下：

```
类型标识符 ** 指针变量名;
```

例如：

```
float ** ppf;
```

当然也可以有多重指针，但一般很少使用。例如：

```
int *** p;      //定义了一个三重指针
```

用 const 可以对指针变量进行修饰，称为 const 指针或指针常量。例如：

```
float f = 3.1415926;
float * const p = &f;
```

这将禁止对指针 p 改写，使 p 成为一个恒指向某一地址处的指针。

如果 const 修饰符在指针指向的实体类型符前时，所声明的指针指向一禁写的实体，即该指针的间接引用不可改写。例如声明语句：

```
const int * p;
```

可以解释为 p 是一个指针，它指向一个禁改写的 int 型实体，所以下面的语句是非法的：

```
* p = 5;
```

但指针 p 不被禁写。

【例 2.18】 指针不被禁写的例子。

```
#include < iostream >
void main(){
int x = 2;
int y = 8;
const int * px;
px = &x;
cout << * px << endl;
px = &y;
x = y;
cout << * px << endl;
}
```

程序的输出结果如下：

```
2
8
```

如果既想禁止改写指针，又想禁止改写间接引用，可以做以下声明：

```
const int * const p = &a;
```

2.7.4 指针的运算

指针是一种数据类型，应具有无符号整数的值。由于地址本身的特征，也给指针的运算带来一些限制，它只能进行以下运算：

(1) 与整数相加、相减运算。

(2) 同一数组中各元素地址间的关系运算与相减运算。

(3) 赋值运算。

其他的运算(如两个指针相加、相乘、相除、移位以及指针与实数相加等)都是不允许的。

1. 指针与整数相加、相减

指针与整数相加、相减，表示指针在内存空间向下、向上移动，移动以其类型长度为单位。int 型指针的移动单位为 2 字节，即 int 型指针加 1 向下移动 2 字节，减 1 向上移动 2 字节。float 型指针的移动单位是 4 字节。

2. 指向同一数组中的元素的指针的关系运算与相减运算

指向同一数组中的元素的指针的关系运算是比较它们之间的地址大小。若两个指针相等，表明它们指向同一数组元素。两个指向同一数组中的元素的指针相减是计算它们之间的元素数目。

3. 指针赋值

指针可以通过赋值运算改变其所指向的实体。指针的赋值运算有以下 3 种情况：

(1) 给指针赋一个对应类型的变量地址。例如：

```
float f1,f2;
float * pf;
pf = &f1;
pf = &f2;
```

(2) 同类型指针间的赋值。例如：

```
int a,b;
int * pa = &a;
int * pb = &b;
pa = pb;
```

(3) 指针增 1、减 1，即指针向下或向上移动一个所指向的数据类型空间。增 1、减 1 运算符与 * 的优先级相同，当它们在同一个表达式中时应按结合性决定运算顺序。例如：

```
y = * ++p;     //地址增量
y = ++ * p;    //地址中的内容增量
```

2.8 数组与指针的关系

2.8.1 一维数组指针的表示法

在 C++中数组与指针的关系极为密切，编译器在处理数组时经常要按指针形式处理，使数组元素具有下标与指针两种形式。任何可通过数组下标完成的操作也可通过指针完成，而且执行速度更快、代码更短。

可以用指针来存放数组元素，例如：

```
char str[80], *p1;
p1 = str;
```

这里将 p1 设置为数组的首地址，也可以写成：

```
p1 = &str[0];
```

但一般不这样用。如果想访问 str 中的第 5 个元素，也可以写成 str[4]或 *(p1+4)。

通过指针 p 引用数组 a 中的元素，既可以直接用指针加变址运算，也可以让指针带下标。

例如：

```
int a[10];
int *p;
p = a;
```

则 *(p+4)和 p[4]都可以表示数组的第 5 个元素，但后一种方法很少采用。

综上所述，用户可以用下面两种方法引用数组元素。

(1) 下标法：a[i]。

(2) 指针法：*(p+i)。

用指针更灵活，例如 p++可以改变指针，而 a++不行，因为 *a* 是常数，*p* 是变量。

在使用指针法访问数组元素时也要注意“下标越界”问题。当 *p* 指向数组末尾之后的元素时，C++编译系统无法判断其是否越界，因而容易引起破坏其他数据的危险。

在使用指向数组元素的指针变量时应当注意指针变量的当前值。例如：

```
p = a;
for(i = 0;i < 5;i++)
    cin >> p++;
```

若少了第 1 句“p=a;”，则 *p* 指向不确定的单元，可能造成整个系统的崩溃。

2.8.2 二维数组指针的表示法

通过上面的讨论可以得出以下两点结论：

(1) 在C++语言中，一维数组名代表了该数组的起始地址，也就是该一维数组的第1个元素的起始地址。所以数组名是一个指针常数，可以将其赋给一个指针变量。

(2) 在C++语言中，一维数组的任何一个元素的地址都可以用其数组名加上一个偏移量来表示。这个偏移量的单位不是字节，而是数组元素的大小。

这两点也可以推广到二维乃至多维数组，因为C++语言用一维数组来解释多维数组。例如：

```
int a[3][5];
```

图2.19所示为二维数组的指针表示法。

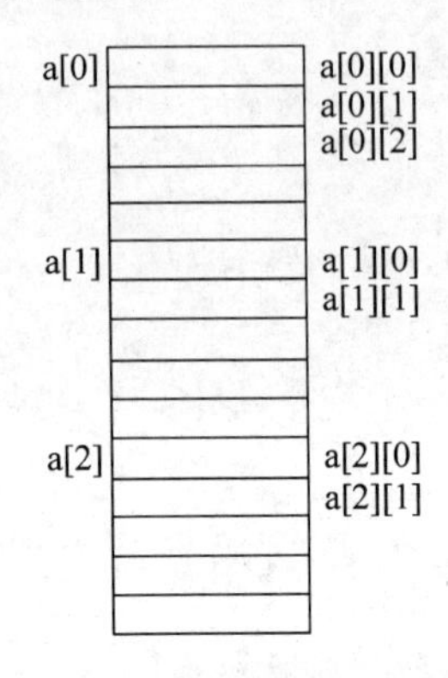

图2.19 二维数组的指针表示法

指针a是二级指针，而a[0]、a[1]、a[2]是一级指针，在给指针变量赋值时应注意。

```
int a[3][5];
int *p, **p1;
p1 = a; p = a[0];
```

指针的类型取决于它所指向的对象。如果将p=a[0]改写为p=a就会出错，虽然a[0]和a的值相同，但a是二级指针，而a[0]和p一级指针，不能混为一谈。

如果事先进行强制类型转换，可以将a赋给p，即：

```
p = (int *)a;
```

2.8.3 指针与字符串

字符串是放在字符数组中的，因此为了对字符串进行操作，可以定义一个字符数组，也可以通过一个字符指针来访问字符串。

【例2.19】 指针访问字符串的例子。

```
#include <iostream>
using namespace std;
int main()
```

```
{
    char str[ ] = "C Language";
    char * p;
    p = str;
    cout << str;
    cout << p << endl;
    return 0;
}
```

程序的运行结果如图 2.20 所示。

E:\16-17第一学期\教材\源码\2.19\Debug\2.19.exe
C Language
C Language
请按任意键继续. . .

图 2.20　例 2.19 的运行结果

【例 2.20】 字符串访问字符串的例子。

```
#include < iostream >
using namespace std;
int main()
{
    char * p = "I have 50 Yuan.";
    char a[20], x;
    int i = 0;
    x = "0";
    for(; * p!= "\0";p++)
    if( * p!= x)
        a[i++] = * p;
    a[i] = "\0";
    cout <<"The new string is:"<< a << endl;
    system("pause");
    return 0;
}
```

程序的运行结果如图 2.21 所示。

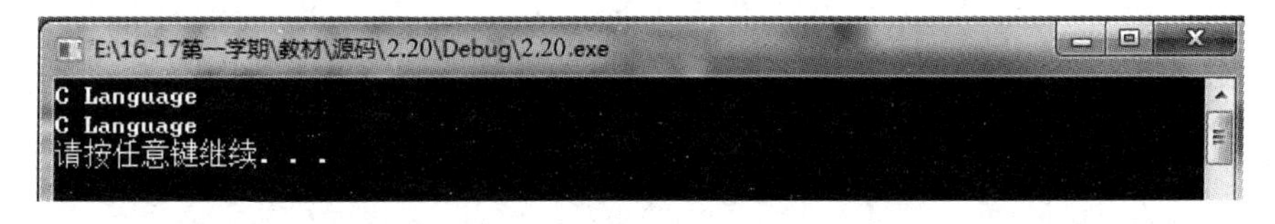

图 2.21　例 2.20 的运行结果

许多 C++版本都提供了 strchr()函数，它的形式如下：

```
char * strchr(str, ch);
```

str 为字符串,也可以是字符数组名,或者指向字符数组或字符串的指针变量。ch 是要查找的字符。此函数返回指向 ch 的指针。

【例 2.21】 strchr 函数的例子。

```
#include<iostream.h>
#include<string.h>
using namespace std;
int main()
{
    char ch, line[81], *pt;
    cout<<"Enter the string to be searched:";
    cin>>line;
    cout<<endl;
    cout<<"Enter character to search for:";
    cin>>ch;
    pt=strchr(line,ch);
    //在 line 字符串中查找子串 ch
    cout<<endl;
    cout<<"string starts at addres"<<(void *)line<<endl;
    cout<<"First accurrence of char is addres"<<(void *)pt<<endl;
    system("pause");
    return 0;
}
```

程序的运行结果如图 2.22 所示。

```
E:\16-17第一学期\教材\源码\2.21\Debug\2.21.exe
Enter the string to be searched:string

Enter character to search for:str

string starts at addres003EFE08
First accurrence of char is addres003EFE08
请按任意键继续. . .
```

图 2.22 在字符串中查找子串的地址

2.8.4 指针数组

指针数组是指数组中的每个元素都是同类型的指针。指针数组主要用于字符串的操作。例如,如果有 5 个字符串,最长的串为 9 个字符,加上"\0"为 10 个字符,如图 2.23 所示。我们可以用 5×10 的二维数组来实现其存储。

```
static char name[5][10]={"LiFun", "ZhangLi", "LingMaoTi", "SunFei", "WangBio"};
```

这样不足 10 个字符的串也要占用 10 个单元的存储空间,造成了存储空间的浪费。但如果用指针数组,其存储空间就不会造成浪费,它是用 5 个指针指向 5 个串。

```
static char *name[5]={"LiFun", "ZhangLi", "LingMaoTi", "SunFei","WangBio"};
```

	0	1	2	3	4	5	6	7	8	9
1000	L	i	F	u	u	\0				
1010	Z	h	a	n	g	L	i	\0		
1020	L	i	n	g	M	a	o	T	i	\0
1030	S	u	n	F	e	i	\0			
1040	W	a	n	g	B	i	o	\0		

图 2.23 指针数组

2.8.5 指针与函数

指针与函数的关系主要表现在以下 3 个方面：

(1) 用指针作为函数参数；

(2) 函数的返回值是指针；

(3) 指向函数的指针。

函数的参数不仅可以是整型、实型、字符型等数据，还可以是指针类型。它的作用是将一个变量的地址传送到另一个函数中。

【例 2.22】 指针作为函数参数。

```
#include<iostream>
using namespace std;
void sub(int *px,int *py);
int main()
{
    int x,y;
    sub(&x,&y);
    cout<<x<<" "<<y<<endl;
    system("pause");
    return 0;
}
void sub(int *px,int *py)
{
    *px=10;
    *py=20;
}
```

程序的运行结果如下：

```
10 20
```

说明：通过这个例子可以看出，用指针做函数参数可以实现“通过被调用的函数改变主调函数中变量的值”的目的。

【例 2.23】 将直角坐标系转换为极坐标系。

```
#include<iostream>
#include<math.h>
using namespace std;
```

```
void RectToPolar(double x,double y,double * r,double * theata);
int main()
{
    double x,y,r,theata;
    cout <<"Enter two number separated by space:";
    cin >> x >> y;
    RectToPolar(x,y,&r,&theata);
    cout <<"r = "<< r <<", theata = "<< theata << endl;
    return 0;
}
void RectToPolar(double x,double y,double * r,double * theata)
{
    const double Pi = 3.1415926;
    * r = sqrt(x * x + y * y);
    * theata = atan(y/x) * 180/Pi;
}
```

程序的运行结果如图 2.24 所示。

```
E:\16-17第一学期\教材\源码\2.23\Debug\2.23.exe
Enter two number separated by space:
2 3
r=3.60555, theata=56.3099
请按任意键继续. . .
```

图 2.24 将直角坐标系转换为极坐标系

2.8.6 数组指针作为函数参数

以数组作为函数参数,通过指针进行函数间的通信是解决调用者向函数传送大量数据的一种途径,同时可以在指针指向的数组中得到多于一个以上的回送值。

【例 2.24】 求二维数组中的全部元素之和。

```
#include < iostream >
using namespace std;
int SumArray(int arr[],int n);
int main()
{
    static int a[3][4] = {1,3,5,7,9,11,13,15,17,19,21,23};
    int * p,total;
    p = a[0];
    total = SumArray(p,12);
    cout <<"total = "<< total << endl;
    system("pause");
    return 0;
}
int SumArray(int arr[],int n)
{
    int i,sum = 0;
    for(i = 0;i < n;i++) sum = sum + arr[i];
    return sum;
}
```

程序的运行结果如下：

```
total = 144
```

在定义了指针变量并且使它指向一个数组后也可以用指针变量名和下标的形式来访问一个数组元素。例如：

```
int * p,a[3];
p = a;
```

此时 p[0]表示 a[0]、p[1]表示 a[1]、p[2]表示 a[2]。对于这个问题前面已经讲过，这里不再赘述。

2.8.7　指向函数的指针

一个函数包括一系列的指针，在内存中占据一片存储单元，它有一个起始地址，即函数的入口地址，通过这个地址可以找到该函数，这个地址就称为函数的指针。

用户可以定义一个指针变量，使它的值等于函数的入口地址，那么通过这个指针变量也能调用此函数，这个指针变量称为指向函数的指针变量。

其一般格式如下：

```
类型标识符( * 指针变量名)();
```

例如：

```
int ( * p)();
```

它定义了一个指向函数的指针变量 p，该函数的返回值为 int 型。注意 * p 两侧的括号不能省略，如果写成 int * p()，则是定义一个函数，其返回值为指针类型。

在定义了指向函数的指针变量后可以将一个函数的入口地址赋给它，这就实现了使指针变量指向一个指定的函数。例如：

```
p = fun1;       //fun1 为一个函数
```

假设已定义了一个函数 fun1，则上述赋值语句的作用是使 p 指向函数 fun1。注意应只写函数名，不要写参数，例如写成 p=fun1(a,b)是错误的。函数名代表函数的入口地址。

如果调用时需要传递参数，则必须采取以下形式：

```
( * p)(a,b);
```

【例 2.25】　求二维数组中的全部元素之和。

```
#include < iostream >
using namespace std;
int SumArray(int arr[],int n);
```

```
int main()
{
    static int a[3][4] = {1,3,5,7,9,11,13,15,17,19,21,23};
    int *p,total1,total2;
    int (*pt)(int *,int);
    // pt 与 SumArray 的形式应保持一致
    pt = SumArray;
    p = a[0];
    total1 = SumArray(p,12);
    total2 = (*pt)(p,12);
    cout <<"total1 = "<< total1 << endl;
    cout <<"total2 = "<< total2 << endl;
    system("pause");
    return 0;
}
int SumArray(int arr[],int n)
{
    int i,sum = 0;
    for(i = 0;i < n;i++)
        sum = sum + arr[i];
    return sum;
}
```

程序的运行结果如图 2.25 所示。

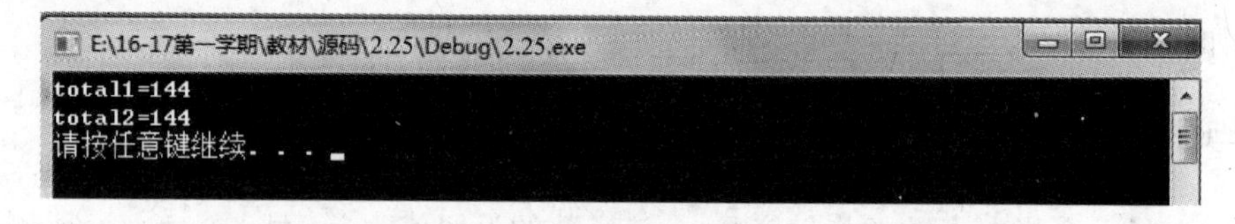

图 2.25 求二维数组中的全部元素之和

用户可以用指向函数的指针变量作为被调用函数的实参，由于该指针变量是指向某一函数的，因此先后使指针变量指向不同的函数就可以在被调用函数中调用不同的函数。

【例 2.26】 求定积分。

定积分的计算公式为 $F(x)=\int_a^b f(x)\mathrm{d}x$。

```
#include <iostream>
#include <math.h>
#define FunNAME sin
using namespace std;
typedef double (*FUN)(double);
//定义一个函数指针类型
double integral(FUN,double,double,int);
int main()
{
    double a,b;
    int num;
```

```
    cout <<"Enter integral area(a - b):(separated by space)"<< endl;
    cin >> a >> b;
    cout << endl;
    cout <<"How many parts you'll divide it?"<< endl;
    cin >> num;
    cout << endl;
    cout << integral(FunNAME,a,b,num)<< endl;
    system("pause");
    return 0;
}
double integral(FUN fun,double a,double b,int num)
{
    double s,h;
    int i;
    s = (( * fun)(a) + ( * fun)(b))/2.0;
    h = (b - a)/num;
    for(i = 0;i < num;i++)
        s = s + ( * fun)(a + i * h);
    return s * h;
}
```

程序的运行结果如图 2.26 所示。

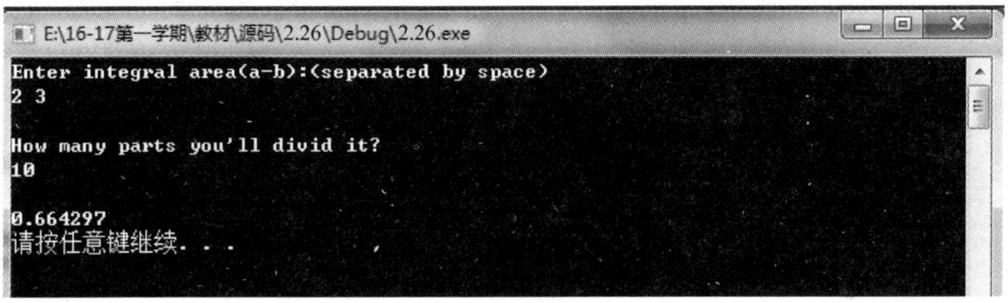

```
E:\16-17第一学期\教材\源码\2.26\Debug\2.26.exe
Enter integral area(a-b):(separated by space)
2 3

How many parts you'll divid it?
10

0.664297
请按任意键继续. . .
```

图 2.26　求定积分

2.8.8　返回指针的函数

其一般格式如下：

```
类型说明符 * 函数名(形参);
```

例如：

```
int * fun(int a,int b);
```

该函数返回一个指向整型的指针。

```
char * strchr(char * str,char ch)
{
    while( * str++ != "\0") if( * str == ch) return str;
    return 0;
}
```

2.8.9 main 函数中的参数

main 函数也可以带参数,以便在操作系统下输入命令行时将实参传递给程序。例如 DOS 命令中的“dir a:”就是带参数的 DOS 命令。

main 函数有 3 个特殊的内部形参,分别为 argc、argv、env,其格式如下:

```
main(int argc,char * argv[],char * env)
```

(1) argc 参数保存命令行的参数个数,是一个整型量,它至少为 1,因为程序名就是第一个实参。

(2) argv 参数是指向字符指针数组的指针,以接受实参(字符串)。

(3) env 用于存取 DOS 环境参数,不是必需的。

【例 2.27】 main 函数中的参数示例。

```
//main.cpp
#include <iostream.h>
#include <stdlib.h>
int main(int argc,char * argv[])
{
    if(argc!= 2){
        cout <<"You forgot to type your name."<< endl;
        exit(0);
        }
    cout <<"Hello! "<< argv[1];
    return 0;
}
```

在 DOS 下输入命令 main Tom,程序输出“Hello! Tom”。

2.9 结构体、共用体和枚举数据类型

2.9.1 结构体类型概述

在程序中为了处理复杂的数据结构,例如不同类型数据的集合,采用了结构体数据类型,它有以下特点:

(1) 由若干数据项组成,每一个数据项都属于一种已定义的数据类型。例如:

```
struct person{
    char name[20];
    int age;
    char sex;
    long num;
    char nation;
    int education;
```

```
    char address[20];
    long tel;
};
```

数据项也称为该结构的成员，不能称为变量，这时有结构变量，而数据项仅是结构变量的成员。

(2) 结构体类型可以有很多种，一般一个名就是一种类型。

(3) 定义一个结构体类型并不意味着分配一段内存单元来存放各数据项成员，这是定义类型而不是定义变量。

2.9.2　结构体类型变量的定义和引用

1. 定义结构体类型变量的方法

其一般格式如下：

```
struct 结构名 变量名;
```

例如：

```
struct person student;
struct person worker;
```

用户也可以在定义一个结构体类型的同时定义一个或多个结构体变量。

```
struct person{
    char name[20];
    int age;
    char sex;
    long num;
    char nation;
    int education;
    char adress[20];
    long tel;
}student,worker;
```

在内存中，student 占据连续的一片存储单元，它占用 54 个字节的连续空间。用户可以用 sizeof 运算符测出一个结构体类型数据的长度。

另外成员也可以是一个结构体变量，例如：

```
struct date{
    int month;
    int day;
    int year;
};
struct person{
    char name[20];
```

```
    struct date birthday;
    //birthday是一个结构类型的成员
    char sex;
    long num;
    char nation;
    int education;
    char address[20];
    long tel;
};
```

birthday是一个结构体类型的成员。结构可以嵌套。

2. 结构体变量的初始化

在初始化时，按照所定义的结构体类型的数据结构依次写出各初始值，在编译时将它们赋给此变量中的各成员。例如：

```
struct person{
    char name[20];
    int age;
    char sex;
    long num;
    char nation;
    int education;
    char adress[20];
    long tel;
}student = {"WangLi",18,"M",10189341101,"H",12, "125 Beijing Road",2098877};
```

如果一个结构体内又嵌套另一个结构，则初始化时仍然是对各个基本类型的成员给予初值。

```
struct person student = {"WangLi",12,15,1974,"M",10189341101,"H",12, "125 Beijing Road",
2098877};
```

3. 结构体变量的引用

在定义了结构体变量以后可以引用这个变量，但应遵循以下规则：

(1) 不能将一个结构体变量作为一个整体进行输入与输出。例如：

```
cout << student;      //非法
```

C++语言只允许对结构中的各成员分别进行访问，引用方式为结构变量名.成员名。例如“student.num=10010;”。

但如果两个结构体变量具有相同类型，则可以将一个赋给另一个。请看下例。

【例 2.28】　结构体变量的赋值。

```
#include<iostream>
using namespace std;
int main()
{
    struct sample{
        int i;
        double d;
    }one,two;
    one.i = 10;
    one.d = 98.6;
    two = one;
    cout << two.i <<" "<< two.d << endl;
    system("pause");
    return 0;
}
```

程序的运行结果如下：

```
10  98.6
```

（2）如果成员本身也是一个结构体类型，则要用若干个成员运算符一级一级地找到最低一级的成员。例如：

```
student.birthday.day = 2;
```

（3）可以引用成员的地址，也可以引用结构体变量的地址。

```
cin >> student.num;
cout << &student;
```

（4）不允许用赋值语句将一组常量直接赋给一个结构变量。

```
student = {"WangLi",18,"M",10189341101,"H",12, "125 Beijing Road",2098877};
//非法
```

2.9.3　结构体数组

在一个结构体变量中只能存放一组数据（例如一个学生的学号、姓名、成绩等）。如果处理许多学生的数据，显然要用若干结构体变量，这自然要用到结构体数组。

结构体数组与以前介绍过的数值型数组的不同之处在于每个数组元素都是一个结构体类型的数据。

1. 结构体数组的定义

（1）先定义结构体类型，再定义结构体数组：

```
struct strd_type{
    long num;
    int age;
    char sex;
    float score;
};
struct stud_type student[30];
```

(2) 在定义结构体类型的同时定义结构数组：

```
struct stud_type{
    long num;
    int age;
    char sex;
    float score;
}student[30];
```

(3) 直接定义结构体变量而不是类型名：

```
struct{
    long num;
    int age;
    char sex;
    float score;
}student[30];
```

2. 结构体数组的初始化

```
struct stud_type student[3] = {
    {"WangLin",80101,18,"M",89.5},
    {"SunWei",80102,19,"F",91},
    {"QianHong",80103,17,"F",93.5}
    };
```

3. 结构体数组的引用

由于结构体数组中的每个元素都是一个结构变量，对于它们的引用遵循结构体变量的引用原则。

(1) 引用某一元素中的一个成员，例如“student[i]. num;”。

(2) 结构体变量的赋值，例如“student[i]=student[1];”。

(3) 不能直接进行整体输入与输出。

【例 2.29】 结构体数组的引用示例。

```
#include<iostream>
using namespace std;
#define N 2
```

```
int main()
{
    int i;
    struct stud_type{
        charname[20];
        charsex;
        int num;
        int age;
        double score;
    }student[N];
    for(i = 0;i < N;i++){
        cout <<"Enter all data of student:"<< endl;
        cout <<"name:";
        cin >> student[i].name;
        cout <<"sex:";
        cin >> student[i].sex;
        cout <<"number:";
        cin >> student[i].num;
        cout <<"age:";
        cin >> student[i].age;
        cout <<"score:";
        cin >> student[i].score;
    }
    cout <<"record name sex number age score"<< endl;
    for(i = 0;i < N;i++){
        cout << i <<""
        << student[i].name <<""
        << student[i].sex <<""
        << student[i].num <<""
        << student[i].age <<""
        << student[i].score << endl;
    }
    system("pause");
    return 0;
}
```

程序的运行结果如图 2.27 所示。

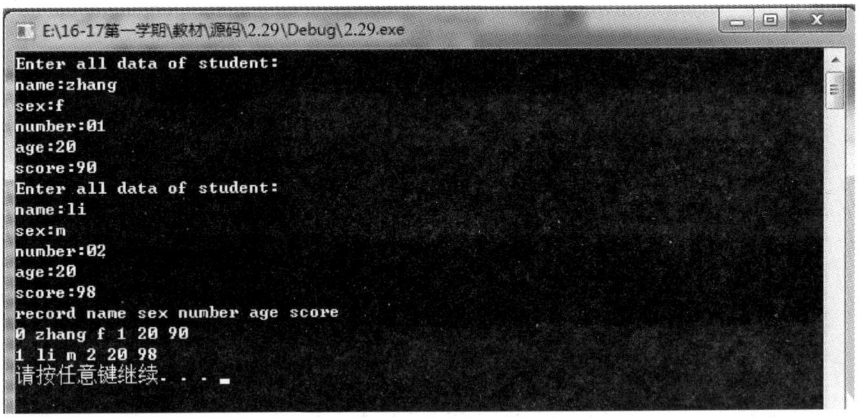

```
E:\16-17第一学期\教材\源码\2.29\Debug\2.29.exe
Enter all data of student:
name:zhang
sex:f
number:01
age:20
score:90
Enter all data of student:
name:li
sex:m
number:02
age:20
score:98
record name sex number age score
0 zhang f 1 20 90
1 li m 2 20 98
请按任意键继续. . .
```

图 2.27　例 2.29 的运行结果

2.9.4 结构体型函数参数以及返回结构体类型值的函数

1. 结构体型函数参数

【例 2.30】 结构体型函数参数示例。

```
#include<iostream>
#define N 2
using namespace std;
struct stud_type{
    charname[20];
    charsex;
    int num;
    int age;
    double score;
};
void show(struct stud_type student1);
int main()
{
    int i;
    struct stud_type student[N];
    for(i=0;i<N;i++)
    {
        cout<<"Enter all data of student:"<<endl;
        cout<<"name:"; cin>>student[i].name;
        cout<<"sex:"; cin>>student[i].sex;
        cout<<"number:"; cin>>student[i].num;
        cout<<"age:"; cin>>student[i].age;
        cout<<"score:"; cin>>student[i].score;
    }
    cout<<"name sex number age score"<<endl;
    for(i=0;i<N;i++)
        show(student[i]);
    system("pause");
    return 0;
}
void show(struct stud_type student1)
{
    cout<<student1.name<<""
    <<student1.sex<<""
    <<student1.num<<""
    <<student1.age<<""
    <<student1.score<<endl;
}
```

程序的运行结果如图 2.28 所示。

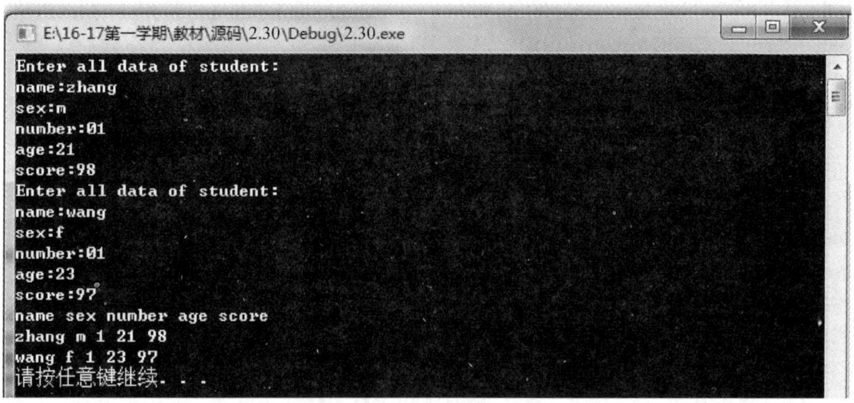

```
E:\16-17第一学期\教材\源码\2.30\Debug\2.30.exe
Enter all data of student:
name:zhang
sex:m
number:01
age:21
score:98
Enter all data of student:
name:wang
sex:f
number:01
age:23
score:97
name sex number age score
zhang m 1 21 98
wang f 1 23 97
请按任意键继续. . .
```

图 2.28 例 2.30 的运行结果

2. 返回结构体类型值的函数

【例 2.31】 返回结构体类型值的函数示例。

```
#include< iostream >
#define N 2
using namespace std;
struct stud_type
{
    charname[20];
    charsex;
    int num;
    int age;
    double score;
};
struct stud_type enter();
void show(struct stud_type student1);
int main()
{
    int i;
    struct stud_type student[N];
    for(i = 0;i < N;i++)
        student[i] = enter();
    cout <<"name sex number age score"<< endl;
    for(i = 0;i < N;i++)
        show(student[i]);
    return 0;
}
struct stud_type enter()
{
    struct stud_type stud;
    cout <<"Enter all data of student:"<< endl;
    cout <<"name:"; cin >> stud.name;
    cout <<"sex:"; cin >> stud.sex;
```

```
    cout <<"number:"; cin >> stud.num;
    cout <<"age:"; cin >> stud.age;
    cout <<"score:"; cin >> stud.score;
    return stud;
}
void show(struct stud_type student1)
{
    cout << student1.name <<""
    << student1.sex <<""
    << student1.num <<""
    << student1.age <<""
    << student1.score << endl;
}
```

程序的运行结果如图 2.29 所示。

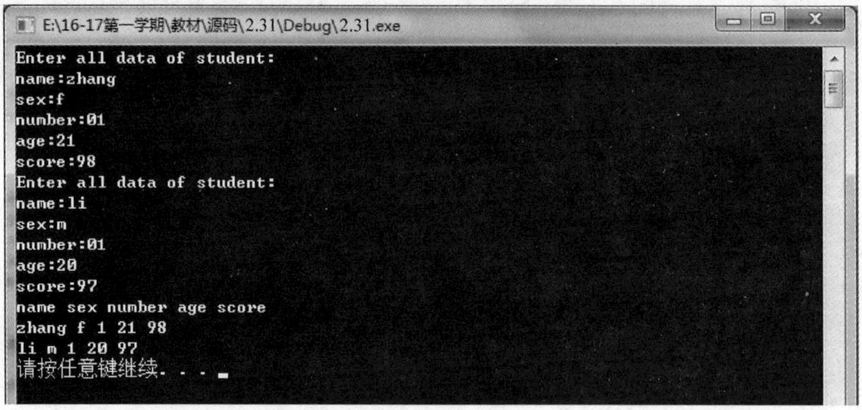

```
E:\16-17第一学期\教材\源码\2.31\Debug\2.31.exe
Enter all data of student:
name:zhang
sex:f
number:01
age:21
score:98
Enter all data of student:
name:li
sex:m
number:01
age:20
score:97
name sex number age score
zhang f 1 21 98
li m 1 20 97
请按任意键继续. . .
```

图 2.29　例 2.31 的运行结果

2.9.5　结构体变量和指针

1. 指向结构体变量的指针

例如：

```
struct stud_type * p;
```

可以让 p 指向任一 stud_type 类型的变量。结构体指针也即结构体变量的首地址。在定义结构体指针后可以通过指针访问结构体变量中的成员，有两种方法，一种方法是"(* p). name"，还有一种常用的方法是"p-> name"。

例如：

```
struct stud_type student, * p;
p = &student;
cin >> p - > name;
```

注意，结构体变量用“.”访问成员，结构体指针用“->”访问成员。

【例 2.32】 指向结构体变量的指针示例。

```
#include< iostream.h>
#include< conio.h>
#define TIMES 12800000
using namespace std;
struct time
{
    int hours;
    int minutes;
    int seconds;
};
void update(struct time * t);
void display(struct time * t);
void delay();
int main()
{
    struct time t1;
    t1.hours = 0;
    t1.minutes = 0;
    t1.seconds = 0;
    for(;!kbhit();)
    {
        update(&t1);
        display(&t1);
    }
    return 0;
    }
void update(struct time * t)
{
    t->seconds++;
    if(t->seconds == 60)
    {
        t->seconds = 0;
        t->minutes++;
    }
    if(t->minutes == 60)
    {
        t->minutes = 0;
        t->hours++;
    }
    if(t->hours == 24)
        t->hours = 0;
    delay();
}
void display(struct time * t)
{
    cout << t->hours <<":"<< t->minutes <<":"<< t->seconds << endl;
```

```
}
void delay()
{
    long int i;
    for(i = 0;i < 3 * TIMES;i++);
}
```

程序的运行结果如图 2.30 所示。

```
E:\16-17第一学期\教材\源码\2.32\Debug\2.32.exe
0:0:1
0:0:2
0:0:3
0:0:4
0:0:5
0:0:6
0:0:7
0:0:8
0:0:9
0:0:10
0:0:11
0:0:12
0:0:13
0:0:14
0:0:15
0:0:16
```

图 2.30　例 2.32 的运行结果

2. 指向结构体数组的指针

前面已经介绍过用户可以使用指向数组的指针,同样对于结构体数组,也可以使用指针进行访问。

【例 2.33】　指向结构体数组的指针示例。

```
#include < iostream >
#define N 2
using namespace std;
struct stud_type
{
    charname[20];
    charsex;
    int num;
    int age;
    double score;
};
struct stud_type enter();
void show(struct stud_type student1);
int main()
{
    int i;
    struct stud_type student[N], * p;
    for(p = student;p < student + N;p++)
        * p = enter();
```

```
    cout <<"name sex number age score"<< endl;
    for(i = 0;i < N;i++)
        show( * p);
    return 0;
}
struct stud_type enter()
{
    struct stud_type stud;
    cout <<"Enter all data of student:"<< endl;
    cout <<"name:";
    cin >> stud.name;
    cout <<"sex:";
    cin >> stud.sex;
    cout <<"number:";
    cin >> stud.num;
    cout <<"age:";
    cin >> stud.age;
    cout <<"score:";
    cin >> stud.score;
    return stud;
}
void show(struct stud_type student1)
{
    cout << student1.name <<""
    << student1.sex <<""
    << student1.num <<""
    << student1.age <<""
    << student1.score << endl;
}
```

程序的运行结果如图 2.31 所示。

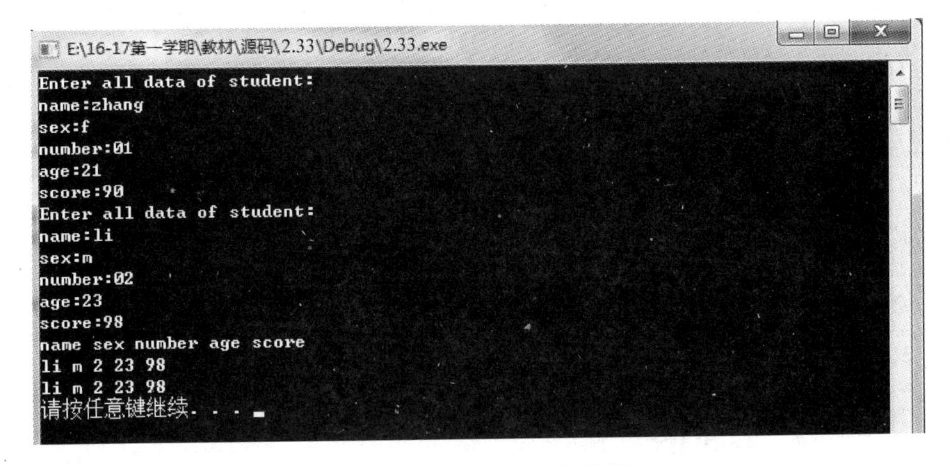

图 2.31 例 2.33 的运行结果

3. 用指向结构体变量的指针作为函数参数

【例 2.34】 用指向结构体变量的指针作为函数参数的例子。

```
#include<iostream.h>
#define N 2
struct stud_type
{
    charname[20];
    charsex;
    int num;
    int age;
    double score;
};
struct stud_type enter();
void show(struct stud_type *pt);
int main()
{
    int i;
    struct stud_type student[N], *p;
    for(p=student;p<student+N;p++)
        *p=enter();
    cout<<"name sex number age score"<<endl;
    for(i=0;i<N;i++)
        show(p);
    return 0;
}
struct stud_type enter()
{
    struct stud_type stud;
    cout<<"Enter all data of student:"<<endl;
    cout<<"name:";
    cin>>stud.name;
    cout<<"sex:";
    cin>>stud.sex;
    cout<<"number:";
    cin>>stud.num;
    cout<<"age:";
    cin>>stud.age;
    cout<<"score:";
     cin>>stud.score;
    return stud;
}
void show(struct stud_type *pt)
{
        cout<<pt->name<<"
    <<pt->num<<""
    <<pt->age<<""
    <<pt->score<<endl;
}
```

程序的运行结果如图 2.32 所示。

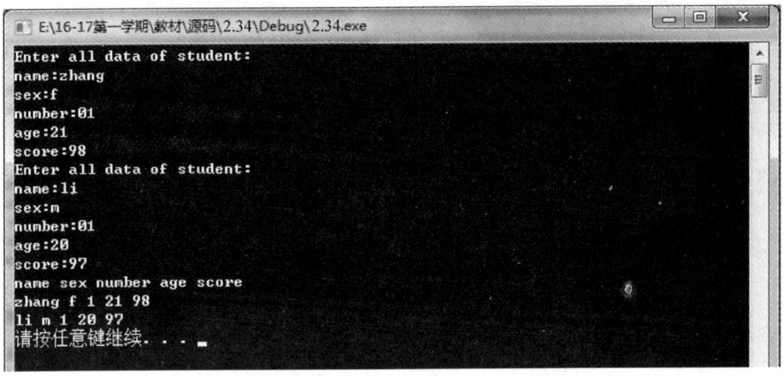

```
E:\16-17第一学期\教材\源码\2.34\Debug\2.34.exe
Enter all data of student:
name:zhang
sex:f
number:01
age:21
score:98
Enter all data of student:
name:li
sex:m
number:01
age:20
score:97
name sex number age score
zhang f 1 21 98
li m 1 20 97
请按任意键继续. . .
```

图 2.32　例 2.34 的运行结果

2.9.6　枚举类型数据

如果一个变量只有几种可能的值，可以定义为枚举类型。所谓枚举类型是指将变量的值一一列举出来，变量的值只限于列举出来的值的范围内。

枚举类型十分常见，例如每星期可以枚举为{sun,mon,tue,wed,thu,fri,sat}。

枚举的定义与结构也十分类似，其格式如下：

```
enum 枚举名{枚举表} 变量表;
```

例如：

```
enum weekday{sun,mon,tue,wed,thu,fri,sat};
enum weekday workday;
workday = wed;
```

一个枚举实际上是将每个符号用它们对应的整数来代替，而且可以在任何一个整型量表达式中使用这些值。系统默认第 1 个枚举值为 0，其余依次为 1、2、3 等。

```
cout << workday;        //结果为 3
```

但是，在定义枚举类型时不能写成：

```
enum weekday{0,1,2,3,4,5,6};
```

必须用符号或标识符来写，这些符号称为枚举元素或枚举常量。

用户也可以通过初始化来修改默认值：

```
enum weekday{sun = 3,mon = 5,tue,wed,thu,fri,sat};
```

此时 tue 默认值为 6，其余类推。

尽管枚举变量中的每个枚举元素是用整数代替的，却不可以将一个整数直接赋给枚举变量,因为它们的类型不同。

```
workday = 2;                        //错误
workday = (enum weekday)2;          //正确,强类型转换
```

【例 2.35】 枚举类型示例。

```
#include <iostream>
using namespace std;
int main()
{
    enum week_day{Mon = 1,Tue,Wed,Thu,Fri,Sat,Sun}today;
    static char * day[] = {"","Mon","Tue","Wed","Thu","Fri","Sat","Sun"};
    char f;
    int i = 1;
    while(1)
    {
        do
        {
            cout <<"Today is "<< day[i]<<"?(y/n):";
            cin >> f;
        }while(!(f == 'y'||f == 'Y'||f == 'n'||f == 'N'));
        today = week_day(i);
        if(f == 'y'||f == 'Y')
        {
            cout <<"Tomorrow is:";
            if(today == Sun)
                cout <<"Mon"<< endl;
            else
                cout << day[int(today) + 1]<< endl;
            break;
        }
        i > 6?i = 1:i++;
    }
    return 0;
}
```

程序的运行结果如图 2.33 所示。

```
E:\16-17第一学期\教材\源码\2.35\Debug\2.35.exe
Today is Mon?(y/n):n
Today is Tue?(y/n):n
Today is Wed?(y/n):y
Tomorrow is:Thu
请按任意键继续. . .
```

图 2.33 例 2.35 的运行结果

2.9.7 用 typedef 定义类型

C 语言允许用关键字 typedef 定义新的类型名。实际上，其并未建立一个新的数据类型，而是对现有类型定义了一个别名。其格式如下：

```
typedef 类型 定义名;
```

例如：

```
typedef int INTEGER;
typedef float REAL;
INTEGER i, j;
REAL a, b;
```

typedef 常用于复杂的数据类型，例如：

```
typedef struct date{
    int month;
    int day;
    int year;
} DATE;
DATE birthday;
DATE * p;
```

DATE 是结构 date 的别名，不可以写成：

```
struct DATE birthday;
例如: typedef int COUNT[20];
COUNT a, b;          //a 和 b 均为 20 个元素的整型数组
例如: typedef char * STRING;
STRING p1, p2;       //p1 和 p2 为字符型指针
例如: typedef int ( * POINTER)();
POINTER pt1, pt2;    //pt1 和 pt2 为指向函数的指针
```

typedef 和 # define 有相似之处，但两者在本质上是不同的。# define 是在预编译时处理的，它只能做简单的字符串替换；而 typedef 是在编译时处理的，它只能做类型替换。使用 typedef 有利于程序的移植，当数据结构发生变化时，程序员只需修改数据定义而无须修改代码，这极大地减少了程序的维护工作量。typedef 一般用在头文件中。

综合实例

程序代码如下：

```
# include"stdio.h"
# include"stdlib.h"
```

```
#include"ctype.h"
#include"math.h"
#include"string.h"
#include<conio.h>
#include<windows.h>
void function_1();
void function_2();
void function_3();
void function_4();
int menu_select();
void main()
{ for( ; ; )
{ switch(menu_select())
{ case 1: function_1()  ;break;
case 2: function_2()    ;break;
case 3: function_3()    ;break;
case 4: function_4()    ;break;
case 6: printf("结束程序运行再见\n");exit(0);}}}
int menu_select()
{


char s;
int n;
printf("\n\n\n该程序是C语言常用程序汇集演示\n");
printf("------------------------------------------------------\n\n\n");
printf("程序设计者: 学号: 2016********\n\n");
printf("------------------------------------------------------\n \n\n");
printf(" 1: 运行温度转换程序\n");
printf(" 2: 运行水仙花程序\n");
printf("3:运行打印菱形程序\n");
printf("4:运行乘法表程序\n");
printf("5:运行冒泡法排序程序\n");
printf("6:结束程序运行 再见!?\n\n");
printf("------------------------------------------------------\n \n\n");
printf("请输入数字1-6,选择你要运行的程序\n");
do
{
    s=getchar();
    n=(int)s-48;
}while(n<1 || n>6);
    return n;
}
void function_1()
{
    float F,C,n;
    n=1;
    while(n)
    {
        printf("Please enter the Fahreheit(10000 for exit):");
```

```
        scanf(" %f",&F);
        if(F == 10000)
            break;
        else
            C = 5.0/9.0 * (F - 32);
        printf(" %3.1f\n",C);
    }
    getch();            //等待输入一个字符
    //sleep(5000);      //延迟 5000 毫秒
    return;
}
void function_2()
{
    int i,j,k,n;
    printf("The narcissus number are:");
    for(n = 100;n < 1000;n++)
    {
        i = n/100;
        j = n/10 - i * 10;
        k = n % 10;
        if(i * 100 + j * 10 + k == i * i * i + j * j * j + k * k * k)
        {
            printf(" %d",n);
        }
    }
    printf("\n");
    getch();
}
void function_3()
{
    int i,j;
    for(i = 0;i <= 2;i++)
    {
        for(j = 0;j <= 2 - i;j++)
            printf("");
        for(j = 0;j <= 2 * i;j++)
            printf(" * ");
        printf("\n");
    }
    for(i = 1;i <= 2;i++)
    {
        for(j = 0;j <= i;j++)
            printf("");
        for(j = 0;j <= 2 * (2 - i);j++)
            printf(" * ");
        printf("\n");
        getch();
    }
    return;
```

```
}
void function_4()
{
    int i,j;
    for(i=1;i<=9;i++)
        for(j=1;j<=i;j++)
        {
            printf(" %d* %d= %d",i,j,i*j);
            if(i=j)printf("\n");
        }
        printf("\n");
        getch();

}
```

程序的运行结果如图 2.34 所示。

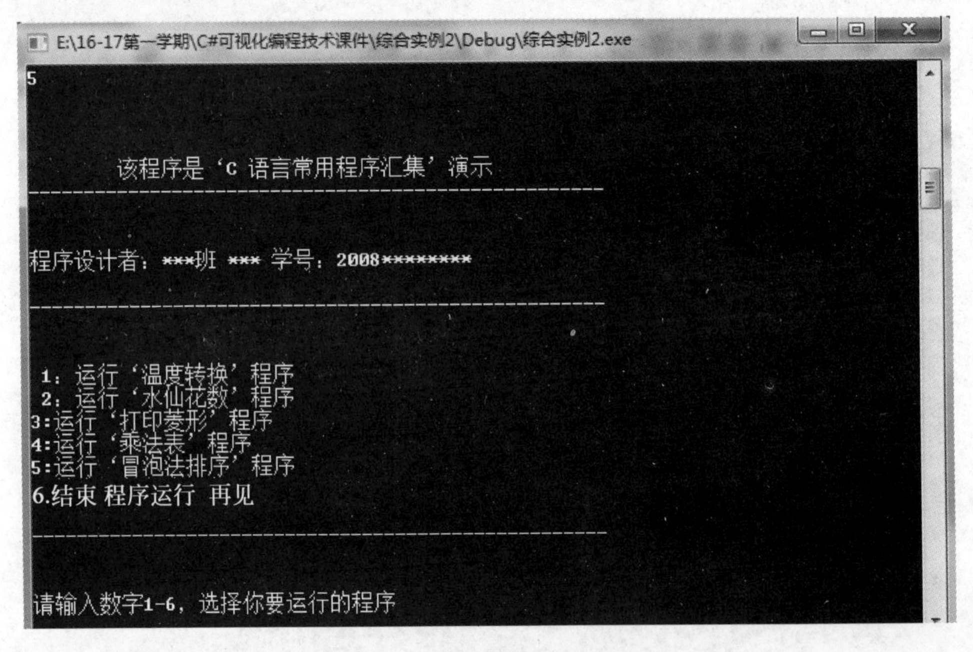

图 2.34 综合实例的运行结果

本章小结

本章对 C++语言的基础知识进行了介绍，包括标识符与数据类型、运算符与表达式、数组、字符串，并举例演示了 C++语法的特点及使用方法，旨在使读者对 C++语言有一个初步认识，为全书的学习打下基础。由于初学者对于本章的一些概念可能不能完全理解，在后续章节会陆续详细讲解相关内容。

习题

一、选择题

1. 一个函数的功能不太复杂，但要求被频繁调用，则应把它定义为（　　）。

A. 内联函数　　B. 重载函数　　C. 递归函数　　D. 嵌套函数

2. 假定一个类的构造函数为“A(int aa,int bb) {a=aa--;b=a*bb;}”，则执行“A x(4,5);”语句后 x.a 和 x.b 的值分别为（　　）。

A. 3 和 15　　B. 5 和 4　　C. 4 和 20　　D. 20 和 5

3. 下列程序的输出结果是（　　）。

```
#include <iostream>
using namespace std;
void main()
{int n[][3] = {10,20,30,40,50,60};
int (*p)[3];
p = n;
cout << p[0][0]<<","<< *(p[0] + 1)<<","<<(*p)[2]<< endl;}
```

A. 10,30,50　　B. 10,20,30　　C. 20,40,60　　D. 10,30,60

二、填空题

1. 若已经定义了整型指针 ip，为了得到一个包含 10 个整数的数组并由 ip 指向，应使用语句________。

2. 在 C++中，访问一个指针所指向的对象的成员所用的指向运算符是________。

3. 下列程序段的输出结果是________。

```
for(i = 0,j = 10,k = 0;i <= j;i++,j -= 3,k = i + j);cout << k;
```

4.

```
int n = 0;
while(n = 1)n++;
```

while 循环的执行次数是________。

5. 设函数 sum 是由函数模板实现的，并且 sum(3,6)和 sum(4.6,8)都是正确的函数调用，则函数模板具有________个类型参数。

6. 执行下列代码：

```
string str("HelloC++");
cout << str.substr(5,3);
```

程序的输出结果是________。

7. 下列程序实现大写字母转换成小写字母，请填空。

```
#include <iostream.h>
void main()
{
    char a;
    _______;
    cin>>a;
    if(_______)
    a = a + i;
    cout << a << endl;
}
```

三、问答题

1. 下列标识符哪些是合法的？

$17,#25,stu,if,8#y,--b

2. 计算下列逻辑运算表达式的值，a=3，b=4，c=5。

(1) a||b+c&&b-c

(2) !(a>b)&&!c||1

(3) !(x=a)&&(y=b)&&0

(4) !(a+b)+c-1&&b+c/2

3. 猴子第1天摘下若干个桃子，当即吃了一半，还不过瘾，又多吃了一个。第2天早上又将剩下的桃子吃掉了一半，又多吃了一个。以后每天早上都吃了前一天剩下的一半零一个，到第10天早上想再吃时见只剩下一个桃子了。求第1天共摘了多少个桃子。

算法提示：采用递推迭代思想，从初值出发，归纳出新值与旧值之间的关系，从而把一个复杂的计算过程转化成简单过程的多次重复，每次重复都从旧值的基础递推出新值，并取代旧值。

问题分析：

设x1为前一天桃子数，x2为第2天桃子数，则：

$$x2 = x1/2 - 1, \quad x1 = (x2 + 1) * 2$$

$$x3 = x2/2 - 1, \quad x2 = (x3 + 1) * 2$$

以此类推，x前=(x后+1)*2，从第10天可以类推到第1天，是一个循环过程。

C++在非面向对象方面的常用新特性

本章学习目标：

- C++的输入与输出；
- 用 const 定义常量；
- 函数的重载；
- 带有默认参数的函数；
- 引用；
- 动态分配内存；
- 布尔类型；
- 函数原型；
- 作用域运算符。

C++是 AT&T 公司的贝尔实验室的 Bjarne Stroustrup 博士开发的一种编程语言，它是在 C 语言的基础上增加了面向对象功能和其他一些增强功能，起初被称为“带类的 C”(C with Class)，1983 年正式取名 C++。为了表明它是 C 的增强版，所以在名字中使用了 C 语言中的自增运算符＋＋，从而形成了 C++。

C++是从 C 发展而来的，摒弃了 C 的局限性，增加了一些新的特点，如表 3.1 所示。

表 3.1　C 语言的局限与 C++语言的特点

C 语言的局限	C++语言的特点
类型检测机制比较弱，很多错误在编译阶段不能发现	兼容 C 语言
没有提供代码重用的结构	结构更清晰，可读性强
不适合大型程序的开发	代码质量高，速度快
	可维护性好，重用性高

总之，C++对 C 引入了面向对象的新概念，同时增加了一些非面向对象的新特性，这些特性使得 C++使用起来更加方便与安全，本节将讨论一些常用的新特性。

3.1 C++的输入与输出简介

为了方便用户,C++增加了标准输入输出流对象 cout 和 cin。所谓“流”是指来自设备或输出到设备的一系列字节,这些字节按照进入“流”的顺序排列。cout 代表标准输出流对象,cin 代表标准输入流对象。cout 和 cin 都是在头文件 iostream 中定义的。cin 的输入设备是键盘,cout 的输出设备是屏幕。

3.1.1 用 cout 输出数据流

cout 是标准输出流对象,指的是标准输出设备,通常表示屏幕。运算符“<<”在 C 语言中表示位“左移”操作。在 C++语言中,“<<”除了表示“左移”操作外,还可以用于输出,即将“<<”右边的数据写到标准输出流对象 cout 中,在屏幕上进行显示。cout 通常与“<<”结合使用,“<<”在此处起到插入的作用。cout 的一般形式如下:

```
cout <<表达式 1 <<…<<表达式 n;
```

例如:

```
cout <<"Hello, World!\n";      //用 C++的方法输出一行
```

其作用是将字符串“Hello, World! \n”插入到输出流中,也就是输出在标准输出设备上。在头文件 iostream 中定义了控制符 endl,endl 代表回车换行操作,作用与“\n”相同。

注意:

(1) 允许通过“<<”输出多个数据,例如:

```
cout << x <<' '<< y <<' '<< i <<' '<< j <<' '<<"hello "<<"大家好"<< endl;
```

(2) 允许输出表达式的值,例如:

```
cout << x + y <<' '<< i * j << endl;
```

3.1.2 用 cin 输入数据流

cin 是标准输入流对象,指的是标准输入设备,通常表示键盘。运算符“>>”在 C 语言中表示位“右移”操作。在 C++语言中,“>>”除了表示“右移”操作外,还可以用于输入,即将从标准输入流对象(键盘)中读取的值传送给右边的变量。cin 通常与“>>”结合使用。

cin 是从键盘向内存流动的数据流。用“>>”运算符从输入设备“键盘”取得数据送到标准输入流 cin 中,然后再送到内存。“>>”常称为输入运算符。

cin 应与“>>”配合使用。cin 的一般形式如下:

```
cin >>变量 1 >>…>>变量 n;
```

例如：

```
int m;                  //定义整型变量 m
float x;                //定义浮点型变量 x
cin >> m >> x;          // 输入一个整数和一个实数
```

可以从键盘输入：

```
16 168.98
```

m 和 x 分别获得值 16 和 168.98。

注意：

(1) 运算符“>>”允许用户从键盘上输入多个数据，例如：

```
cin >> x >> y >> i >> j;
```

它按照顺序从键盘输入中提取多个数据，并依次存入相对应的变量中。在进行多个数据的输入时，两个数据之间要使用空格或者用回车、Tab 键进行分隔。

(2) 可以对输入输出数据的格式进行控制。例如可以通过操作符 dec、hex 和 oct 以不同进制的形式显示数据。其中，dec 是将基数设为十进制，hex 是将基数设为十六进制，oct 是将基数设为八进制，默认采用的基数是十进制。

```
int i = 100;
cout << hex << i <<' '<< dec << i <<' '<< oct << i << endl;
```

输出的结果如下：

```
64 100 144
```

(3) 如果在程序中使用 cin 和 cout，必须将头文件包含到本文件中：

```
#include <iostream>
```

(4) cin 或 cout 语句可以写在同一行上，也可以分开写在多行上。如果写在多行上，除最后一行外，行尾不能加分号。

```
cout <<"x = "<< x
     <<"y = "<< y;
```

(5) 利用 cin 和 cout 在输入输出时不必考虑变量或表达式的类型。对于 cout，系统会自动判断正确的类型并进行输出；对于 cin，系统也会根据变量的类型从输入流中提取相应长度的字节。

【例 3.1】 cin 与 cout 使用示例。

```
#include<iostream>                          //编译预处理命令
using namespace std;                        //使用命名空间 std
int main()                                  //主函数 main()
{
    cout <<"请输入你的姓名和年龄 "<< endl;    //输出提示信息
    char name[16];                          //姓名
    int age;                                //年龄
    cin >> name;                            //输入姓名
    cin >> age;                             //输入年龄
    cout <<"你的姓名是: "<< name << endl;    //输出姓名
    cout <<"你的年龄是: "<< age << endl;     //输出年龄
    system("pause");                        //输出系统提示信息
    return 0;                               //返回值为 0,返回操作系统
}
```

程序的运行结果如图 3.1 所示。

图 3.1　例 3.1 的运行结果

注意：对变量的定义放在执行语句之后。在 C 语言中要求变量的定义必须在执行语句之前。C++允许将变量的定义放在程序的任何位置。

3.2 用 const 定义常量

在 C 语言中常用#define 命令定义符号常量，例如：

```
#define PI 3.14159            //声明符号常量 PI
```

在预编译时进行字符替换，把程序中出现的字符串 PI 全部替换为 3.14159。

C++提供了用 const 定义常量的方法，例如：

```
const float PI = 3.14159;     //定义常量 PI
```

常量 PI 具有数据类型，在编译时要进行类型检查，占用存储单元，在程序运行期间它的值是固定的。

下面介绍 define 宏定义和 const 常变量的区别。

1. 用法区别

(1) define 是宏定义，程序在预处理阶段将用 define 定义的内容进行了替换，因此程序运行时常量表中并没有用 define 定义的常量，系统不为它分配内存。对于用 const 定义的常量，程序运行时在常量表中，系统为它分配内存。

(2) 用 define 定义的常量在预处理时只是直接进行了替换，所以编译时不能进行数据类型检验。用 const 定义的常量在编译时进行严格的类型检验，可以避免出错。

(3) 用 define 定义表达式时要注意“边际效应”，例如以下定义：

```
double d1 = 2.0;
#define C1 d1 + d1
#define C2 C1 * C1
```

我们预想的 C2=(d1+d1)*(d1+d1)，编译器将处理成 C2=d1+d1*d1+d1，这就是宏定义的字符串替换的“边际效应”，因此要如下定义：

```
double d1 = 2.0;
const double C1 = d1 + d1;
const double C2 = C1 * C1;
```

用 const 定义表达式没有上述问题。const 定义的常量叫常变量有两个原因，一是 const 定义常量像变量一样检查类型；二是 const 可以在任何地方定义常量，编译器对它的处理与变量相似，只是分配内存的地方不同。

2. 实现机制

宏是预处理命令，即在预编译阶段进行字节替换。const 常量是变量，在执行时 const 定义的只读变量在程序运行过程中只有一份副本，因为它是全局的只读变量，存放在静态存储区的只读数据区。根据 C/C++语法，当用户声明该量为常量时即告诉程序和编译器不希望此量被修改。对于程序的实现，为了保护常量，特将常量放在受保护的静态存储区内。凡是试图修改这个区域内的值都将被视为非法，并报错。

3. 效果

C++语言用 const 来定义常量，也可以用 #define 来定义常量，但是前者比后者有更多的优点：

const 常量有数据类型，而宏常量没有数据类型；编译器可以对前者进行类型安全检查，而对后者只进行字符替换，没有类型安全检查，并且在字符替换时可能会产生意想不到的错误(边际效应)。

有些集成化的调试工具可以对 const 常量进行调试，但是不能对宏常量进行调试。在 C++程序中只使用 const 常量，不使用宏常量，即 const 常量完全取代宏常量。

【例 3.2】 用 const 定义常量示例。

```
#include <iostream>                        //编译预处理命令
using namespace std;                       //使用命名空间 std
int main()                                 //主函数 main()
{
    const float PI = 3.14159;              //定义常量 PI
    float r, s;                            //定义变量
    cout <<"输入半径:";                    //输入提示信息
    cin >> r;                              //输入半径 r
    s = PI * r * r;                        //计算面积
    cout <<"面积:"<< s << endl;            //输出面积
    system("pause");                       //输出系统提示信息
    return 0;                              //返回值 0, 返回操作系统
}
```

程序的运行结果如图 3.2 所示。

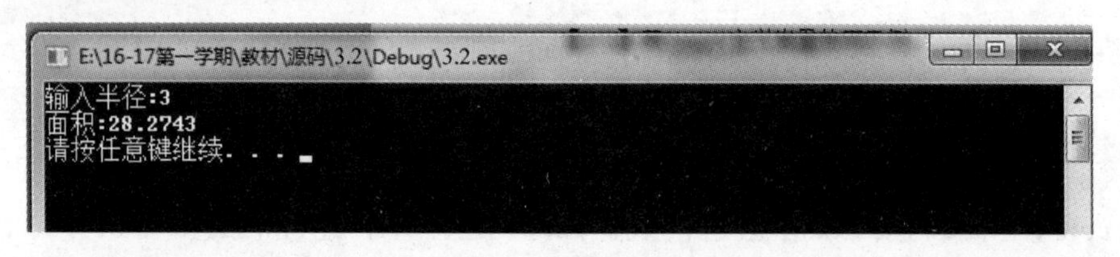

图 3.2　例 3.2 的运行结果

3.3　函数的重载

C++允许在同一作用域内定义多个同名函数,但要求这些函数参数的类型或个数不相同,这个功能称为函数的重载。在同一个作用域内,函数名相同,参数的类型或个数不同的函数称为重载函数。

函数重载能够在很大程度上方便用户的编程。编译器通过对同名函数的参数类型及参数个数进行分析就能够区分开不同的重载函数。

重载函数的形参个数或类型至少有一个不同,不允许参数个数和类型都相同而返回值类型不同,这是由于系统无法从函数的调用形式判断与哪一个重载函数相匹配。例如下面的代码不能实现函数重载,会出现编译错误。

```
int add(int i, int j);
double add(int i, int j);
```

这是因为在进行函数调用时这两个函数的调用形式是相同的(例如都是“add(a,b);”),编译器无法判断哪一个函数与调用形式相匹配。

【例 3.3】 求两个数中的最小值(分别考虑整数、浮点数的情况)。

```
#include<iostream>
using namespace std;
int Min(int a, int b)                //求两个整数的最小值
{
    return a<b?a:b;                  //返回 a、b 的最小值
}
float Min(float a, float b)          //求两个浮点数的最小值
{
    return a<b?a:b;                  //返回 a、b 的最小值
}
int main()                           //主函数 main()
{
    int a, b;                        //定义整型变量
    float x, y;                      //定义浮点型变量
    cout<<"输入整数 a,b:";            //输入提示
    cin>>a>>b;                       //输入 a、b
    cout<<a<<","<<b<<"的最小值为"<<Min(a, b)<<endl;
                                     //输出 a、b 的最小值,调用"int Min(int a, int b)"
    cout<<"输入浮点数 x,y:";          //输入提示
    cin>>x>>y;                       //输入 x、y
    cout<<x<<","<<y<<"的最小值为"<<Min(x, y)<<endl;
                                     //输出 x、y 的最小值,调用"float Min(float a, float b)"
    system("pause");                 //调用库函数 system( ),输出系统提示信息
    return 0;                        //返回值 0, 返回操作系统
}
```

程序的运行结果如图 3.3 所示。

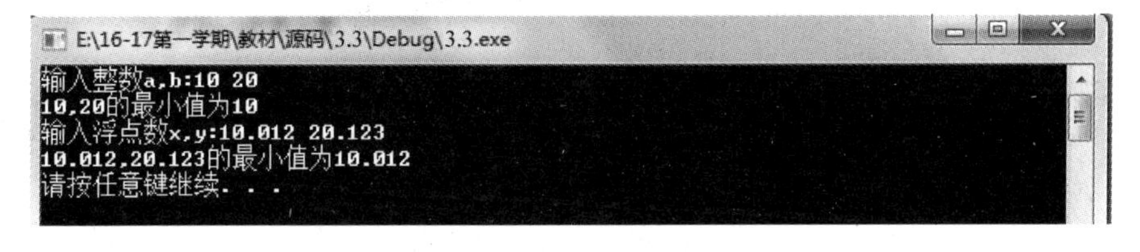

图 3.3 例 3.3 的运行结果

【例 3.4】 用重载函数分别求两个整数或 3 个整数中的最小者。

```
#include<iostream>
using namespace std;
int Min(int a, int b)                          //求两个整数的最小值
{
    return a<b?a:b;                            //返回 a、b 的最小值
}
int Min(int a, int b, int c)                   //求 3 个整数的最小值
{
    int t = a<b?a:b;                           //a、b 的最小值
```

```
    t = t<c?t : c;                       //t、c的最小值
    return t;                            //返回a、b、c的最小值
}
int main()                               //主函数main()
{
    int a, b, c;                         //定义整型变量
    cout <<"输入整数a,b,c:";             //输入提示
    cin >> a >> b >> c;                  //输入a、b、c
    cout << a <<","<< b <<"的最小值为"<< Min(a, b) << endl;
    //输出a、b的最小值,调用"int Min(int a, int b)"
    cout << a <<","<< b <<","<< c <<"的最小值为"<< Min(a, b, c) << endl;
    //输出a、b、c的最小值,调用"int Min(int a, int b, int c)"
    system("pause");                     //输出系统提示信息
    return 0;                            //返回值0, 返回操作系统
}
```

程序的运行结果如图3.4所示。

图3.4　例3.4的运行结果

3.4 有默认参数的函数

在C语言中,在函数调用时形参从实参获得参数值,所以实参的个数应与形参相同。有时多次调用同一函数使用相同的实参值,C++允许给形参提供默认值,这样形参就不一定要从实参取值。例如有一函数声明:

```
float Area(float r = 1.6);        //有默认值的函数声明
```

上面的函数声明指定参数 r 的默认值为1.6,如果在调用此函数时无实参,则参数 r 的值为1.6,例如:

```
s = Area();                       //等价于Area(1.6)
```

C++规定,对于有默认参数的函数:

(1) 默认参数应在函数名第1次出现时指定。

(2) 默认参数必须是函数参数表中最右边(尾部)的参数。例如:

```
float Volume(float l = 10.0, float w = 8.0, float h);            //错误
float Volume(float l = 10.0, float w = 8.0, float h = 6.0);  //正确
```

对于上面正确的函数声明,可采用以下形式的函数调用:

```
v = Volume(10.1, 8.2, 6.8);         //形参值全从实参得到,l=10.1,w=8.2,h=6.8
v = Volume(10.1, 8.2);              //最后一个形参的值取默认值,l=10.1,w=8.2,h=6.0
v = Volume(10.1);                   //最后两个形参的值取默认值,l=10.1,w=8.0,h=6.0
v = Volume();                       //形参的值全取默认值,l=10.0,w=8.0,h=6.0
```

【例 3.5】 函数默认参数示例。

```
#include<iostream>
using namespace std;
void Show(char str1[], char str2[] = "", char str3[] = "");
//在声明函数时给出默认值
int main()                                    //主函数 main()
{
    Show("你好!");                            //str1 值取"你好!",str2 与 str3 取默认值
    Show("你好,", "欢迎学习 C++!");
    // str1 值取"你好,",str2 取"欢迎学习 C++!",str3 取默认值
    Show("你好", ",", "欢迎学习 C++!");
    // str1 值取"你好,",str2 取",",str3 取"欢迎学习 C++!"
    system("pause");                          //输出系统提示信息
    return 0;                                 //返回值 0, 返回操作系统
}
void Show(char str1[], char str2[], char str3[])
{
    cout << str1 << str2 << str3 << endl;     //输出 str1、str2、str3
}
```

程序的运行结果如图 3.5 所示。

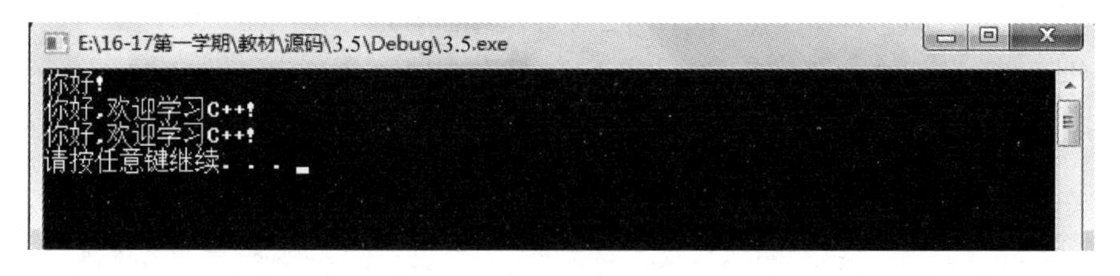

图 3.5　例 3.5 的运行结果

3.5 引用

引用是 C++的特性。简单来说,引用就是另一个变量的别名;也就是说,引用和它所指的对象是同一个实体。引用的主要用途之一是作为函数的输出参数使用,在作为输出参数方面,它可以起到与指针参数相同的作用,但其使用更简便。

3.5.1 引用的概念

建立“引用”的作用是为一个变量起另一个名字，对一个变量的“引用”的所有操作实际上都是对其所代表的（原来的）变量的操作。

设有一个变量 x，要给它起一个别名 y，可以这样写：

```
float x;          //定义变量 x
float &y = x;     //声明 y 是一个浮点型变量的引用变量，它被初始化为 x
```

声明后，使用 x 或 y 代表同一变量。在上述声明中，& 是“引用声明符”，对变量声明一个引用，并不另开辟内存单元，x 和 y 代表同一变量存储单元。

在声明一个引用时必须同时使之初始化。

在函数中声明一个变量的引用后，在函数执行期间，该引用一直与其代表的变量相联系，不能再作为其他变量的别名。例如：

```
int a, b;         //定义整型变量 a、b
int &c = a;       //使 c 成为变量 a 的引用(别名)
int &c = b;       //又使 c 成为变量 b 的引用(别名)是错误的
```

【例 3.6】 变量的引用使用示例。

```
#include <iostream>
using namespace std;
int main()                              //主函数 main()
{
    int a = 10;                         //定义变量
    int &b = a;                         // b 为 a 的引用, a 与 b 代表相同变量存储单元 a
    b = b + 2;                          // b 的值自动加 2, a 与 b 的值都为 a12
    cout <<"a 的地址:"<< &a << endl;     //输出 a 的地址
    cout <<"b 的地址:"<< &b << endl;     //输出 b 的地址
    cout <<"a 的值:"<< a << endl;        //输出 a 的值
    cout <<"b 的值:"<< b << endl;        //输出 a 的值
    system("pause");                    //输出系统提示信息
    return 0;                           //返回值 0, 返回操作系统
}
```

程序的运行结果如图 3.6 所示。

```
E:\16-17第一学期\教材\源码\3.6\Debug\3.6.exe
a的地址:0017F7B8
b的地址:0017F7B8
a的值:12
b的值:12
请按任意键继续. . .
```

图 3.6 例 3.6 的运行结果

3.5.2　将引用作为函数的参数

C++增加“引用”的主要目的是利用它作为函数参数，以便扩充函数传递数据的功能。

在C语言中将变量名作为实参，这时将变量的值传递给形参。传递是单向的，在调用函数时形参和实参不是同一个存储单元。在执行函数期间形参值发生变化并不传回给实参。

【例3.7】　以变量为实参不能实现交换变量的值的示例。

```
#include<iostream>
using namespace std;
void Swap(int a, int b)                    //不能实现交换实参变量的值
{
    int t = a;
          a = b;
          b = t;                           //交换a、b的值
}
int main()                                 //主函数main()
{
    int m = 6, n = 8;                      //定义整型变量
    Swap(m, n);                            //调用函数Swap()
    cout << m <<" "<< n << endl;           //输出m、n的值
    system("pause");                       //输出系统提示信息
    return 0;                              //返回值0，返回操作系统
}
```

将变量m、n作为函数Swap(m,n)的实参，这时将变量的值传递给形参a、b。传递是单向的，在调用的时候形参和实参不是同一个存储单元，在执行函数的时候形参的值发生变化并不传回给实参，如图3.7所示。

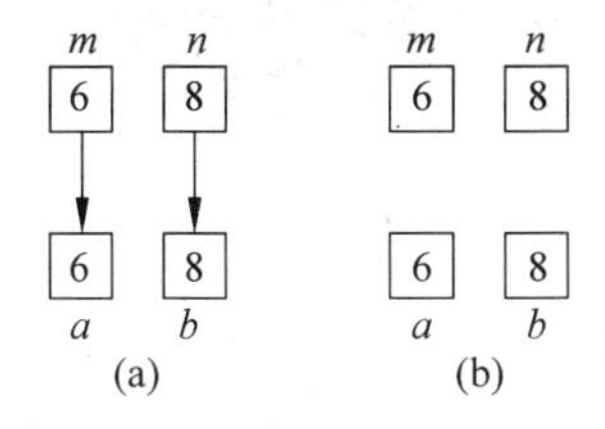

图3.7　变量作为实参不能实现变量的值

程序的运行结果如图3.8所示。

图3.8　例3.7的运行结果

【例 3.8】 用指针变量作为形参实现两个变量的值的互换。

```
#include<iostream>
using namespace std;
void Swap(int *p, int *q)                    //实现交换*p与*q的值
{
    int t = *p;
      *p = *q;
      *q = t;                                //循环赋值交换*p与*q的值
}
int main()                                   //主函数main()
{
    int m = 6, n = 8;                        //定义整型变量
    Swap(&m, &n);                            //调用函数Swap()
    cout << m <<""<< n << endl;              //输出m、n的值
    system("pause");                         //输出系统提示信息
    return 0;                                //返回值0，返回操作系统
}
```

在C程序中可以用指针传递变量地址的方法使形参得到一个变量的地址，这时形参指针变量指向实参变量单元，如图3.9所示。

	m	n		m	n
	6	8		8	6
	*p	*q		*p	*q
	(a)			(b)	

图3.9 用指针变量作为形参实现两个变量的值的互换

程序的运行结果如图3.10所示。

图3.10 例3.8的运行结果

【例 3.9】 利用引用形参实现交换两个变量的值。

```
#include<iostream>
usingnamespace std;
void Swap(int &a, int &b)                    //实现交换实参变量的值
{
    int t = a; a = b; b = t;                 //循环赋值交换a与b的值
}
int main()                                   //主函数main()
{
    int m = 6, n = 8;                        //定义整型变量
    Swap(m, n);                              //调用函数Swap()
```

```
    cout << m <<""<< n << endl;                    //输出 m、n 的值
    system("pause");                               //输出系统提示信息
    return 0;                                      //返回值 0，返回操作系统
}
```

在 C++中把变量的引用作为函数形参，由于形参是实参的引用，也就是形参是实参的别名，这样对形参的操作等价于对实参的操作，如图 3.11 所示。

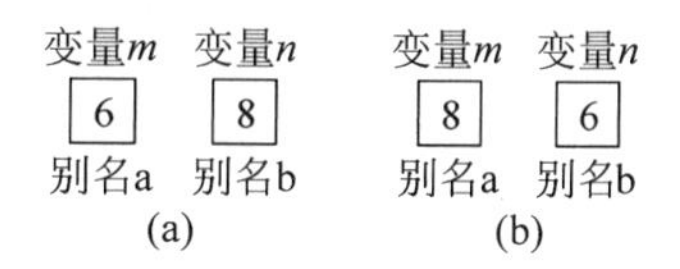

图 3.11　变量的引用作为函数形参实现交换

程序的运行结果如图 3.12 所示。

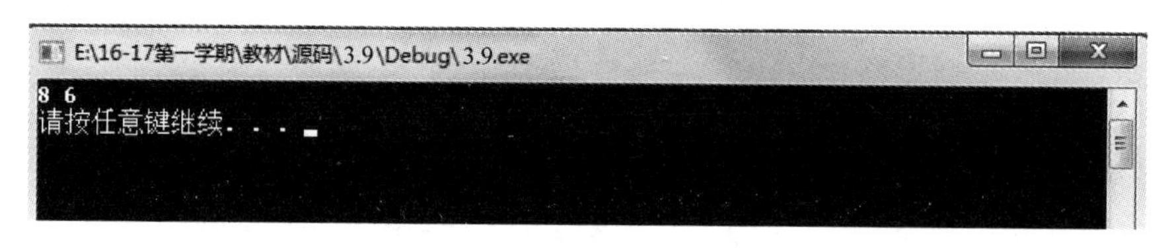

图 3.12　例 3.9 的运行结果

3.5.3　引用和指针的区别

引用和指针既有相似之处，也有明显的区别，总结如下：

(1) 引用和指针都可以通过一个变量访问另一个变量，但访问时的语法形式不同。引用采用的是直接访问形式，而指针采用的是间接访问形式。

(2) 当作为函数参数使用时，引用所对应的实参是某个变量的名字，而指针所对应的实参是某个变量的地址。引用在作为函数参数使用时其效果与指针相同，但使用更方便。

(3) 引用在定义时被初始化，其后不能被改变(即不能再成为另一个变量的别名)，而指针可以再通过赋值的方式指向另一个变量。

3.5.4　常指针与常引用

1. 常指针

在用 const 修饰指针时，由于 const 的位置不同而含义不同。

```
char * const ptr1 = "abcd";
```

该语句的作用是定义一个常指针 ptr1，它存放的是字符串"abcd"的首地址，这个地址值是不能改变的。

```
const char * ptr2 = "abcd";
```

该语句的作用是定义一个指向常量的指针变量ptr2。

```
const char * const ptr3 = "chen";
```

该语句定义了一个指向常量的常指针变量。ptr3中的地址值不能改变，ptr3指向的字符串中的内容也不能改变。

2. 常引用

常引用就是用const对引用加以限定，被说明的引用为常引用，表示不允许改变该引用的值。

其格式如下：

```
const 类型说明符 &引用名;
```

例如：

```
int a = 6;                          //定义整型变量a,初值为6
const int &b = a;                   //声明常引用,不允许改变b的值
b = 8;                              //改变常引用b的值,错误
a = 8;                              //改变a的值,正确
```

常引用通常用作函数形参，这样能保证形参的值不被改变。

注意：C++不区分变量的const引用和const变量的引用。程序不能给引用本身重新赋值，使它指向另一个变量，因此引用总是const的。如果对引用应用关键字const，其作用就是使目标成为const变量，即没有：

```
const double const& a = 1;
```

只有：

```
const double& a = 1;
```

【例3.10】 常引用形参示例。

```
#include <iostream>
using namespace std;
struct Person
{
    char name[20];                          //姓名
    char sex[3];                            //性别
};
void Show(const Person &p)
{
    cout <<"姓名:"<< p.name << endl;        //输出姓名
    cout <<"性别:"<< p.sex << endl;         //输出性别
}
```

```
int main()                          //主函数 main()
{
    Person p = {"李倩", "女"};      //定义结构体变量
    Show(p);                        //输出 p
    system("pause");                //输出系统提示信息
    return 0;                       //返回值 0, 返回操作系统
}
```

程序的运行结果如图 3.13 所示。

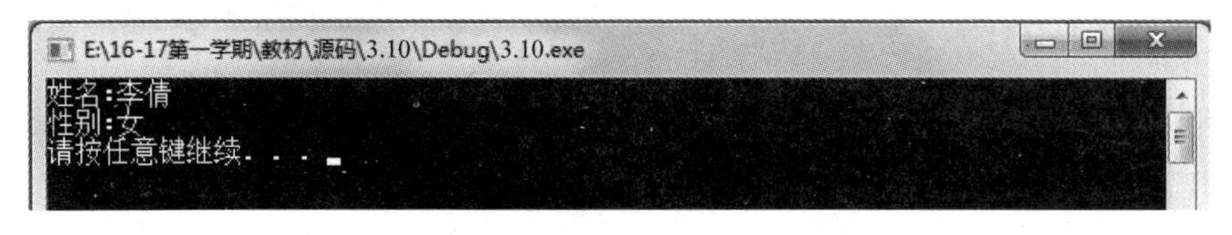

图 3.13　例 3.10 的运行结果

备注：

(1) 结构、联合和枚举名可直接作为类型名。

声明类型时：

```
enum Day{SUN, MON, TUE, WED, THU, FRI, SAT};
union U
{
    char c;
    float f;
    double d;
};
struct Student
{
    char m_strName[20];
    char m_strID[12];
    char m_cSex;
    char m_strMajor[20];
};
```

定义变量时(C 语言中)：

```
enum Day day;
union U u;
struct Student student1;
```

定义变量时(C++语言中)：

```
Day day;
U u;
Student student1;
```

在该程序中用结构名 Person 作为类型来定义变量 p，在 C 语言中不能用结构名来定义结构变量名，必须在结构名前加 struct 才能定义结构变量，即 C 语言应采用以下形式定义：

```
structPerson p = {"李倩", "女"};        //定义结构体变量
```

(2) 可以用常量或表达式对常引用进行初始化，例如：

```
int a = 6;                              //定义变量
const int &b = a + 3;                   //正确，可以用表达式对常引用进行初始化
int &c = a + 3;                         //错误，对非常引用只能用变量进行初始化
```

在用表达式对常引用进行初始化时系统将生成一个临时变量，用于存储表达式的值，引用是临时变量的别名。例如将"const int &b = a + 3;"变换为：

```
int tem = a + 4;                        //将表达式的值存放在临时变量 tem 中
const int &b = tem;                     //声明 b 是 tem 的引用(别名)
```

3.5.5 引用小结

引用是 C++所独有的特性。指针存在种种问题，间接引用指针会使代码的可读性差，编程易出错。

在引用的使用中，单纯取个别名是毫无意义的，引用的主要目的是用在函数的参数传递中解决大对象的传递效率和空间都不如意的问题。

引用能够保证参数传递中不产生副本，从而发挥指针的作用，提高传递的效率，通过使用 const 保证了引用传递的安全性。

引用具有表达清晰的优点。引用传递与值传递在使用方法上唯一的区别在于函数的形式参数声明。

3.6 动态分配内存

在 C 语言中使用函数 malloc( )和 free( )动态分配内存和释放动态分配的内存。C++语言使用能完成动态内存分配和初始化工作的运算符 new 以及一个能完成清理与释放内存工作的运算符 delete 来管理动态内存。

3.6.1 new 关键字

在 C++中 new 运算符用于动态分配一块连续的内存空间，其基本语法形式如下：

```
   new <type>
/* 从一块自由存储区中分配一块 sizeof(type)字节大小的内存 */
```

其中，type 可以是 C++支持的所有数据类型名，可以是基本的数据类型，也可以是自定

义数据类型。

new 运算符的使用方法有以下 3 种：

```
new 类型;                //分配存储单个数据的空间时不指定初始值
new 类型(初值);          //分配单个数据的存储空间时将指定初始值
new 类型[元素个数];      //分配数组存储空间时不指定初始值
```

例如：

```
new int;                 //分配一个存放整数的空间,返回一个指向整型数据的指针
new int(6);              //分配一个存放整数的空间,并且初始化为 6
new char[16];            //分配一个存放字符数组的空间,该数组有 16 个元素
```

new 运算符返回一个指向所分配存储空间的第 1 个单元的指针，如果当前存储器没有足够的内存空间可分配，则返回 NULL。例如：

```
int * p1 = new int;      //分配用于存储一个整型数据的连续区域
                         //并将首地址返回给 p1
```

使用 new 可以为数组动态分配空间，这时需要在类型名后加上数组的大小。

例如：

```
int *p, *q, *r;
p = new int(5);
//分配一个整数内存空间,该空间存储的初始值为 5
q = new int;
//分配一个整数内存空间,但没有进行初始化
r = new int[10];
//分配 10 个整数的内存空间(r[0]~r[9]),并返回该空间的首地址(r = &r[0])
int* p2 = new int[10];
//分配一个整型的一维数组
//大小为 10 个整型数据,并将首地址返回给 p2
int * p3 = new int[4][5];
//分配一个整型数组
//存储一个 4×5 的二维数组,并将首地址返回给 p3
```

注意：在使用 new 动态分配内存的时候，如果没有足够的内存满足分配要求，new 将返回空指针(NULL)，因此通常要对内存的动态分配是否成功进行检查。

3.6.2 delete 运算符

对于动态分配的内存在使用完后一定要及时归还给系统。如果应用程序对有限的内存只取不还，系统很快就会因为内存枯竭而崩溃。利用 new 动态分配的存储空间通常可以利用 delete 运算符进行释放。

delete 运算符的使用方法有下面两种形式：

```
delete 指针变量名
delete [ ]指针变量名
```

第1种形式释放用new分配的单个数据的存储空间，第2种形式用于释放数组对象空间，对应“new 类型名[表达式]”。delete操作没有返回值，或者说它的返回类型是void。

在使用delete释放内存空间时应注意以下两点：

(1) 利用new运算符分配的内存空间只允许使用一次delete，如果对同一块空间进行多次释放将会导致严重错误。

(2) delete只能用来释放动态分配的内存空间。

【例3.11】 new/delete运算符使用示例。

```
#include<iostream>
using namespace std;
int main()                                      //主函数 main()
{
    int *p;                                     //定义整型指针
    p = new int(16);                            //分配单个整数的存储空间,并初始化为16
    if (p == NULL)
    {
        cout <<"分配存储空间失败!"<< endl;
        exit(1);                                //退出程序的运行,并向操作系统返回1
    }
    cout << *p << endl;                         //输出p所指向的动态存储空间的值16
    delete p;                                   //释放存储空间
    p = new int;                                //分配单个整数的存储空间
    if (p == NULL)
    {
        cout <<"分配存储空间失败!"<< endl;
        exit(2);                                //退出程序的运行,并向操作系统返回2
    }
    *p = 8;                                     //将p指向的动态存储空间赋值为8
    cout << *p << endl;                         //输出p所指向的动态存储空间的值8
    p = new int[8];                             //分配整型数组存储空间
    if (p == NULL)
    {
        cout <<"分配存储空间失败!"<< endl;
        exit(3);                                //退出程序的运行,并向操作系统返回3
    }
    int i;                                      //定义整型变量
    for (i = 0; i<8; i++)
        p[i] = i;                               //为数组赋元素值
    for (i = 0; i<8; i++)
        cout << p[i] <<"";                      //输出数组元素值"0 1 2 3 4 5 6 7"
    cout << endl;                               //换行
    delete []p;                                 //释放存储空间
    system("pause");                            //输出系统提示信息
    return 0;                                   //返回值0, 返回操作系统
}
```

程序的运行结果如图3.14所示。

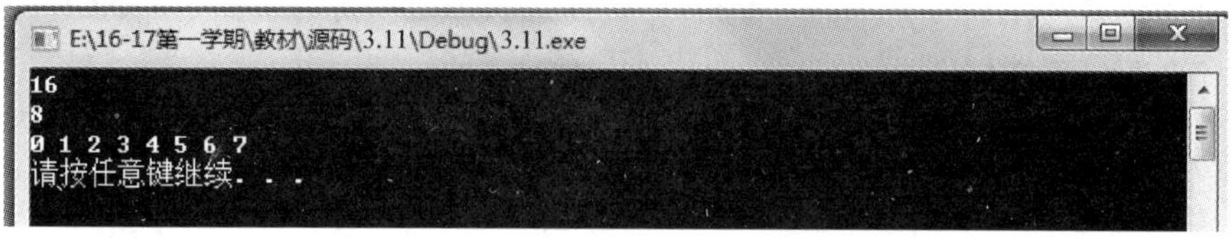

图 3.14　例 3.11 的运行结果

3.7　布尔类型

布尔类型 bool 是 ISO/ANSI(国际标准化组织/美国国家标准化组织)后来增补到 C++ 语言中的。

布尔变量包含两种取值,即 true 和 false。如果在表达式中使用布尔变量,它将把自身取值的 true 或 false 分别转换为 1 或 0。如果将数值转换为布尔类型,如数值是零,布尔变量为 false;如数值是非零值,布尔变量就为 true。

【例 3.12】　编写判断一个整型是否为质数的函数,并用此函数输出 1～100 的质数,要求编写测试程序。

说明:一个整型 n 如果大于 1,并且不能被 $2\sim n-1$ 的整数所整除,那么 n 为质数,由质数的定义很容易实现判断一个整型是否为质数的函数,具体程序实现如下。

```
#include <iostream>
using namespace std;
bool IsPrime(int n)
{
    if (n <= 1) return false;              //质数至少为 2
    for (int p = 2; p < n; p++)
        if (n % p == 0) return false;      //如果 n 能被 p 整除,为合数
    return true;                           //n 不能被 2～n-1 的所有整数整除为质数
}
int main()                                 //主函数 main()
{
    for (int n = 1; n <= 100; n++)
        if (IsPrime(n))                    //如果 n 为质数
            cout << n <<"";                //那么输出 n
    cout << endl;                          //换行
    system("pause");                       //输出系统提示信息
    return 0;                              //返回值 0, 返回操作系统
}
```

程序的运行结果如图 3.15 所示。

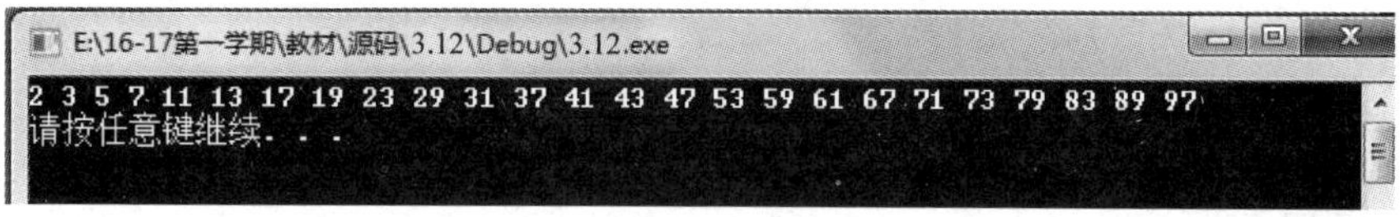

图 3.15　程序 3.12 的运行结果

3.8 函数原型

在 C++程序中，如果函数调用的位置出现在函数的定义之前，则必须在调用函数之前给出函数原型，即函数名称、函数参数的类型、函数的返回值。其主要目的是让编译器能够检查调用函数的参数是否与给出的函数原型相符合，从而减少编程时的差错。另外，通过声明函数原型可以使程序的结构更清晰。

关于函数原型的说明有以下几点：

(1) 函数原型声明的格式：

```
函数返回值类型函数名(参数声明列表);
```

在参数声明列表中可以只包含参数的类型，而不包含参数的名字。例如：

```
double Area(double, double);
```

(2) 如果函数的定义在前，调用在后，则不必再给出原型声明，因为这时函数定义的说明部分已经起到了函数原型声明的作用。

(3) 如果函数原型声明(函数说明)中没有给出函数的返回值类型，则其默认类型为 int。例如，下面的两条语句是等价的。

```
int Add(int, int);
Add(int, int);
```

(4) 如果一个函数没有返回值，则必须在其函数原型(函数说明)中写出其函数返回类型是 void。这时可以在函数定义中省略“return;”语句。例如：

```
void fun1();
```

(5) 在 C++语言中，如果在函数原型中没有标明参数，则说明该函数的参数表为空(void)，即该函数不带任何参数。下面的两条语句是等价的。

```
void f();
void f(void);
```

而在 C 语言中，下面两条函数原型说明语句代表了不同的含义。

```
void f();           //该函数的参数没有给出，它可能带有多个参数
void f(void);       //该函数不带任何参数
```

【例 3.13】 函数原型的示例。

```
#include <iostream>
using namespace std;
const unsigned int ARRAY_SIZE1 = 20;
```

```
const unsigned int ARRAY_SIZE2 = 12;
struct Student                                    //学生结构体
{
    char m_strName[ARRAY_SIZE1];                  //姓名
    char m_strID[ARRAY_SIZE2];                    //编号
    char m_cSex;                                  //性别: '0'为男,'1'为女
    char m_strMajor[ARRAY_SIZE1];                 //专业
};
void PrintInfo(Student student);                  //函数原型声明
int main()
{   Student Student1;
    cout <<"输入姓名: \n";
    cin >> Student1.m_strName;
    cout <<"输入学生编号: \n";
    cin >> Student1.m_strID;
    cout <<"输入性别('0':男 '1':女): \n";
    cin >> Student1.m_cSex;
    cout <<"输入专业: \n";
    cin >> Student1.m_strMajor;
    PrintInfo(Student1);
    return 0;
}
void PrintInfo(Student student)
{   cout <<"该学生的信息为: \n";
    cout <<"姓名: "<< student.m_strName <<"   "<<"编号: "<< student.m_strID <<"   "
    <<"性别: ";
    if(student.m_cSex == '0')
        cout <<"男";
    else
        cout <<"女";
    cout <<"   "<<"专业: "<< student.m_strMajor << endl;
}
```

程序的运行结果如图 3.16 所示。

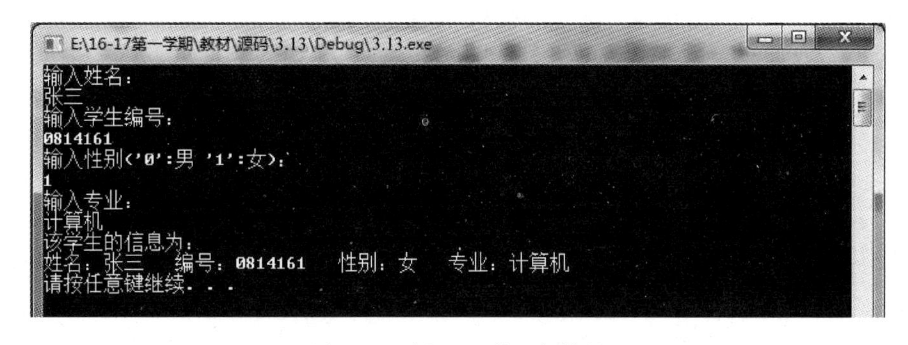

图 3.16　例 3.13 的运行结果

3.9 作用域运算符

如果同名的两个变量中一个是全局的，另一个是局部的，那么在局部变量的作用域内局部变量将屏蔽掉全局变量。如何在局部变量的作用域内使用同名的全局变量呢？可以通过作用域运算符“::”来实现。

【例 3.14】 作用域运算符示例 1。

```
#include<iostream>
using namespace std;
int avar = 10;
int main();
{
    int avar;
    avar = 25;
    cout <<"avar is "<< avar << endl;
    return 0;
}
```

程序的输出结果如下：

```
avar is 25
```

这是因为在通常情况下如果有两个同名变量，一个是全局变量，另一个是局部变量，那么局部变量在其作用域内具有较高的优先权，它将屏蔽全局变量。

在 main 函数的输出语句中使用的变量 avar 是 main 函数内定义的局部变量，因此结果为局部变量的值。如果希望在局部变量的作用域内使用同名的全局变量，可以在该变量前加上“::”，此时::avar 代表全局变量，“::”就是作用域运算符。

【例 3.15】 作用域运算符示例 2。

```
#include<iostream>
using namespace std;
int avar;
int main()
{
    int avar;
    avar = 25;                    //局部变量
    ::avar = 10;                  //全局变量
    cout <<"local avar = "<< avar << endl;
    cout <<" global avar = "<<::avar << endl;
    system("pause");
    return 0;
}
```

程序的运行结果如图 3.17 所示。

图 3.17 例 3.15 的运行结果

3.10 内置函数

对于普通函数，在调用时需要经历如图 3.18 所示的过程：

(1) 主调函数执行函数调用语句；

(2) 系统将主调函数的局部变量和返回地址压入堆栈，并转入函数 max 的入口，传递相应参数；

(3) 执行函数 max 中的语句；

(4) 从堆栈中弹出主调函数的运行环境，并带回返回值；

(5) 执行主调函数中的剩余语句。

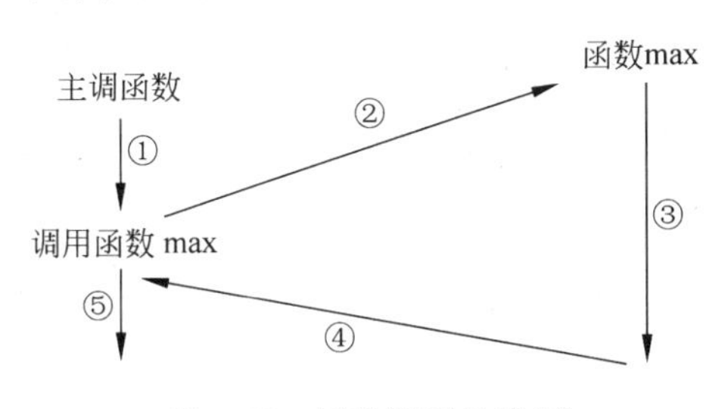

图 3.18 函数调用示意图

C++为避免以上 5 个步骤，提供了 inline 函数。对于 inline 函数，在编译时 C++的编译器将使用函数体中的代码代替函数调用表达式，而不像普通函数那样需要经历调用过程，因而能够获得更快的执行速度。

在函数说明前加上关键字“inline”，该函数就被声明为内置函数。每当程序中出现对该函数的调用时，C++编译器使用函数体中的代码代替函数调用表达式，这样能够加快代码的执行，减少调用开销。

【例 3.16】 内置函数的示例。

```
#include <iostream.h>
inline float area(float r)                                    //内置函数
{
    return 3.1416 * r * r;
}
int main()
{
    for(int i = 1; i <= 3; i++)
```

```
    cout <<"r = "<< i <<" area =  "<< area(i) << endl;        //内置函数的调用
    return 0;
}
```

程序的运行结果如图 3.19 所示。

图 3.19 例 3.16 的运行结果

关于内置函数的说明如下：

(1) 内置函数在被调用前必须进行完整的定义，否则编译器无法知道应该插入什么代码。内置函数通常写在主函数的前面。

(2) C++的内置函数具有与 C 中的宏定义 # define 相同的作用和相似的机理，但是消除了 # define 的不安全因素。

所避免的 # define 的不安全因素如下：

(1) 内联函数就像其他 C++函数一样，在调用时编译器会进行正确的类型检查，而预处理器的宏不支持类型检查。

(2) 内联函数不像宏那样在使用不正确时会产生意想不到的副作用。

(3) 内联函数可以使用调试程序调试。

【例 3.17】 使用带参的宏定义完成乘 2 的功能。

```
#include <iostream.h>
#define doub(x) x * 2
int main()
{
    for(int i = 1; i <= 3 ; i++)
    cout << i <<" doubled is"<< doub(i) << endl;
    cout <<"1 + 2 doubled is"<< doub(1 + 2) << endl;
    return 0;
}
```

程序的运行结果如图 3.20 所示。

```
E:\16-17第一学期\教材\源码\3.17\Debug\3.17.exe
1 doubled is2
2 doubled is4
3 doubled is6
1+2 doubled is5
请按任意键继续. . .
```

图 3.20 例 3.17 的运行结果

程序的运行结果并非是我们想要的结果，原因是 define 宏定义出现了边际效应。如果使用 inline 函数就不会出现上述问题。

【例 3.18】 使用内置函数解决上述问题。

```
#include <iostream.h>
inline int doub(int x)
{
    return x * 2;
}
int main()
{
    for(int i = 1; i <= 3 ; i++)
    cout << i <<" doubled is"<< doub(i) << endl;
    cout <<"1 + 2 doubled is"<< doub(1 + 2) << endl;
    system("pause");
    return 0;
}
```

程序的运行结果如图 3.21 所示。

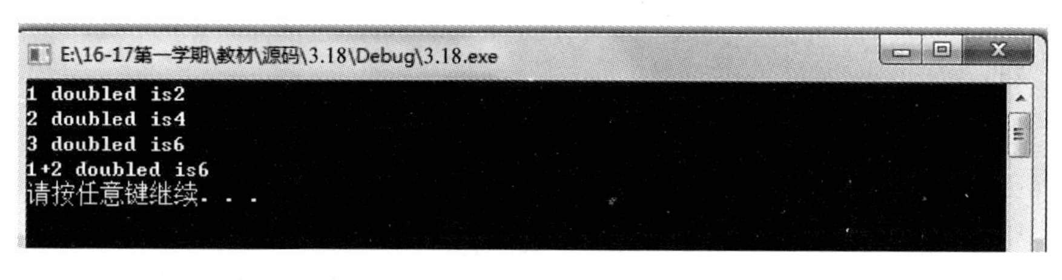

图 3.21 例 3.18 的运行结果

但是这样做有一个问题，就是会产生函数代码的多个副本，并分别插入到程序中每一个调用该函数的位置上，而不是只产生一个副本。

对内联函数所做的任何修改要求使用该函数的所有地方都要重新编译，在程序开发和维护的某些场合这是有意义的。

对编译器而言，限定词 inline 是一个请求(request)，而不是一个命令。如果出于种种原因，编译器不能满足这个请求，那么这个内联函数将被编译成一个普通的函数，即请求无效。

编译器的不同版本对内联函数的限制也是不同的，有些编译器不允许用递归函数和包含 static 变量、循环语句、switch 语句、goto 语句的函数作为内联函数。

3.11 C++的注释

在程序中注释语句的作用主要有以下两个：

(1) 为方便读程序，程序员通常会增加一些说明性的文字。

(2) 在程序中，如果对某(几)条语句暂时不能决定是否需要删除可以暂时将其注释。

在 C++中提供了下面两种语句注释方法。

(1) 块注释：即使用/＊开始、＊/结束的形式，这种形式不允许出现注释嵌套，主要用于多行注释，例如程序开头的功能说明、版权说明等信息。

(2) 行注释：即以“//”开始，直到行结尾结束的注释。这种形式多用于注释单行，或在一行的后面添加说明语句。这种注释方式允许嵌套使用。

下面用一个例子说明 C++中两种注释语句的用法：

```
/*这是一个说明 C++中注释语句的例子
当前使用的块注释方式*/
class MyComplex
{  //这是用 C++定义的一个复数类
    private:
      double x;
    double y;
    void display()
};
```

上面例子中的前两句采用了块注释；第 3 行在行末使用行注释说明本条语句的作用，并且使用了注释嵌套；第 4 行用行注释注释掉一行。

综合实例

指针作为函数参数和引用作为函数参数的比较。

这里定义函数 StudentSat，进行男生和女生人数的统计，并通过指针参数进行统计结果的函数输出。要求程序的输出结果如图 3.22 所示。

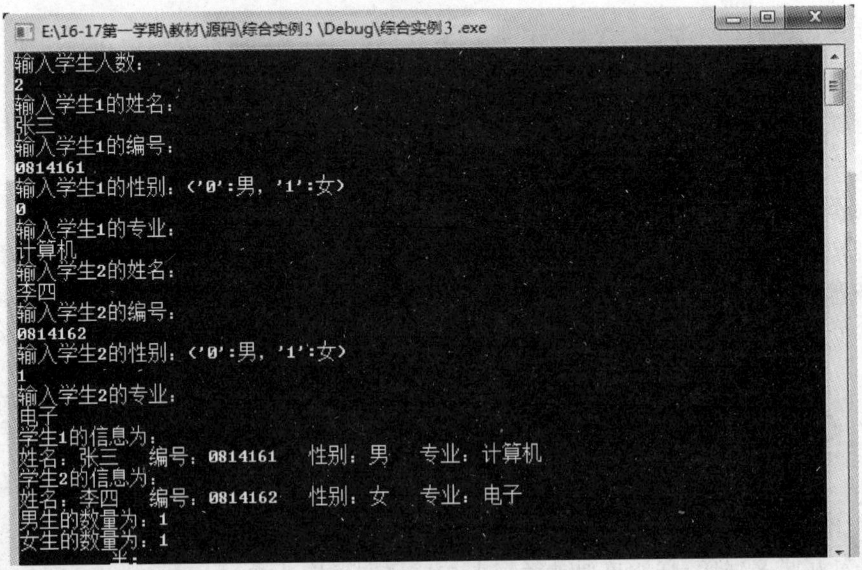

```
E:\16-17第一学期\教材\源码\综合实例3\Debug\综合实例3.exe
输入学生人数：
2
输入学生1的姓名：
张三
输入学生1的编号：
0814161
输入学生1的性别：('0':男，'1':女)
0
输入学生1的专业：
计算机
输入学生2的姓名：
李四
输入学生2的编号：
0814162
输入学生2的性别：('0':男，'1':女)
1
输入学生2的专业：
电子
学生1的信息为：
姓名：张三   编号：0814161   性别：男   专业：计算机
学生2的信息为：
姓名：李四   编号：0814162   性别：女   专业：电子
男生的数量为：1
女生的数量为：1
```

图 3.22 综合实例的运行结果

1. 指针作为函数的参数

用指针作为函数的参数的实现代码如下：

```
#include <iostream>
using namespace std;
struct Student                                                      //学生结构体
{
    char m_strName[20];                                             //姓名
    char m_strID[12];                                               //编号
    char m_cSex;                                                    //性别：'0'为男,'1'为女
    char m_strMajor[20];                                            //专业
};
void StudentStat(Student * aStudent, int nNumber, int * pnMaleNumber, int * pnFemaleNumber)
{
    int nMaleNumber, nFemaleNumber;
    nMaleNumber = 0;
    nFemaleNumber = 0;
    for(int i = 0; i < nNumber; i++)
    {
        if(aStudent[i].m_cSex == '0')
            nMaleNumber++;
        else
            nFemaleNumber++;
    }
    * pnMaleNumber = nMaleNumber;
    * pnFemaleNumber = nFemaleNumber;
}
int main()
{
    int * pnNumber;
    pnNumber = new int;
    cout <<"输入学生人数："<< endl;
    cin >> * pnNumber;
    Student * aStudent = new Student[ * pnNumber];                  //灵活的局部变量说明
    for(int i = 0; i < * pnNumber; i++)
    {
        cout <<"输入学生"<< i + 1 <<"的姓名："<<'\n';
        cin >> aStudent[i].m_strName;
        cout <<"输入学生"<< i + 1 <<"的编号："<<'\n';
        cin >> aStudent[i].m_strID;
        cout <<"输入学生"<< i + 1 <<"的性别："<<"('0':男,'1':女)\n";
        cin >> aStudent[i].m_cSex;
        cout <<"输入学生"<< i + 1 <<"的专业："<<'\n';
        cin >> aStudent[i].m_strMajor;
    }
for(i = 0; i < * pnNumber; i++)
    {cout <<"学生"<< i + 1 <<"的信息为："<<'\n';
    cout <<"姓名："<< aStudent[i].m_strName <<"    "
```

```
    <<"编号: "<< aStudent[i].m_strID <<"  "<<"性别: ";
        if(aStudent[i].m_cSex == '0')
            cout <<"男";
        else
            cout <<"女";
        cout <<"  ";
        cout <<"专业: "<< aStudent[i].m_strMajor << endl;
    }
    int nMaleNumber, nFemaleNumber;
    StudentStat(aStudent, * pnNumber, &nMaleNumber, &nFemaleNumber);
    cout <<"男生的数量为: "<< nMaleNumber <<'\n';
    cout <<"女生的数量为: "<< nFemaleNumber <<'\n';
    delete pnNumber;
    delete [ ]aStudent;
     system("pause");
    return 0;
}
```

2. 引用作为函数的参数

用引用作为函数的参数的实现代码如下：

```
# include < iostream >
using namespace std;
struct Student                                          //学生结构体
{
    char m_strName[20];                                 //姓名
    char m_strID[12];                                   //编号
    char m_cSex;                                        //性别: '0'为男,'1'为女
    char m_strMajor[20];                                //专业
};
void StudentStat(Student * aStudent, int nNumber, int &rnMaleNumber, int &rnFemaleNumber)
{   int nMaleNumber, nFemaleNumber;
    nMaleNumber = 0;
    nFemaleNumber = 0;
    for(int i = 0; i < nNumber; i++)
    {   if(aStudent[i].m_cSex == '0')
            nMaleNumber++;
        else
            nFemaleNumber++;
    }
    rnMaleNumber = nMaleNumber;
    rnFemaleNumber = nFemaleNumber;
}
int main()
{
    int * pnNumber;
    pnNumber = new int;
```

```
    cout <<"输入学生人数: "<< endl;
    cin >> * pnNumber;
    Student * aStudent = new Student[ * pnNumber]; //灵活的局部变量说明
    for(int i = 0; i < * pnNumber; i++)
    {
        cout <<"输入学生"<< i + 1 <<"的姓名: "<<'\n';
        cin >> aStudent[i].m_strName;
        cout <<"输入学生"<< i + 1 <<"的编号: "<<'\n';
        cin >> aStudent[i].m_strID;
        cout <<"输入学生"<< i + 1 <<"的性别: "<<"('0':男,'1':女)\n";
        cin >> aStudent[i].m_cSex;
        cout <<"输入学生"<< i + 1 <<"的专业: "<<'\n';
        cin >> aStudent[i].m_strMajor;
    }
for(i = 0; i < * pnNumber; i++)
    {cout <<"学生"<< i + 1 <<"的信息为: "<<'\n';
    cout <<"姓名: "<< aStudent[i].m_strName <<"  "
    <<"编号: "<< aStudent[i].m_strID <<"  "<<"性别: ";
        if(aStudent[i].m_cSex == '0')
            cout <<"男";
        else
            cout <<"女";
        cout <<"";
        cout <<"专业: "<< aStudent[i].m_strMajor << endl;
    }
    int nMaleNumber, nFemaleNumber;
    StudentStat(aStudent, * pnNumber, nMaleNumber, nFemaleNumber);
    cout <<"男生的数量为: "<< nMaleNumber <<'\n';
    cout <<"女生的数量为: "<< nFemaleNumber <<'\n';
    delete pnNumber;
    delete [ ]aStudent;
    system("pause");
    return 0;
}
```

本章小结

本章主要介绍了 C++程序的基本格式和一般编写过程,C++在非面向对象方面的一些特性,如 I/O 流、内置函数、函数原型、带默认参数的函数、函数重载、const 修饰符、new/delete 运算符、引用等。

本章的学习目标是通过比较 C 源程序和 C++源程序熟悉 C++程序的风格,掌握 C++程序的格式、结构特点;掌握 C++在非面向对象方面的特点。

习题

一、选择题

1. 适宜采用 inline 定义函数的情况是(　　)。

   A. 函数体含有循环语句　　B. 函数体含有递归语句
   C. 函数代码少、频繁调用　　D. 函数代码多、不常调用

2. 使用地址作为实参传给形参,下列说法正确的是(　　)。

   A. 实参是形参的备份　　B. 实参与形参无联系
   C. 形参是实参的备份　　D. 实参与形参是同一对象

3. 在 C++中使用流进行输入与输出,其中(　　)用于屏幕输入。

   A. cin　　B. cerr　　C. cout　　D. clog

二、改错题

1. 计算两个数之和。

```
#include < iostream >
int main()
{    int x , y , sum ;
     cout <<"Enter two numbers:"<<'\n';           //提示用户输入两个数
     cin >> x ;                                   //从键盘输入变量 x 的值
     cin >> y ;                                   //从键盘输入变量 y 的值
     sum = add( x , y ) ;
     cout <<"The sum is :"<< sum << '\n';         //输出 sum 的值
     return 0;
}
int add( int a , int b)
{
     int c;
     c = a + b;
     return c;
}
```

2. 输出引用的地址。

```
#include < iostream >
using namespace std;
int main()
{    float f = (float)1.1;
     float &rf = f;
     cout <<"f = "<< f <<"   "<<"rf = "<< rf << endl;
     f = float(2.2);
     cout <<"f = "<< f <<"   "<<"rf = "<< rf << endl;
     rf = float(3.3);
     cout <<"f = "<< f <<"   "<<"rf = "<< rf << endl;
```

```
    cout <<"变量 f 的地址: "<< f << endl;
    cout <<"引用 rf 的地址: "<< rf << endl;
    return 0;
}
```

三、编程题

1. 建立一个被称为 sroot()的函数,返回其参数的二次根。重载 sroot()两次,让它分别返回整数、双精度数的二次根(为了计算二次根,可以使用标准库函数 sqrt())。

2. 编写一个程序动态分配一个浮点空间,输入一个数到该空间中,计算该数为半径的圆的面积,并在屏幕上显示,最后释放该空间。请用 new 和 delete 运算符。

3. 编写一个程序,输入两个整数,将它们按从小到大的顺序输出。要求使用变量的引用。

4. 读入 9 个双精度的数,把它们存放在一个存储块里,然后求出它们的积。要求使用动态分配和指针操作。

四、上机操作题

1. 编写 C++风格的程序,通过键盘输入一个整数、一个字符和一个字符串到相应的变量中,然后在屏幕上输出这些变量的值。

2. 用户通过键盘输入整数的个数 n 以及每个整数的值,将这些整数存入由 new 运算符分配的动态数组中,对这 n 个整数进行排序,并输出排序结果,最后通过 delete 运算符完成相关内存的释放。

3. 编写一个函数,将引用作为函数参数,实现两个复数变量值的交换。提示:首先定义复数结构体。

4. 利用函数重载编写两个分别求整数和双精度数绝对值的函数,要求有输入和输出。

第4章 类和对象

本章学习目标：

- 面向对象程序设计方法概述；
- 类的声明和对象的定义；
- 类的成员函数；
- 对象成员的引用；
- 构造函数和析构函数；
- 对象数组；
- 对象指针；
- 对象成员；
- 对象创建时的内存动态分配。

4.1 面向对象的概念

4.1.1 概述

面向对象的程序设计(Object Orient Programming,OOP)是在20世纪70年代发展起来的一种新的程序设计方法。近年来,无论是在人工智能领域还是在软件工程领域都得到广泛的应用。面向对象的程序设计语言的出现被人们认为是计算机软件产业的一次革命。

传统的程序设计方法是面向结构的程序设计方法,该方法把数据和程序代码作为相互独立的实体,数据代表问题空间中的客体,用于表达实际问题中的信息,程序代码则用于处理这些数据。程序员在编写程序时必须时刻考虑所要处理的数据格式(数据结构和类型),对于不同的数据格式如果要做同样的处理必须编写不同的程序,对于相同的数据格式如果要做不同的处理也必须编写不同的程序。显然,使用传统的面向过程的程序设计方法设计出来的程序可重用性很差。

当把数据和程序代码作为分离的实体时,在软件的开发过程中总存在使用错误的数据调用正确的程序模块,或使用正确的数据调用错误的程序模块的危险。因此使数据和程序保持一致是程序编写人员的一个沉重的负担。此外,在开发一个大型软件系统的过程中,如果负责设计数据结构的人中途改变了某个数据结构而且没有及时通知其他的程序开发人员,则会发生许多不该发生的错误。

上述问题产生的原因是传统的程序设计方法忽略了数据和程序之间的内在联系。事实上，用计算机解决的问题都是现实世界中的问题，这些问题是由一些事物和事物与事物之间的相互联系组成的。通常把这些事物称为对象(object)，每个具体的对象都可以用两个特征来描述，一是描述事物静态属性所需要使用的数据结构，二是可以对这些数据进行的有限操作(表示事物的动态行为)。也就是说，把数据结构和对数据的操作放在一起构成一个整体才能完整地反映实际问题。数据结构和对数据的操作实质上是相互依赖、不可分割的整体。也就是说，面向对象程序设计方法与传统的面向结构程序设计方法有着本质的不同，这种方法的基本原理是对问题领域进行自然的分解，按照人们习惯的思维方式建立问题领域的模型，模拟客观世界，从而设计出尽可能直接、自然地表现问题求解方法的软件。

面向对象程序设计是软件工程学中的结构化程序设计、模块化、数据抽象、信息隐藏、知识表示、并行处理等各种概念的积累和发展。它更接近人的思维活动，可扩充性好，可重用性强，这使得软件更加模块化，维护更加容易，更适合于开发大型软件，同时减少了软件开发过程中的许多重复性劳动，促进了软件的工业化生产。

最早的具有面向对象程序设计思想的语言是 Simula，随后又出现了 Smalltalk 等著名的面向对象的程序设计语言。C++实际上是 C 语言的一个扩展，它在 C 语言中加入了面向对象的程序设计，是面向对象程序设计语言的主流。

4.1.2 面向对象程序设计

面向对象程序设计是一种程序设计方法，这种方法力求模仿客观世界中人们形成现实世界模型的方式。为了处理各种复杂的事物，一般要根据事物的某些属性和行为特征对其进行概括、分类和抽象。

例如，从各种各样的动物中抽象出"动物"这个词，由此便可忽略具体动物的细节来处理"动物"这个概念。C++中的面向对象程序设计思想正是利用了分类和抽象这个非常自然的处理方法。

面向对象的程序设计认为世界由各种对象组成，任何事物都是对象(object)，所有对象都可以划分成各种对象类(class)，每个对象类都定义了一组方法(method)。所谓方法实际上是允许施加于该对象上的各种操作。

面向对象程序设计中的对象是一个逻辑实体，它既包含数据又包含对数据进行操作的代码，而类则是这些逻辑实体的抽象描述。类和对象之间的关系有点类似于结构体和结构体变量之间的关系。类可以看成是面向对象程序设计语言中所定义的一种数据类型，对象则是类的一个实例。

具体来说，面向对象的程序设计(OOP)为数据和代码建立分块的内存区域，通过将内存分块，每个分块对应计算机内存中的一块区域，该区域用来存储对象。每个对象在功能上相互之间保持相对独立。对象中不仅存储数据，而且也存储代码，这能保证对象是受保护的，这一点在面向对象中尤为重要，即只有局部于对象中的代码才可以访问存储于这个对象中的数据，这样清楚地限定了对象所具有的功能，并使对象既要保护自己，又不受未知的外部事件对它们影响，避免使它们的数据和功能遭到破坏。

面向对象的程序设计语言具有以下 3 个主要性质。

(1) 封装性(encapsulation)：即把数据或数据结构和专门用于操作这些数据或数据结

构的函数或方法封装在一起,这便产生了一种新的结构和数据类型机制——类。所谓类指的是对象类型。

(2) 继承性(inheritance):构造出来的新的派生类,它不仅可以从先前定义的一个或多个基类中继承数据和函数,还有可能重新定义或加入新的数据和行为,这样就建立起类的层次性。

(3) 多态性(polymorphism):对类的某个动作在类的各个层次上都给出相同的名字或符号,而层次中的每个类在具体实现时都将正确地执行自身相应的动作。

下面具体介绍面向对象程序设计的类和对象,以及类和对象的3个基本特性。

4.1.3 类和对象简介

类是C++中十分重要的概念,它是实现面向对象程序设计的基础。类是所有面向对象的语言的共同特征,所有面向对象的语言都提供了这种类型。一个有一定规模的C++程序是由许多类构成的。

类是对象概念在面向对象编程语言中的反映,是相同对象的集合。客观世界中的任何一个事物都可以看成一个对象(object)。任何一个对象都应当具有两个要素,即属性(attribute)和行为(behavior),它能根据外界给的信息进行相应的操作。

C++支持面向过程的程序设计,也支持基于对象的程序设计,又支持面向对象的程序设计,有时候不细分基于对象程序设计和面向对象程序设计,而把二者合称为面向对象的程序设计。面向对象的程序设计是以类和对象为基础的,程序的操作是围绕对象进行的。

面向对象程序设计所面对的是一个个对象,所有的数据分别属于不同的对象。在面向过程的结构化程序设计中,人们常使用下面的公式来表述程序:

程序 = 算法 + 数据结构

算法和数据结构两者是互相独立、分开设计的,面向过程的程序设计是以算法为主体的。在实践中人们逐渐认识到算法和数据结构是互相紧密联系,不可分的,应当以一个算法对应一组数据结构,而不宜提倡一个算法对应多组数据结构,以及一组数据结构对应多个算法。面向对象程序设计就是把一个算法和一组数据结构封装在一个对象中,因此就形成了新的观念:

对象 = 算法 + 数据结构
程序 = (对象 + 对象 + 对象 + …) + 消息

或:

程序 = 对象 s + 消息

“对象 s”表示多个对象。消息的作用就是对对象进行控制。程序设计的关键是设计好每一个对象,以及确定向这些对象发出的命令,使各对象完成相应操作。

一般来说,凡是具备属性和行为这两个要素的都可以作为对象。在一个系统中的多个对象之间通过一定的渠道相互联系。如果要使某一个对象实现某一种行为(即操作),应当向它传送相应的消息。对象之间就是这样通过发送和接收消息互相联系的。

面向对象的程序设计采用了以上人们熟悉的这种思路。在使用面向对象的程序设计方法设计一个复杂的软件系统时，首要的问题是确定该系统是由哪些对象组成的，并且设计这些对象。在C++中，每个对象都是由数据和函数（即操作代码）两部分组成的，如图4.1所示。

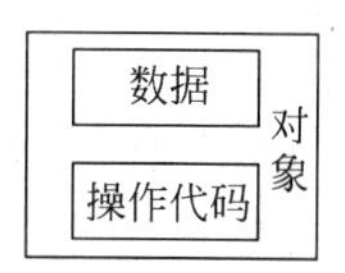

图4.1 对象由数据和操作代码组成

数据就是对象的“属性”，函数就是对象的“行为”。例如一个三角形对象，它的3个边长就是它的属性。函数是用来对数据进行操作的，以便实现某些功能，例如可以通过边长计算出三角形的面积，并且输出三角形的边长和面积。计算三角形面积和输出有关数据就是前面提到的行为，在程序设计方法中也称为方法（method）。调用对象的函数就是向该对象传送一个消息（message），要求该对象实现某一行为（功能）。

4.1.4 封装性

一个基于面向对象思想的软件系统的结构由一系列类组成，这些类描述了系统中所有要处理的基本数据类型的行为。面向对象程序设计方法的一个重要特点就是“封装性”（encapsulation）。所谓“封装”，它有以下两方面的含义：

（1）将有关的数据和操作代码封装在一个对象中，形成一个基本单位，各对象之间相对独立，互不干扰。

（2）将对象中的某些部分对外隐蔽，即隐蔽其内部细节，只留下少量接口，以便与外界联系，接收外界的消息。这种对外界隐蔽的做法称为信息隐蔽（information hiding）。

封装可以提高软件的模块化程度，增强代码的重用性。实际上，对象是类的实例，类用于描述对象的公共特性，是进行封装的基石。

用户可以对一个对象进行封装处理，把它的一部分属性和功能对外界屏蔽，也就是说使其从外界是看不到的甚至是不可知的。使用对象的人完全不必知道对象内部的具体细节，只需了解其外部功能即可自如地操作对象。

类的数据封装技术实际上是把对象的内部实现和外部行为分割开来，非常有助于发挥模块结构的优越性。C++的类建立起一个良好的接口，有助于程序的设计、实现、维护和复用。由于许多错误能被很快地跟踪到某个特定的类中，因此C++程序的调试往往比较容易。类的概念引出了数据抽象的思想，同时它还改变了在传统的C中将程序看作是函数的一个集合，而数据处于次要位置这样一种观念。C++的类把数据和函数视为平等的、互相依赖的两个“伙伴”。

信息隐蔽还有利于数据安全，防止无关的人了解和修改数据。

4.1.5 抽象

在程序设计方法中常用到抽象（abstraction）这一名词。抽象的过程是有关事物的共性归纳、集中的过程。抽象的作用是表示同一类事物的本质。

C和C++中的数据类型就是对一批具体的数的抽象。对象是具体存在的，如1个三角形可以作为1个对象，10个不同尺寸的三角形是10个对象。如果这10个三角形对象有相同的属性和行为，可以将它们抽象为一种类型，称为三角形类型。

在C++中这种类型就称为“类(class)”,这10个三角形就是属于同一“类”的对象。类是对象的抽象,而对象则是类的特例,或者说是类的具体表现形式。

4.1.6 继承性

经过长时间的研究,人们发现可以根据属性对客观事物分类,从而对事物进行科学的描述。此外还可以把分类组织成一棵家族树,这棵树的树根上只有一个总类,分枝上是其子类,以及子类的子类,等等。例如,昆虫学家对昆虫进行分类为有翅的昆虫和无翅的昆虫。在有翅的昆虫中又有许多种类,如蛾、蝴蝶、苍蝇等。这个划分过程即为分类,它也是OOP继承机制的一个很好的比喻。

在对新的动物或对象进行分类时有人会提出这样的问题:它与其他的一般类有什么相同和不同?每个不同的类都具有定义它们的一组行为和特性。首先从分类家族树的树根开始,然后再根据前面的提问引出各个分枝。树的最高层的类是最具一般性的,其问题也最简单——有无翅膀?这以后的每一层都比它的上一层更具体,从而就更具有特殊性。

在定义了一个特点之后,其下面的所有类都将包含那个特点。因此,一旦确认苍蝇属于双翅目,就无须再指出它具有一对翅膀。因为苍蝇按其分类已经继承这一特点了。

OOP就是构造类的层次关系的过程。类类型可以从比较简单和比较一般的类型中继承特性,这是C++对C的重要补充,这种机制称为继承性。继承性在允许尽可能多的特殊性时还提供了函数的公共特性。

如果在软件开发中已经建立了一个名为A的类,又想另外建立一个名为B的类,而后者与前者的内容基本相同,只是在前者的基础上增加一些属性和行为,只需在类A的基础上增加一些新内容即可,这就是面向对象程序设计中的继承机制。

继承类是指特殊类的对象拥有一般类的属性和方法。其中,一般类称为基类或父类,特殊类称为派生类或子类。继承的好处是共享代码,在继承后父类的所有属性和方法都将存在于子类中。如果一个类A继承自另一个类B,则这个类A称为类B的子类,而把类B称为类A的父类。继承可以使子类具有父类的各种属性和方法,而不需要再次编写相同的代码。在令子类继承父类的同时可以重新定义某些属性,并重写某些方法,即覆盖父类的原有属性和方法,使其获得与父类不同的功能。另外,为子类追加新的属性和方法也是常见的做法。

4.1.7 多态性

多态是指同一个实体同时具有多种形式,它是面向对象程序设计的又一个重要特性。多态性是面向对象的另一个突出性质,其含义是同一个函数名可用于多个相互之间既有差别又相关联的目的。使用多态性就是为了让函数名变为说明某种行为的通用类。对于不同的处理数据,相应地执行通用类的某一具体实例。若说明和定义函数如下:

```
int cube(int number);
```

则调用这个函数就可以得到一个整数的三次方。但是,如何计算浮点数或双精度数的三次方呢?当然可以说明相应的函数,但这些函数就不能用cube作为函数名了。

```
float fcube(float float_number);
double dcube(double double_number);
```

在 C++中可以利用重载函数来解决这个问题，也就是说使用多个同名函数来处理不同的数据类型。因此可以这样说明：

```
int cube(int number);
float cube(float float_number);
double cube(double double_number);
```

只要这些函数的参数表各不相同，C++就可以根据所给出的参数正确地调用相应的函数。如果是 cube(10)，则会调用整型的 cube；若是 cube(2.5)，则调用双精度型的 cube；如果是 cube(2.5F)，则要传递一个浮点数而不是一个双精度数，并调用浮点型的 cube。甚至像＋这样的运算符也可以重载和重新定义。这样一来运算符不仅可以处理数值，而且可以处理图形对象、字符串或给定类中的其他合适对象。

4.1.8 面向对象程序设计的特点

传统的面向过程程序设计是围绕功能进行的，用一个函数实现一个功能。所有的数据都是公用的，一个函数可以使用任何一组数据，而一组数据又能被多个函数所使用。

面向对象程序设计采取的是另外一种思路，它面对的是一个个对象。实际上，每一组数据都有特定的用途，是某种操作的对象。也就是说，一组操作调用一组数据。程序设计的关键是设计好每一个对象以及确定向这些对象发出的命令，使各对象完成相应的操作。

程序设计者的任务包括以下两个方面：

(1) 设计所需的各种类和对象，即决定把哪些数据和操作封装在一起；

(2) 考虑怎样向有关对象发送消息，以完成所需的任务。

这时程序设计者如同一个总调度，不断地向各个对象发出命令，让这些对象活动起来(或者说激活这些对象)，完成自己职责范围内的工作。各个对象的操作完成了，整体任务也就完成了。

显然，对于一个大型任务来说，面向对象程序设计方法是十分有效的，它能大大降低程序设计人员的工作难度，减少出错机会。

4.1.9 面向对象的软件工程

随着软件规模的增大，软件开发人员面临的问题十分复杂，需要规范整个软件开发过程，明确软件开发过程中每个阶段的任务，在保证前一个阶段工作正确的情况下再进行下一阶段的工作，这就是软件工程学需要研究和解决的问题。面向对象的软件工程包括以下几个部分：

1. 面向对象分析(Object Oriented Analysis，OOA)

软件工程中的系统分析需要系统分析员对用户的需求做出精确的分析和明确的描述，从宏观角度概括软件系统应该做什么，而不是怎么做。面向对象分析是按照面向对象的概念和方法，在对需求分析中从客观世界存在的事物以及事物和事物之间的关系归纳出有关的对象(包括对象的属性和行为)以及对象之间的联系，并将具有相同属性和行为的对象用一个类(class)来表示。

2. 面向对象设计(Object Oriented Design，OOD)

根据面向对象分析阶段形成的需求模型对每一部分分别进行具体的设计。

(1) 对类进行设计，根据类的继承性和派生性，类的设计可能包含多个层次。

(2) 以这些类为基础提出面向对象的程序设计的思路和方法，包括对算法的设计。

在设计阶段并不涉及某一种具体的计算机语言，而是用一种更通用的描述工具(如伪代码或流程图)来描述。

3. 面向对象编程(Object Oriented Programming，OOP)

根据面向对象设计的结果，利用一种计算机语言把它写成程序，显然应该选用面向对象的计算机语言(例如 C++)，否则无法实现面向对象设计的要求。

4. 面向对象测试(Object Oriented Test，OOT)

在把写好的程序交给用户使用之前必须对程序进行严格的软件测试，进行软件测试的目的是发现程序中的错误并改正它。面向对象测试是用面向对象的方法进行测试，以类作为测试的基本单元。

5. 面向对象维护(Object Oriented Soft Maintenance，OOSM)

因为对象的封装性，修改其中一个对象对其他对象的影响很小。利用面向对象的方法维护程序大大提高了软件维护的效率。现在设计一个大的软件，严格按照面向对象软件工程的 5 个阶段进行，这 5 个阶段的工作是由不同的人分别完成的。这样，OOP 阶段的任务就比较简单了，程序编写者只需要根据 OOD 提出的思路用面向对象语言编写出程序即可。在一个大型软件的开发中，OOP 只是面向对象开发过程中的一个很小的部分。如果所处理的是一个较简单的问题，可以不必严格按照以上 5 个阶段进行，往往由程序设计者按照面向对象的方法进行程序设计，包括类的设计(或选用已有的类)和程序的设计。

4.2 类

4.2.1 类和对象的关系

每一个实体都是对象。对象是对客观事物的抽象，类是对对象的抽象，也就是说类是由具有相同结构和特性的对象抽象而成的。每个对象都属于一个特定的类型。在 C++中对象的类型称为类(class)。类代表了某一批对象的共性和特征。

类是对象的抽象，而对象是类的具体实例(instance)。

正如结构体类型和结构体变量的关系一样，人们先声明一个结构体类型，然后用它去定义结构体变量。同一个结构体类型可以定义出多个不同的结构体变量。

在C++中也是先声明一个类类型，然后用它去定义若干个相同类型的对象。对象就是类类型的一个变量。可以说类是对象的模板，是用来定义对象的一种抽象类型。

类是抽象的，不占用内存，而对象是具体的，占用存储空间。

因此，在一开始弄清对象和类的关系是十分重要的。

4.2.2　类的定义

在C++中类的构造是用于封装和隐藏数据的工具，是用户定义的一种新的数据类型。而对象是按照类定义的，是类的一个实例。

类的概念要比数据类型的概念深化了许多。数据类型仅仅是在数据的实现和使用方面的抽象，它是被动的，由函数和运算符进行操作。当然，一种数据类型隐含着它所能进行的基本操作，但在过程化的程序设计中没有显式的给出，更没有明确的限制。而类是数据结构及与其密切相关的操作函数的封装体，它明确地表达了该种类型数据所能完成的操作，它是主动对象，由消息触发。

那么如何声明一个类呢？在C++中声明一个类类型和声明一个结构体类型是相似的。

下面是声明一个结构体类型的方法：

```
//声明了一个名为 Student 的结构体类型
struct Student
{
    int num;
    char name[20];
    char sex;
};
//定义了两个结构体变量 stud1 和 stud2
Student stud1,stud2;
```

它只包括数据，没有包括操作。

下面是声明一个类的例子：

【例 4.1】 类的示例。

```
class Student                           //以 class 开头
{
    int num;
    char name[20];
    char sex;                           //以上 3 行是数据成员
    void display( )                     //这是成员函数
    {
        cout <<"num:"<< num << endl;
        cout <<"name:"<< name << endl;
        cout <<"sex:"<< sex << endl;
        //以上 3 行是函数中的操作语句
    }
};
Student stud1,stud2;                    //定义了两个 Student 类的对象 stud1 和 stud2
```

可以看到声明类的方法是由声明结构体类型的方法发展而来的。

类(class)就是对象的类型。实际上,类是一种广义的数据类型。类这种数据类型中的数据既包含数据,又包含操作数据的函数。

在C++中不能把类中的全部成员与外界隔离,一般把数据隐蔽起来,即声明为私有的(private),而把成员函数作为对外界的接口,即声明为公有的(public)。

可以将上面的类的声明改为:

```
class Student                    //声明类类型
{
    private :                    //声明以下部分为私有的
        int num;
        char name[20];
        char sex;
    public :                     //声明以下部分为公有的
    void display( )
    {
        cout <<"num:"<< num << endl;
        cout <<"name:"<< name << endl;
        cout <<"sex:"<< sex << endl;
    }
};
Student stud1,stud2;
//定义了两个 Student 类的对象
```

确切地说,一个类由数据和方法两部分组成。使用关键字 class 可以用类似结构的说明方法来定义一个类。类定义的基本格式如下:

```
class  类名
{
    private :
       成员数据;
       成员函数;
    public :
       成员数据;
       成员函数;
    protected:
       成员数据;
       成员函数;
};
```

说明:

(1) 类名是一种标识符,必须符合标识符的命名规则,类名应该能体现类的含义和用途,可以是多个词的组合词。在同一个命名空间下类名是不能重复的。同时,类名不能以数字开头,也不能使用关键字作为类名。

(2) 类由一些成员组成,称为类的成员,它包括数据成员和成员函数。在这些成员前面允许带有访问说明符 private、public,还有一种成员访问限定符 protected(受保护的),用 protected 声明的成员称为受保护的成员,它不能被类外访问(这一点与私有成员类似),但可以被派生类的成员函数访问，这些说明符决定了成员访问权限，如表 4.1 所示。如果省略，就认为是 private 的。一般来讲，只限定成员函数访问数据成员，因而通常将数据成员说明为 private，而将成员函数说明为 public。因为公共成员通常是作为类对象的信息接口，一个类对象接收到外来消息时，成员函数名就是消息选择器，它用参数接收消息。考虑到要从外部访问成员函数，因此将成员函数说明为 public 的。但这并不等于说其他类对象也可以使用该函数，因为毕竟成员函数还是隶属于某一类类型的。

注意：在一个类体中，关键字 private 和 public 可以分别出现多次。每个部分的有效范围到出现另一个访问限定符或类体结束时(最后一个右大括号)为止。但是为了使程序清晰，大家应该养成这样的习惯——使每一种成员访问限定符在类定义体中只出现一次。例如：

```
class 类名
{
    private: 私有的数据和成员函数;
    public: 公有的数据和成员函数;
    protected: 受保护的数据和成员函数;
};
```

表 4.1　类的访问修饰符及其含义

访问修饰符	含　义
private	私有的，只能被类内的函数调用
public	公有的，可以在任何地方访问
protected	受保护成员，不能在类外访问，但可以被派生类访问

【例 4.2】　声明 Location 类。

```
class Location
{
    private:
        int X,Y;
    public:
        void init(int initX,int initY);
        int GetX();
        int GetY();
};
```

说明：

变量 X、Y 是 Location 类私有的，Location 中的成员函数 init(int initX，int initY)、GetX()、GetY()为公共成员。在类中可以像声明普通变量那样声明类中的数据成员，数据成员可以具有任何数据类型。但是在类声明中只能声明不能使用表达式进行初始化。例如下列声明是不正确的：

```
class Location
{
    int X=5,Y;
    //…
};
```

在类中说明的任何成员不能用 extern、auto 和 register 关键字进行修饰，这几个关键字是用来修饰变量的，不能用来修饰成员，这和结构体是一样的。

一个类所说明的数据成员描述了对象的内部数据结构，类中说明的成员函数用于操作对象的这些数据。例如，Location 类的成员函数 init()用于为该类的对象设置初值，而当调用成员函数 GetX()或 GetY()时它们分别返回一个对象的数据成员 X 或 Y 的值。在类中只对这些成员函数进行了函数说明，还必须在程序中定义这些成员函数的实现。

定义成员函数的一般形式如下：

```
返回类型 类名::成员函数名(参数说明)
{
    函数体
}
```

其中，"::"是作用域运算符，"类名"用于表明其后的成员函数名是在该类中声明的。在"函数体"中可以直接访问类中说明的成员，以描述该成员函数对它们所进行的操作。下面是 Location 类的各成员函数的实现：

```
void Location::init(int initX, int initY)
{
    X = initX;
    Y = initY;
}
int Location::GetX()
{
    return X;
}
int Location::GetY()
{
    return Y;
}
```

4.2.3 类和结构体的区别

前面讲过，C++规定类成员隐含的访问权限是私有的，不加声明的成员都默认为私有的。这一规定符合信息隐藏原则，因此最前面的关键字 private 可以省略。例如：

```
class Location
{
        int X,Y;
    public:
        void init(int initX, int initY);
        int GetX();
        int GetY();
};
```

关键字 class 也可以用 struct 来代替，代替后的类也称为结构体。结构体是 C 语言中用于组织不同类型数据的一种数据结构，以弥补数组只能组织相同类型数据的不足。结构体类型也具有封装的特性，C++不是简单地继承 C 的结构体，而是使它也具有类的特点，以便用于面向对象程序设计。

在 C++中用 struct 声明的结构体类型实际上就是类。它也可以有成员函数，如果想分别指定私有成员和公有成员，则应该用 private 或 public 做显式声明。对于用 struct 声明的类，如果对其成员不做 private 或 public 声明，系统将其默认为 public，即它与类类型的不同之处在于它的成员的隐含访问权限是 public，因为结构体主要用于组织相关的不同数据类型的数据，而类主要是体现信息隐藏原则，保护其内部数据成员。

如果希望成员是公有的，使用 struct 比较方便，如果希望部分成员是私有的，宜用 class。建议大家尽量使用 class 建立类，写出完全体现 C++风格的程序。

下面是使用 struct 关键字的 Location 类接口定义。

```
struct Location
{
        void init(int initX, int initY);
        int GetX();
        int GetY();
    private:
        int X,Y;
};
```

4.3 对象的创建

在定义了一个类之后便可以如同用 int、char 等类型说明符声明简单变量一样，用它来创建对象，称为类的实例化。类是用户定义的一种类型，程序员可以使用这个类型的类型名在程序中说明变量，具有类类型的变量被称为对象。例如例 4.1 定义的类的对象：

```
Student stud1,stud2;          //定义了两个 Student 类的对象 stud1 和 stud2
```

利用已声明的 Student 类来定义对象，这种方法是很容易理解的。经过定义后，stud1 和 stud2 就成为具有 Student 类特征的对象。stud1 和 stud2 这两个对象分别包括 Student 类中定义的数据和函数。

再如例 4.2 中定义的类的对象：

```
Location A,B;              //定义了两个 Location 类的对象 A 和 B
```

定义对象有以下 3 种方法：

1. 先声明类类型，然后定义对象

前面用的就是这种方法，例如：

```
Location A,B;        //Location 是已经声明的类类型
```

在 C++中声明了类类型后，定义对象有以下两种形式。

(1) class 类名对象名

例如：

```
class Location A,B;
```

说明：把 class 和 Location 合起来作为一个类名，用来定义对象。

(2) 类名对象名

例如：

```
Location A,B;
```

说明：直接用类名定义对象。

这两种方法是等效的。第 1 种方法是从 C 语言继承而来的，第 2 种方法是 C++的特色，显然第 2 种方法更加简捷、方便。

2. 在声明类类型的同时定义对象

例如：

```
class Student
//声明类类型
{
    public :
    //先声明公有部分
    void display( )
    {
        cout <<"num:"<< num << endl;
        cout <<"name:"<< name << endl;
        cout <<"sex:"<< sex << endl;
    }
    private :
    //后声明私有部分
    int num;
    char name[20];
    char sex;
    }stud1,stud2;        //定义了两个 Student 类的对象
```

在定义 Student 类的同时定义了两个 Student 类的对象。

思考：如何利用这种方法定义 Location 类的两个对象 A 和 B?

3. 不出现类名，直接定义对象

```
class                    //无类名
```

```
{
    private:                    //声明以下部分为私有的
    …
    public :                    //声明以下部分为公有的
    …
}stud1,stud2;                   //定义了两个无类名的类对象
```

直接定义对象在C++中是合法的、允许的，但很少用，也不提倡用。在实际的程序开发中一般采用上面3种方法中的第1种方法。在小型程序中或所声明的类只用于本程序时也可以用第2种方法。

在定义一个对象时编译系统会为这个对象分配存储空间，以存放对象中的成员。

【例4.3】 为类的对象分配存储空间。

下面是使用类Location的一个程序，在这个程序中说明了对象A和B。在程序运行中，对象A和B的数据成员 X 和 Y 的取值（称为对象A和B的状态）如图4.2所示。

```
#include<iostream>
using namespace std;
class Location
{
    int X,Y;
    public:
    void init(int initX,int initY);
    int GetX();
    int GetY();
};
void Location::init(int initX,int initY)
{
    X=initX;
    Y=initY;
}
int Location::GetX()
{
    return X;
}
int Location::GetY()
{
    return Y;
}
void main()
{
    Location A,B;
    A.init(5,3);
    B.init(6,2);
    cout<<A.GetX()<<""<<A.GetY()<<endl;
    cout<<B.GetX()<<" "<<B.GetY()<<endl;
    system("pause");
}
```

程序的运行结果如图 4.2 所示。

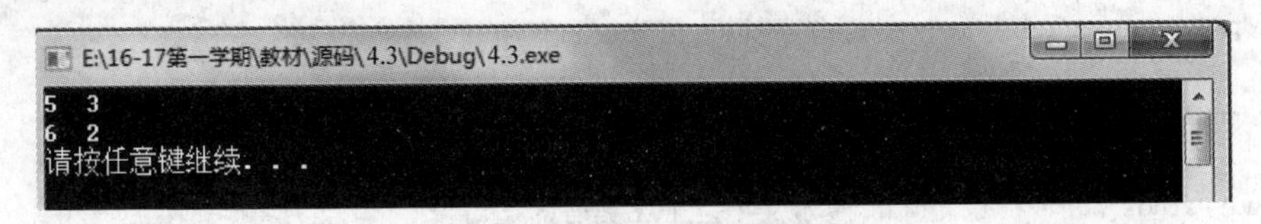

图 4.2 例 4.3 的运行结果

在程序运行时，通过为对象分配内存来创建对象。在创建对象时，类被用作样板，对象被称为类的实例。图 4.3 给出了类 Location 的两个实例 A 和 B 的示意说明：

	A		B
A.X	5	B.X	6
A.Y	3	B.Y	2
A.init()	代码	B.init()	代码
A.GetX()	代码	B.GetX()	代码
A.GetY()	代码	B.GetY()	代码

图 4.3 类 Location 的两个实例 A 和 B

说明：

(1) 如图 4.3 所示，对象 A 和 B 占据内存中的不同区域，它们所保存的数据不同，但操作数据的代码是一样的。

(2) 在 C++中为了节省内存，在建立对象时为对象的数据分配内存空间，同一个类的对象的代码可以被每个对象共享，具体见 4.4 节对成员函数的介绍。所以，类中定义的代码被放在计算机内存的一个公用区中供该类的所有对象共享，这只是 C++实现对象的一种方法。大家仍要将对象理解为是由数据和代码组成的。

(3) 成员选择运算符“.”用于访问一个对象的成员。例如，为了访问对象 A 的成员 GetX()，使用表达式 A.GetX()，它表示调用对象 A 的成员函数 GetX()，或者说对象 A 接受函数调用 GetX()。该表达式的类型是在类说明中为成员函数 GetX()指定的返回类型，即 int。当一个对象的成员函数被调用时，实现该成员函数的代码被执行，该成员函数的代码所引用类中的成员指的是该对象中的成员。例如在上面的程序中，当执行以下语句时成员函数 init()将对象 A 的数据成员 X 和 Y 分别置为 5 和 3。

```
A.init(5,3);
```

在成员函数内访问对象的数据成员或成员函数时不需要指定一个对象名，因为它隐含着访问接受该函数调用的对象的成员。

应该注意，函数 main()是在类 Location 之外的，因而在 main()中不可以访问对象 A 或 B 的私有成员。例如，在 main()函数中使用下列语句是非法的，因为它试图访问对象的私有成员：

```
int x = A.X;      //错误
int y = A.Y;      //错误
```

在类说明中，由关键字 private 指定的私有成员名只能由该类的成员函数使用。类的成员函数可以直接使用成员名访问在它所在的类中说明的任何数据成员（和成员函数）。由 public 指定的公有成员名用于提供外界和这个类的对象相互作用的界面（接口），它们使不在该类说明的函数（例如函数 main()）也可以访问和处理该类的对象。

一般将数据成员说明为私有的（private），以便隐藏数据，实现数据的保护；而将成员函数说明为公有的（public）。这可以保证在数据结构发生变化时只需修改少量的代码，即只修改类的成员函数的实现代码。还有一些函数仅仅是为了支持公有成员函数的实现，但是不作为对象与外界的接口，这一类函数在 C++ 中也说明为私有的。也就是说，公有的成员函数名是外界所能观察到（访问到）的对象的界面，它们所表达的功能构成对象的功能，同一个对象的功能在不同的软件系统中保持不变，这样可以提高软件的重用性。对象的数据结构在以后可能发生变化，实现其功能的成员函数的代码也可能随之发生变化，但只要对象的功能保持不变，则公有的成员函数名所形成的接口就不会发生变化。这样对对象的内部实现所做的修改就不会影响使用该对象的软件系统。这就是面向对象的程序设计使用封装和数据隐藏为程序员的程序开发活动所带来的益处。

(4) 成员访问运算符"->"用于访问一个指针所指向的一个对象的成员，例如：

```
#include<iostream>
using namespace std;
void main()
{
    Location A;
    A.init(5,3);
    Location *pA;
    pA=&A;
    int x=pA->GetX();
    int y=pA->GetY();
    cout<<x<<" "<<y<<endl;
}
```

在该程序中，语句 Location *pA 说明了一个指向 Location 类型的对象的指针，并使用运算符 & 将对象 A 的地址值给了该指针。通过指向对象的指针访问所指向的对象的私有成员也是非法的。例如：

```
int x=pA->A;
```

【例 4.4】 用类模拟数字式时钟。

```
#include<iostream>
using namespace std;
class clock
{
    int hour,minute,second;
    public:
    void init();
    void update();
```

```
    void display();
};
 void clock::init()
 {
     hour = minute = second = 0;
 }
 void clock::update()
 {
     second++;
     if(second == 60){
     second = 0;
     minute++;
 }
 if(minute == 60)
 {
     minute = 0;
     hour++;
 }
 if(hour == 24)
     hour = 0;
 }
 void clock::display()
 {
     cout << hour <<":"<< minute <<":"<< second << endl;
 }
 void main()
 {
     int i;
     clock A,B;
     cout <<"CLOCK A:"<< endl;
     A.init();
     for(i = 0;i < 10;i++){
     A.update();
     A.display();
 }
 cout <<"CLOCK B:"<< endl;
 B.init();
 for(i = 0;i < 10;i++){
 B.update();
 B.display();
}
}
```

程序的运行结果如图 4.4 所示。

从这个程序中可以看到使用类进行程序设计的好处。

(1) 函数 main()不能对类对象 A 和 B 内部的数据和函数进行任何形式的操作和修改，它只能向对象发送消息，这使得对 clock 类所做的修改(例如使用一个数组表示时、分、秒)不影响使用这个类的程序，即函数 main()。

图 4.4 例 4.4 的运行结果

(2) 在 clock 类中不仅说明了数据，也说明了可对数据进行的操作，在类定义之外不能为这些数据定义进一步的操作，这使得 clock 类的对象无论用在任何程序中都具有清晰明确的功能(只能被更新和显示)。

(3) 类只需定义一次就可以通过实例化过程建立多个对象，并且不用为防止这些实例之间相互干扰影响到它们的功能而去编写额外的代码。

(4) 使用类设计的程序是模块化的。在这个程序中，类的定义、实现和这个类的使用被自然、清楚地分割在不同的文件模块中。各模块之间只能通过公有成员函数发生联系，这使模块之间的依赖性减少到最小。

4.4 类的成员函数

4.4.1 成员函数的特性

类的成员函数(简称类函数)是函数的一种，它的用法和作用与 C 语言中介绍的函数有相同点，也就是它也有返回值和函数类型，不同点在于它是属于一个类的成员，出现在类体中。

类的成员函数的访问权限(访问修饰符)可以被指定为 private(私有的)、public (公有的)或 protected(受保护的)。在使用类函数时要注意调用它的权限(它能否被调用)以及它的作用域(函数能使用什么范围中的数据和函数)。

(1) 私有的成员函数只能被本类中的其他成员函数调用，不能被类外的成员函数调用。

(2) 成员函数可以访问本类中的任何成员(包括私有的和公有的)，可以引用在本作用域中有效的数据。

(3) 一般来讲，在C++中将需要被外界调用的成员函数指定为public，它们是类的对外接口。

(4) 但应注意，并非要求把所有成员函数都指定为public。有的函数并不是准备为外界调用的，而是为本类中的成员函数所调用的，应该将它们指定为private。

(5) 在C++中有一种函数的作用是支持其他函数的操作，是类中其他成员的工具函数(utility function)，类外用户不能调用这些私有的工具函数。

类的成员函数是类体中十分重要的部分。如果一个类中不包含成员函数，就等同于C语言中的结构体了，体现不出类在面向对象程序设计中的作用。

4.4.2 内部函数

在一个类中说明成员函数有下面两种方法。

第1种方法是在类说明中说明和定义函数，例如：

```
class Location
{
    int X,Y;
    public:
    void init(int initX,int initY){ X = initX; Y = initY; }
    int GetX(){ return X; }
    int GetY(){ return Y; }
};
```

说明：成员函数init()、GetX()和GetY()在类中说明并定义，如果省略认为它们是内部函数。内部成员函数的定义遵循C对函数定义的语法。

第2种方法是在类中简单地说明成员函数(用C函数的语法)，然后在类定义体外的其他地方定义为incline函数，对于inline函数已经在第2章中做过介绍，这里不再赘述。类的成员函数也可以指定为内置函数。例如：

```
class Location
{
    int X,Y;
    public:
    void init(int initX,int initY);
    int GetX();
    int GetY();
};
inline void Location::init(int initX,int initY)
{
    X = initX;
    Y = initY;
}
inline int Location::GetX(){ return X; }
inline int Location::GetY(){ return Y; }
```

这种方式使用了关键字inline，将函数init()、GetX()、GetY()说明为内部函数，内部函数在编译时是被扩展在行中,有点儿类似于宏,它占的内存多,但执行速度快。一般情况下简单的成员函数被实现为内部函数。成员函数被说明为 inline 是对编译程序的申请(或暗示),表示欢迎对此函数用内部扩展方法编译。

值得注意的是,如果在类体外定义 inline 函数,则必须将类定义和成员函数的定义放在同一个头文件中(或者写在同一个源文件中),否则编译时无法进行置换(将函数代码的副本嵌入到函数调用点)。

但是这样做不利于类的接口与类的实现分离,不利于信息隐蔽。虽然程序的执行效率提高了,但从软件工程质量的角度来看,这样做并不是好的办法。

因此,只有在类外定义的成员函数的规模很小而调用频率较高时才将此成员函数指定为内置函数。

对于内部函数有以下几点说明:

(1) 一般来讲,在类体中定义的成员函数的规模一般都很小,而系统调用函数的过程所花费的时间开销相对是比较大的。调用一个函数的时间开销远远大于小规模函数体中全部语句的执行时间。

(2) 为了减少时间开销,如果在类体中定义的成员函数中不包括循环等控制结构,C++系统会自动将它们作为内置(inline)函数来处理。

(3) 在程序调用这些内部成员函数时并不是真正地执行函数的调用过程(如保留返回地址等处理),而是把函数代码嵌入程序的调用点,这样可以大大减少调用成员函数的时间开销。

(4) C++要求对一般的内置函数用关键字 inline 声明,但对类内定义的成员函数可以省略 inline,因为这些成员函数已被隐含地指定为内置函数。

例如:

```
class Location
{
    int X,Y;
    public:
    void init(int initX,int initY){ X = initX; Y = initY; }
    int GetX(){ return X; }
    int GetY(){ return Y; }
};
```

其中,

```
void init(int initX,int initY){ X = initX; Y = initY; }
int GetX(){ return X; }
int GetY(){ return Y; }
```

也可以写成:

```
inline void init(int initX,int initY){ X = initX; Y = initY; }
inline int GetX(){ return X; }
inline int GetY(){ return Y; }
```

将函数 init(int initX,int initY)、GetX()、GetY()显式地声明为内置函数。

以上两种写法是等效的。对于在类体内定义的函数,一般都省写 inline。

应该注意的是,如果成员函数不在类体内定义,而在类体外定义,系统并不把它默认为内置(inline)函数,调用这些成员函数的过程和调用一般函数的过程是相同的。如果想将这些成员函数指定为内置函数,应当用 inline 做显式声明,如上面第 2 种方法中所述。

4.4.3 在类外定义成员函数

在类外定义成员函数是 C++ 常用的做法,它和上面讲的在类外定义 inline 函数有很大的区别。

其定义方法是在类体中只写成员函数的声明,而在类的外面进行函数定义。例如:

```
class Location
{
    int X,Y;            //私有数据成员
    public:
        void init(int initX,int initY);
        int GetX();
        int GetY();
        //以上 3 行为公有成员函数原型声明
};
void Location::init(int initX,int initY)
{
    X = initX;
    Y = initY;
}
//在类外定义 init 类函数
int Location::GetX(){ return X; }
//在类外定义 GetX 类函数
int Location::GetY(){ return Y; }
//在类外定义 GetY 类函数
Location A,B;
//在类外定义两个类的对象 A 和 B
```

在类体中直接定义函数时不需要在函数名前面加上类名,因为函数属于哪一个类是不言而喻的。但成员函数在类外定义时必须在函数名前面加上类名予以限定(qualifed),“::”是作用域限定符(field qualifier)或称作用域运算符,用它声明函数是属于哪个类的。

如果在作用域运算符“::”的前面没有类名,或者函数名前面既无类名又无作用域运算符“::”,例如:

```
::GetX()或 GetX()
```

则表示 GetX()函数不属于任何类,这个函数不是成员函数,而是全局函数,即非成员函数的一般普通函数。

4.4.4 成员函数的存储方式

在用类定义对象时系统会为每一个对象分配存储空间。如果一个类包括了数据和函数,要分别为数据和函数的代码分配存储空间。

例如,如果用同一个类定义了 10 个对象,那么就需要分别为 10 个对象的数据和函数代码分配存储单元,如图 4.5 所示。

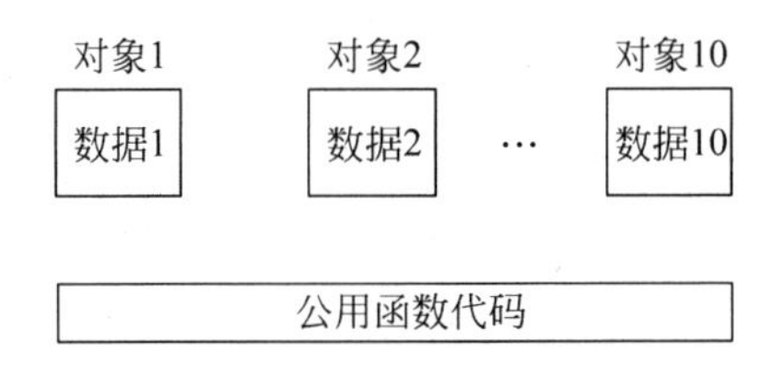

图 4.5 C++编译系统处理

为了节约存储空间,C++编译系统只用一段空间存放这个共同的函数代码段,在调用各对象的函数时都去调用这个公用的函数代码,如图 4.6 所示。因此每个对象所占用的存储空间只是该对象的数据部分所占用的存储空间,而不包括函数代码所占用的存储空间。

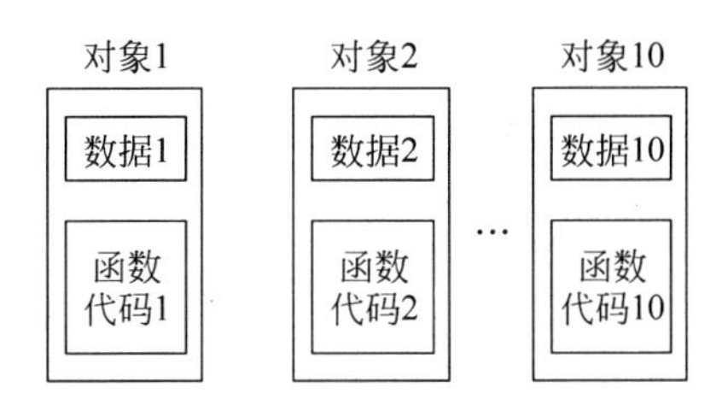

图 4.6 各对象调用公用的函数代码

如果声明一个类:

```
class Time
{
    public:
        int hour;
        int minute;
        int sec;
    void set( )
    {
        cin >> a >> b >> c;
    }
};
```

可以用下面的语句输出该类对象所占用的字节数:

```
cout << sizeof(Time)<< endl;
```

因为在 C++编译系统中 int 数据类型所占用的字节数为 4 字节,所以 3 个整型变量占有

12 字节，上面语句输出的值是 12。

这就证明了一个对象所占的空间大小只取决于该对象中数据成员所占的空间，而与成员函数无关。

说明：

(1) 成员函数的代码是存储在对象空间之外的。如果对同一个类定义了 10 个对象，这些对象的成员函数对应的是同一个函数代码段，而不是 10 个不同的函数代码段。

(2) 虽然调用不同对象的成员函数时都是执行同一段函数代码，但执行结果一般是不相同的。

(3) 不同的对象使用的是同一个函数代码段，为了能够分别对不同对象中的数据进行操作，C++为此专门设立了一个名为 this 的指针，用来指向不同的对象。

(4) 不论成员函数在类内定义还是在类外定义，成员函数的代码段都用同一种方式存储。

(5) 不要将成员函数的这种存储方式和 inline 函数的概念混淆。

(6) 应当说明，人们常说的“某某对象的成员函数”是从逻辑的角度而言的，而成员函数的存储方式是从物理的角度而言的，二者是不矛盾的。

4.5 对象成员的引用

在程序中经常需要访问对象中的成员。访问对象中的成员有下面 3 种方法：

(1) 通过对象名和成员运算符访问对象中的成员；

(2) 通过指向对象的指针访问对象中的成员；

(3) 通过对象的引用变量访问对象中的成员。

4.5.1 通过对象名和成员运算符访问对象中的成员

访问对象中成员的一般形式如下：

```
对象名.成员名
```

成员名包括成员函数和成员数据。

以 Student 类为例：

```
class Student
{
    public :
        void display( );
    private :
        int num;
        string name;
        char sex;
};
void Student::display( )
{
```

```
    cout <<"num:"<< num << endl;cout <<"name:"<< name << endl;cout <<"sex:"
    << sex << endl;
  }
Student stud1,stud2;
```

说明：

(1) “.”是成员运算符，用来对成员进行限定，指明所访问的是哪一个对象中的成员。

```
stud1.display( );          //正确,display()为对象 stud1 的数据成员
```

(2) 注意不能只写成员名而忽略对象名，不应该写成：

```
num = 1001;                //错误,这样写 num 成为对象中的临时变量
```

(3) 不仅可以在类外引用对象的公用数据成员，而且可以调用对象的公有成员函数，但同样必须指出对象名。

```
display( );                //错误,没有指明是哪一个对象的 display 函数
```

(4) 应该注意所访问的成员是公有的(public)还是私有的(private)，只能访问 public 成员，不能访问 private 成员。如果已定义 num 为私有数据成员，下面的语句是错误的：

```
stud1.num = 10101;         //num 是私有数据成员,不能被外界引用
```

(5) 在类外只能调用公有的成员函数。在一个类中应当至少有一个公有的成员函数作为对外的接口，否则无法对对象进行任何操作。

4.5.2 通过对象的引用变量访问对象中的成员

如果为一个对象定义了一个引用变量，它们是共占同一段存储单元的，实际上它们是同一个对象，只是用不同的名字表示而已。因此完全可以通过引用变量来访问对象中的成员，其概念和方法与通过对象名来引用对象中的成员是相同的。

例如，如果已经声明了 Time 类，并有以下定义语句：

```
Time t1;                 //定义对象 t1
Time &t2 = t1;           //定义 Time 类引用变量 t2,并使之初始化为 t1
cout << t2.hour;         //输出对象 t1 中的成员 hour
```

由于 t2 与 t1 共占同一段存储单元(即 t2 是 t1 的别名)，因此 t2.hour 就是 t1.hour。

4.6 构造函数

4.6.1 对象的初始化

在建立一个对象时经常需要做某些初始化工作，例如对数据成员赋初值。

如果一个数据成员未被赋值，则它的值是不可预知的，因为在系统为它分配内存时保留了这些存储单元的原状，这就成为这些数据成员的初始值。

这种情况显然是与人们的要求不相符的，对象是一个实体，它反映了客观事物的属性（例如时钟的时、分、秒的值），是应该有确定的值的。

注意：类的数据成员是不能在声明类时初始化的。

如果一个类中的所有成员都是公有的，则可以在定义对象时对数据成员进行初始化。

例如：

```
class Time
{
    public :                          //声明为公有成员
        hour;
        minute;
        sec;
};
Time t1 = {14,56,30};                 //将 t1 初始化为 14:56:30
```

这种情况和结构体变量的初始化是差不多的，在一个大括号内顺序列出各公有数据成员的值，两个值之间用逗号分隔。

但是，如果数据成员是私有的，或者类中有 private 或 protected 的成员，就不能用这种方法初始化。

可以考虑用成员函数对对象中的数据成员赋初值，例如：

【例 4.5】 用成员函数对对象中的数据成员赋初值。

```
#include <iostream>
using namespace std;
class Time
{
    public :
        void set_time( );                    //公有成员函数
        void show_time( );                   //公有成员函数
    private :                                //数据成员为私有的
        int hour;
        int minute;
        int sec;
};
int main( )
{
    Time t1;
    //定义对象 t1
    t1.set_time( );
    //调用对象 t1 的成员函数 set_time,向 t1 的数据成员输入数据
    t1.show_time( );
    //调用对象 t1 的成员函数 show_time,输出 t1 的数据成员的值
    Time t2;
    //定义对象 t2
```

```
    t2.set_time( );
    //调用对象 t2 的成员函数 set_time,向 t2 的数据成员输入数据
    t2.show_time( );
    //调用对象 t2 的成员函数 show_time,输出 t2 的数据成员的值
    system("pause");
    return 0;
}
void Time::set_time( )        //在类外定义 set_time 函数
{
    cin >> hour;
    cin >> minute;
    cin >> sec;
}
void Time::show_time( )        //在类外定义 show_time 函数
{
    cout << hour <<":"<< minute <<":"<< sec << endl;
}
```

从例 4.5 看到,用户在主函数中调用 set_time 函数为数据成员赋值。

如果对一个类定义了多个对象,而且类中的数据成员比较多,那么程序就显得非常臃肿。

4.6.2 构造函数的作用

为了解决上述问题,C++提供了构造函数(constructor)来处理对象的初始化。

构造函数是一种特殊的成员方法,其主要作用是在创建对象时初始化对象。与其他成员函数不同,它在建立对象的时候自动执行,不需要其他函数调用。每个类都有构造函数,即使没有声明,编译器也会自动提供一个默认的没有参数和函数体的构造函数。如果声明了构造函数,系统就不再提供默认的构造函数。

构造函数的功能是由用户定义的,用户根据初始化的要求设计函数体和函数参数。

声明构造函数的格式如下:

```
public 构造函数名([参数列表])
{
   函数体
}
```

说明:

(1) 构造函数与类同名,不能由用户任意命名,编译系统会自动识别它并把它作为构造函数处理。

(2) 构造函数不具有任何数据类型,也不返回任何值,因此也不需要在定义构造函数时声明类型。

(3) 一般来讲,构造函数总是 public 类型的。如果是 private 类型,表明该类不能被实例化。

(4) 构造函数可以带参数也可以不带参数。

(5) 构造函数不需用户调用,也不能被用户调用。

(6) 在构造函数的函数体中不仅可以对数据成员赋初值,而且可以包含其他语句。但是一般不提倡在构造函数中加入与初始化无关的内容,以保持程序的清晰。

【例 4.6】 构造函数示例。

```
class Counter
{
    public:
    //类 Counter 的构造函数
   //特点: 以类名作为函数名,无返回类型
   Counter()
  {
    m_value = 0;
  }
 private:
 //数据成员
    int m_value;
}
```

该类对象被创建时编译系统对象分配内存空间,并自动调用该构造函数,由构造函数完成成员的初始化工作,例如:

```
Counter c1;
```

编译系统为对象 c1 的每个数据成员(m_value)分配内存空间,并调用构造函数 Counter()自动地初始化对象 c1 的 m_value 值设置为 0。

【例 4.7】 在例 4.5 的基础上定义构造成员函数。

```
#include <iostream>
using namespace std;
class Time
{
    public :
        Time( )          //类 Time 的构造函数
        {
            hour = 0;
            minute = 0;
            sec = 0;
        }
        void set_time( );
        void show_time( );
    private :
        int hour;
        int minute;
        int sec;
};
void Time::set_time( )
```

```
    {
        cin>>hour;
        cin>>minute;
        cin>>sec;
    }
    void Time::show_time( )
    {
        cout<<hour<<":"<<minute<<":"<<sec<<endl;
    }
    int main( )
    {
        Time t1;
        t1.set_time( );
        t1.show_time( );
        Time t2;
        t2.show_time( );
        system("pause");
        return 0;
}
```

程序的运行结果如图 4.7 所示。

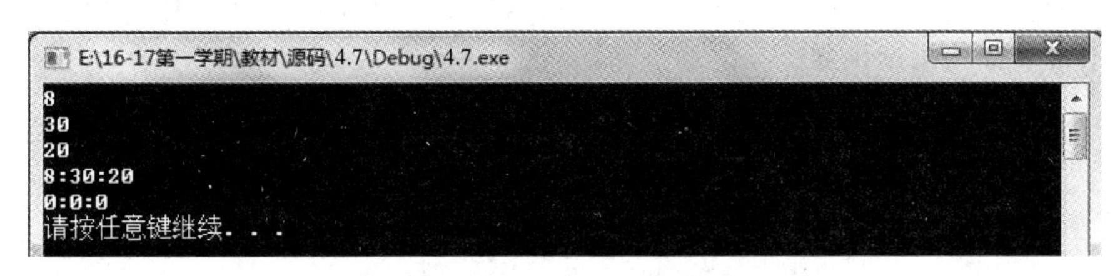

图 4.7　例 4.7 的运行结果

上面的例子是在类内定义构造函数的,也可以在类内对构造函数进行声明而在类外定义构造函数。

将程序中的第 6～11 行

```
Time( )            //类 Time 的构造函数
{
    hour = 0;
    minute = 0;
    sec = 0;
}
```

改为下面一行：

```
Time( );         //对构造函数进行声明
```

而在类外定义构造函数：

```
Time::Time( )      //在类外定义构造成员函数要加上类名 Time 和域限定符"::"
{
```

```
    hour = 0;
    minute = 0;
    sec = 0;
}
```

4.6.3 构造函数的种类

构造函数分为以下3类:

(1) 不带参数的构造函数:在函数体中对数据成员赋初值,这种方式使该类的每一个对象都得到同一组初值,例如例4.7中各数据成员的初值均为0。

(2) 带参数的构造函数:如果用户希望对不同的对象赋不同的初值,可以采用带参数的构造函数。在调用不同对象的构造函数时从外面将不同的数据传递给构造函数,以实现不同的初始化。

(3) 复制构造函数:构造函数可以带上参数,这些参数可以是整型、字符型等,也可以是一个对象类型,让它构造一个相同的对象,这种构造函数是复制构造函数,或者称为拷贝构造函数。

1. 不带参数的构造函数

如4.6.2节所述,不带参数的构造函数的声明格式如下:

```
public 构造函数名()
{
   函数体
}
```

例如例4.6和例4.7定义的构造函数。

2. 带参数的构造函数

构造函数首部的一般格式如下:

```
构造函数名(类型 1 形参 1,类型 2 形参 2,…)
```

前面已经说明用户不能调用构造函数,因此无法采用常规的调用函数的方法给出实参。实参是在定义对象时给出的,定义对象的一般格式如下:

```
类名 对象名(实参 1,实参 2,…);
```

【例4.8】 带参数的构造函数示例1。

```
#include <iostream>
using namespace std;
class Box
{
    public :
```

```
        Box(int,int,int);                      //声明带参数的构造函数
        int volume( );                         //声明计算体积的函数
    private :
        int height;
        int width;
        int length;
};
Box::Box(int h,int w,int len)                  //在类外定义带参数的构造函数
{
    height = h;
    width = w;
    length = len;
}
int Box::volume( )                             //定义计算体积的函数
{
    return (height * width * length);
}
int main( )
{
    Box box1(12,25,30);
    //建立对象box1,并指定box1的长、宽、高的值
    cout <<"The volume of box1 is "<< box1.volume( )<< endl;
    Box box2(15,30,21);
    //建立对象box2,并指定box2的长、宽、高的值
    cout <<"The volume of box2 is "<< box2.volume( )<< endl;
    system("pause");
    return 0;
}
```

程序的运行结果如图4.8所示。

图4.8　例4.8的运行结果

【例4.9】 带参数的构造函数示例2。

```
class person
{
    char name[10];
    char sex;
    int age;
    public:
    person(char * p_name,char p_sex,int p_age)
    {
```

```
        strcpy(name,p_name);
        sex = p_sex;
        age = p_age;
    }
    void show()
    {
        cout <<"name:"<< name;
        cout <<", age:"<< age;
        cout <<", sex:"<< sex << endl;
    }
};
void main()
{
    person a("Zhang","m",20),b("Li","f",30);
    a.show();
    b.show();
}
```

请读者思考这个程序的运行结果是什么?

说明:

(1) 如果在创建一个类时没有写任何构造函数,则系统会自动生成默认的无参构造函数,函数为空,什么都不做。

(2) 只要写了一个某种构造函数,系统就不会再自动生成这样一个默认的构造函数。

(3) 一般构造函数可以有各种参数形式,一个类可以有多个一般构造函数,前提是参数的个数或者类型不同(基于C++的重载函数原理)。

3. 复制构造函数

在程序中经常需要把一些数据复制一份备作它用。对于只有基本类变量的程序来说,这是轻而易举就能做到的——新建一个临时变量,用一个赋值语句就能完成。但如果它是一个有着许许多多成员数据的对象就会非常麻烦,最麻烦的是那些成员数据还是私有的,根本无法直接访问或修改。那么,怎样"克隆"出一个和原来对象相同的对象呢? 这就用到了复制构造函数。

【例 4.10】 复制构造函数示例。

```
class Complex
{
private :
double m_real;
double m_imag;
public:
Complex(void)
  {
    m_real = 0.0;
    m_imag = 0.0;
  }
```

```
    Complex(double real, double imag)
    {
        m_real = real;
        m_imag = imag;
    }
    Complex(const Complex & c)
    {
        //将对象 c 中的数据成员值复制过来
        m_real = c.m_real;
        m_img = c.m_img;
    }
        Complex::Complex(double r)
    {
        m_real = r;
        m_imag = 0.0;
    }
Complex &operator = ( const Complex &rhs )
    {
        //首先检测等号右边是否就是左边的对象,若是对象本身,则直接返回
        if ( this == &rhs )
        {
            return * this;
        }
        this->m_real = rhs.m_real;
        this->m_imag = rhs.m_imag;
        return * this;
    }
};
void main()
{
    //调用了无参构造函数,数据成员的初值被赋为 0.0
    Complex c1,c2;
    //调用一般构造函数,数据成员的初值被赋为指定值
    Complex c3(1.0,2.5);
    //也可以使用下面的形式
    Complex c3 = Complex(1.0,2.5);
    //把 c3 的数据成员的值赋给 c1
    //由于 c1 已经事先被创建,故此处不会调用任何构造函数
    //只会调用"="运算符重载函数
    c1 = c3;
    //调用类型转换构造函数
    //系统首先调用类型转换构造函数,将 5.2 创建为一个本类的临时对象,然后调用等号运算符重
载,将该临时对象赋值给 c1
    c2 = 5.2;
    //调用复制构造函数(有下面两种调用方式)
    Complex c5(c2);
    Complex c4 = c2;     //注意和 = 运算符重载的区分,这里等号左边的对象不是事先已经创建,
故需要调用复制构造函数,参数为 c2
}
```

4.6.4 用参数初始化表对数据成员初始化

4.6.3节中介绍的是在构造函数的函数体内通过赋值语句对数据成员实现初始化。C++还提供了另一种初始化数据成员的方法——参数初始化表来实现对数据成员的初始化。这种方法不在函数体内对数据成员初始化，而是在函数首部实现。

例如例4.8中定义的类的构造函数：

```
class Box
{
    public :
        Box(int,int,int);                       //声明带参数的构造函数
        int volume( );                          //声明计算体积的函数
    private :
        int height;
        int width;
        int length;
};
Box::Box(int h,int w,int len)                   //在类外定义带参数的构造函数
{
    height = h;
    width = w;
    length = len;
}
```

可以改用以下形式：

```
Box::Box(int h,int w,int len):height(h),width(w),length(len){ }
```

这种写法方便、简练，尤其当需要初始化的数据成员较多时更显其优越性。

4.6.5 构造函数的重载

构造函数的重载是允许在一个类中定义多个构造函数，以便对类对象提供不同的初始化的方法供用户选用。这些构造函数具有相同的名字，而参数的个数或参数的类型不相同。

【例4.11】 构造函数的重载示例。

```
#include <iostream>
using namespace std;
class Box
{
    public :
        Box( );
        //声明一个无参的构造函数
        Box(int h,int w,int len):height(h),width(w),length(len){ }
        //声明一个有参的构造函数,用参数的初始化表对数据成员初始化
        int volume( );
    private :
```

```
        int height;
        int width;
        int length;
};
Box::Box( )           //定义一个无参的构造函数
{
    height = 10;
    width = 10;
    length = 10;
}
int Box::volume( )
{
    return (height * width * length);
}
int main( )
{
    Box box1;
    //建立对象 box1,不指定实参
    cout <<"The volume of box1 is "<< box1.volume( )<< endl;
    Box box2(15,30,25);
    //建立对象 box2,指定 3 个实参
    cout <<"The volume of box2 is "<< box2.volume( )<< endl;
    return 0;
}
```

在本程序中定义了两个重载的构造函数，其实还可以定义其他重载构造函数，其原型声明可以为：

```
Box::Box(int h);            //有一个参数的构造函数
Box::Box(int h,int w);    //有两个参数的构造函数
```

在建立对象时分别给定一个参数和两个参数。

说明：

(1) 在调用构造函数时不必给出实参的构造函数，称为默认构造函数(default constructor)。

显然，无参的构造函数属于默认构造函数，一个类只能有一个默认构造函数。

(2) 如果在建立对象时选用的是无参构造函数，应注意正确书写定义对象的语句。

(3) 尽管在一个类中可以包含多个构造函数，但是对于每一个对象来说，建立对象时只执行其中一个构造函数，并非每个构造函数都执行。

4.6.6 使用默认参数的构造函数

构造函数中参数的值既可以通过实参传递，也可以指定为某些默认值，即如果用户不指定实参值，编译系统就使形参取默认值。

如果构造函数的全部参数都指定了默认值，这时的构造函数也属于默认构造函数。一个类只能有一个默认构造函数，不能同时再声明无参的构造函数。

【例 4.12】 使用默认参数的构造函数示例。

```
#include<iostream>
using namespace std;
class complex
{
public:
complex();
//默认构造函数
complex(double r=0.0,double i=0.0);
//在声明构造函数时指定默认参数值,也属于默认构造函数
double abscomplex();
private:
double real;
double imag;
};
Complex::complex(double r,double i)
{
    real=r;
    imag=i;
}


int main()
{
    complex s1;                //系统无法识别,产生二义性
    complex s2(1.1);           //系统无法识别,产生二义性
    complex s3(1.1,2.2);
    cout<<s1.abscomplex()<<endl;
    cout<<s2.abscomplex()<<endl;
    cout<<s3.abscomplex()<<endl;
    return 0;
}
```

上述程序之所以出现二义性,是因为在一个类中定义了默认参数的构造函数后不能再定义重载构造函数。也就是说将上面程序中的代码

```
complex();
//默认构造函数
complex(double r=0.0,double i=0.0);
//在声明构造函数时指定默认参数值,也属于默认构造函数
```

改成:

```
complex(double r=0.0,double i=0.0);
//在声明构造函数时指定默认参数值,也属于默认构造函数
```

程序的运行结果如图 4.9 所示。

图 4.9　例 4.12 的运行结果

```
complex s1;
```

对象 s1 没有给实参,在调用默认参数的构造函数后 real 和 imag 的初始值为 0,所以 s1.abscomplex()的值为 0。

```
complex s2(1.1);
```

对象 s2 只给了一个实参,在调用默认参数的构造函数后 real=1.1,imag=0,所以 s2.abscomplex()的值为 1.1。

```
complex s3(1.1,2.2);
```

对象 s3 给了两个实参,在调用默认参数的构造函数后 real=1.1,imag=2.2,所以 s2.abscomplex()的值为 sqt(1.1*1.1+2.2*2.2)=2.45976。

说明:

(1) 应该在声明构造函数时指定默认值,而不能只在定义构造函数时指定默认值。

(2) 如果构造函数的全部参数都指定了默认值,则在定义对象时可以给一个或几个实参,也可以不给出实参。

(3) 在一个类中定义了全部是默认参数的构造函数后不能再定义重载构造函数。

4.7　析构函数

构造函数用于在创建类的实例时完成初始化工作,而析构函数是在删除实例时执行的操作,用于回收类的实例所占用的资源。析构函数的名字与类名相同,同时在前面加符号“~”。

一个类只能有一个析构函数,无法继承或重载,也不能显式地调用。析构函数的调用是由垃圾回收器决定的。垃圾回收器检查是否存在应用程序不再使用的对象,如果存在,则调用析构函数并回收用来存储此对象的内存,另外程序退出时也会调用析构函数。

析构函数的作用并不是删除对象,而是在撤销对象占用的内存之前完成一些清理工作,使这部分内存可以被程序分配给新对象使用。

程序设计者事先设计好析构函数以完成所需的功能,只要对象的生命周期结束,程序就自动执行析构函数来完成这些工作。

具体而言,如果出现以下几种情况程序就会执行析构函数:

(1) 如果在一个函数中定义了一个对象(它是自动局部对象),当这个函数被调用结束时对象应该释放，在对象释放前自动执行析构函数。

(2) static 局部对象在函数调用结束时并不释放，因此也不调用析构函数，只在 main 函数结束或调用 exit 函数结束程序时才调用 static 局部对象的析构函数。

(3) 如果定义了一个全局对象，则在程序的流程离开其作用域(如 main 函数结束或调用 exit 函数)时调用该全局对象的析构函数。

(4) 如果用 new 运算符动态地建立了一个对象，当用 delete 运算符释放该对象时先调用该对象的析构函数。

析构函数的特征如下：

(1) 析构函数不返回任何值，没有函数类型，也没有函数参数，因此它不能被重载。

(2) 一个类可以有多个构造函数，但只能有一个析构函数。

(3) 一般情况下，类的设计者应当在声明类的同时定义析构函数，以指定如何完成“清理”的工作。

(4) 如果用户没有定义析构函数，C++编译系统会自动生成一个析构函数，但它只是徒有析构函数的名称和形式，实际上什么操作都不进行。

(5) 如果想让析构函数完成任何工作，必须在定义的析构函数中指定。

【例 4.13】 含有构造函数和析构函数的例子。

```
#include<string>
#include<iostream>
using namespace std;
class Student                                   //声明 Student 类
{
    public :
    student(int n,string nam,char s )           //定义构造函数
    {
        num = n;
        name = nam;
        sex = s;
        cout <<"Constructor called. "<< endl;   //输出有关信息
    }
    ~Student( )                                 //定义析构函数
    {
        cout <<"Destructor called. "<< endl;
    }                                           //输出有关信息
    void display( )                             //定义成员函数
    {
        cout <<"num: "<< num << endl;
        cout <<"name: "<< name << endl;
        cout <<"sex: "<< sex << endl << endl;
    }
    private :
        int num;
        sting name;
        char sex;
};
```

```
int main( )
{
    Student stud1(10010,"Wang_li",'f');          //建立对象 stud1
    stud1.display( );                            //输出学生 1 的数据
    Student stud2(10011,"Zhang_fun",'m');        //定义对象 stud2
    stud2.display( );                            //输出学生 2 的数据
    system("pause");
    return 0;
}
```

程序的运行结果如图 4.10 所示。

图 4.10 例 4.13 的运行结果

从程序的运行结果来看,函数的执行顺序如下:

执行 stud1 的构造函数→执行 stud1 的 display 函数→执行 stud2 的构造函数→执行 stud2 的 display 函数→执行 stud2 的析构函数→执行 stud1 的析构函数。

思考题:为什么析构函数内的输出语句"Destructor called."没有显示出来,析构函数到底是在什么时候被调用?

【例 4.14】 析构函数的示例。

```
#include<iostream.h>
// 声明 queue 类
class queue
{
        int q[100];
        int sloc,rloc;
    public:
        queue(void);           //构造函数
        ~queue(void);          //析构函数
        void qput(int i);
        int qget(void);
};
queue::queue(void)
{
    rloc = sloc = 0;
}
```

```
queue::~queue(void)
{
    cout <<"queue destroyed";
}
void queue::qput(int i)
{
    if(sloc == 100)
    {
        cout <<"queue is full";
        return;
    }
    sloc++;
    q[sloc] = i;
}
int queue::qget(void)
{
    if(rloc == sloc)
    {
        cout <<"queue underflow";
        return 0;
    }
    rloc++;
    return q[rloc];
}
void main()
{
    queue a,b;    //建立两个 queue 对象
    a.qput(10);
    b.qput(19);
    a.qput(20);
    b.b.qput(1);
    cout << a.qget() <<" ";
    cout << a.qget() <<" ";
    cout << b.qget() <<" ";
    cout << b.qget()<< endl;
    system("pause");
    return 0;
}
```

程序的运行结果如图 4.11 所示。

图 4.11 例 4.14 的运行结果

从程序的运行结果来看，函数的执行顺序如下：

执行 a 的构造函数→执行 b 的构造函数→执行 a 的 qput 函数→执行 b 的 qput 函数→执行 b 的析构函数→执行 a 的析构函数。

4.8　对象数组

4.8.1　对象数组的定义

在 C 语言中把具有相同结构类型的结构变量有序地集合起来便组成了结构数组。在 C++中与此类似将具有相同 class 类型的对象有序地集合在一起便组成了对象数组，一维对象数组也称为"对象向量"，因此对象数组的每个元素都是同种 class 类型的对象。

对象数组的定义格式如下：

```
对象数组名[元素个数]…[ = {初始化列表}];
```

其中对象数组元素的存储类型与变量一样有 extern 型、static 型和 auto 型等，该对象数组元素由指明所属类，与普通数组类似，中括号内给出某一维的元素个数。对象向量只有一个中括号，二维对象数组有两个中括号，以此类推.

【例 4.15】 对象数组示例。

```
#include < iostream >
using namespace std;
class Point
{
        int x, y;
    public :
        Point(void)
        {
            x = y = 0;
        }
        Point(int xi, int yi)
        {
            x = xi;
            y = yi;
         }
        Point(int c)
        {
            x = y = c;
        }
        void Print( )
        {
            static int i = 0 ;
            cout <<"P"<< i++<<"("<< x <<" , "<< y <<")\n";
        }
};
```

```
void main( )
{
    Point Triangle[3] = {Point(0, 0), Point(5, 5), Point(10, 0)};
    int k = 0;
    cout <<"输出显示第"<< ++k <<"个三角形的三顶点 : \n";
    for(int i = 0; i < 3; i++)
    Triangle[i].Print( );
    Triangle[0] = Point(1);
    Triangle[1] = 6;            //Call Point(6)
    Triangle[2] = Point(11, 1);
    cout <<"输出显示第"<< ++k <<"个三角形的三顶点 : \n";
    for(i = 0; i < 3; i++)
    Triangle[i].Print( );
    Point Rectangle[2][2] = {Point(0, 0),Point(0,6),Point(16,6) , Point(16,0)};
    cout <<"输出显示一个矩形的四顶点 : \n";
    for(int i = 0; i < 2 ; i++)
        for(int j = 0; j < 2; j++)
        Rectangle[i][j].Print( );
    cout <<"输出显示 45 度直线上的三点 : \n";
    Point Line45[3] = {0, 1, 2};
    for(i = 0; i < 3; i++)
    Line45[i].Print( );
    Point PtArray[3];
    cout <<"输出显示对象向量 PtArray 的三元素 : \n";
    for(i = 0; i < 3; i++)
    PtArray[i].Print( );
}
```

该程序中分别定义了 Point 类的对象数组，表示三角形的 3 个顶点、矩形的 4 个顶点、45°直线上的 3 点、对象向量 PrArray 的 3 个顶点，其中顶点为 Point 类对象。

程序的运行结果如图 4.12 所示。

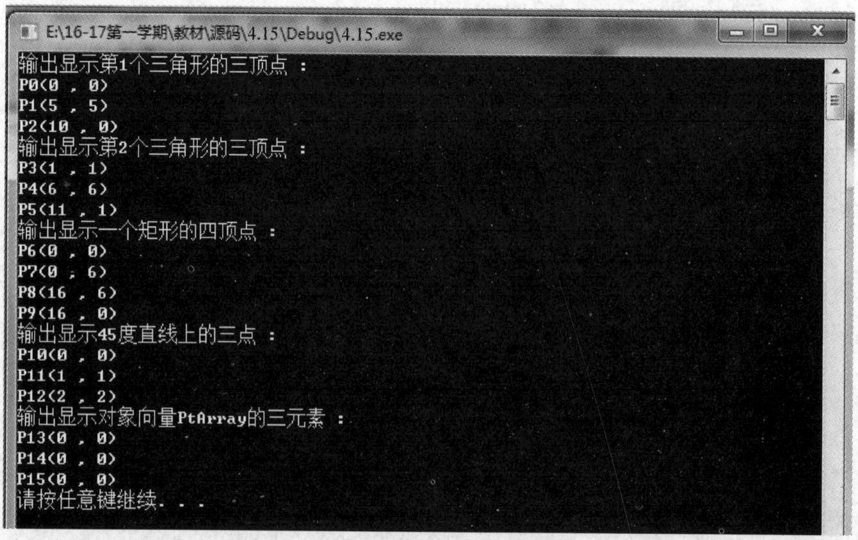

```
E:\16-17第一学期\教材\源码\4.15\Debug\4.15.exe
输出显示第1个三角形的三顶点 :
P0(0 , 0)
P1(5 , 5)
P2(10 , 0)
输出显示第2个三角形的三顶点 :
P3(1 , 1)
P4(6 , 6)
P5(11 , 1)
输出显示一个矩形的四顶点 :
P6(0 , 0)
P7(0 , 6)
P8(16 , 6)
P9(16 , 0)
输出显示45度直线上的三点 :
P10(0 , 0)
P11(1 , 1)
P12(2 , 2)
输出显示对象向量PtArray的三元素 :
P13(0 , 0)
P14(0 , 0)
P15(0 , 0)
请按任意键继续. . .
```

图 4.12　例 4.15 的运行结果

4.8.2 对象数组的初始化

对象数组的初始化分为以下几种情况：

(1) 当对象数组所属类含有带参数的构造函数时可用初始化列表按顺序调用构造函数初始化对象数组的每个元素。例如上例中：

```
Point Triangle[3] = {Point(0, 0),
Point(5, 5),Point(10, 0)};
Point Rectangle[2][2] = {Point(0, 0),
Point(0, 6),Point(16,6),Point(16,0)};
//一维数组 Triangle 的数据元素为 Point 对象
//二维数组 Rectangle 的数据元素为 Point 对象
```

也可以先定义后给每个元素赋值，其赋值格式如下：

对象数组名[行下标][列下标]＝构造函数名(实参表)；

例如：

```
Rectangle[0][0] = Point(0, 0);
Rectangle[0][1] = Point(0, 6);
Rectangle[1][0] = Point(16, 6);
Rectangle[1][1] = Point(16, 0);
```

(2) 若对象数组所属类含有单个参数的构造函数，如上例中的“Point(int c);”，该构造函数置 x 和 y 为相同的值，那么对象数组的初始化可简写为：

```
Point Line45[3] = {0, 1, 2};
Point Triangle[3] = {
0,     //调用 Point(0)
5,     //调用 Point(5)
Point(10, 0)};
```

(3) 若对象数组创建时没有初始化列表，其所属类中必须定义无参数的构造函数，在创建对象数组的每个元素时自动调用它. 如上例中在执行"Point PtArray[3];"语句时调用 Point(void)初始化对象数组 PtArray[ ]的每个对象为(0,0)。

(4) 如果对象数组所属类含有析构函数，那么每当建立对象数组时按每个元素的排列顺序调用构造函数，每当撤销数组时按相反的顺序调用析构函数。

【例 4.16】 构造函数和析构函数的执行顺序示例。

```
#include <iostream>
using namespace std;
class Personal
{
        char name[20];
    public :
```

```
        Personal(char * n)
        {
            strcpy(name , n);
            cout << name <<" says hello !\n";
        }
        ~Personal(void)
        {
            cout << name <<" says goodbye !\n";
        }
};
void main( )
{
    cout <<"创建对象数组,调用构造函数 :\n";
    Personal people[3] = {"Wang", "Li", "Zhang"};
    cout <<"撤销对象数组,调用析构函数 :\n";
}
```

该程序的输出结果如下：

```
创建对象数组,调用构造函数:
Wang says hello !
Li says hello !
Zhang says hello !
撤销对象数组,调用析构函数:
Zhang says goodbye !
Li says goodbye !
Wang says goodbye !
```

4.9 对象指针

4.9.1 指向对象的指针

在建立对象时编译系统会为每一个对象分配一定的存储空间，以存放其成员。对象空间的起始地址就是对象的指针。

用户可以定义一个指针变量用来存放对象的指针。

定义指向类对象的指针变量的一般形式如下：

```
类名 *对象指针名;
```

例如：

```
class Time
{
    public :
```

```
        int hour;
        int minute;
        int sec;
        void get_time( );
};
void Time::get_time( )
{
    cout << hour <<":"<< minute <<":"<< sec << endl;
}
```

在此基础上有以下语句：

```
Time * pt;        //定义 pt 为指向 Time 类对象的指针变量
Time t1;          //定义 t1 为 Time 类对象
pt = &t1;         //将 t1 的起始地址赋给 pt
```

这样 pt 就是指向 Time 类对象的指针。

用户可以通过对象指针访问对象和对象的成员。

例如：

```
( * pt).hour
pt -> hour
( * pt).get_time( )
pt -> get_time( )
```

pt 所指向的对象，即 t1。

pt 所指向的对象中的 hour 成员，即 t1.hour。

pt 所指向的对象中的 hour 成员，即 t1.hour 调用 pt 所指向的对象中的 get_time 函数，即 t1.get_time 调用 pt 所指向的对象中的 get_time 函数，即 t1.get_time。

【例 4.17】 对象指针示例。

```
#include < iostream >
using namespace std;
class pt_example
{
    int num;
    public:
    pt_example(int val)
    {
        num = val;
    }
    void show_num()
    {
        cout << num << endl;
    }
};
```

```
void main()
{
    pt_example *p;
    pt_example ob[2] = {pt_example(10),pt_example(20)};
    p = ob;
    p->show_num();
    p++;
    p->show_num();
    p--;
    p->show_num();
    system("pause");
}
```

程序的运行结果如图 4.13 所示。

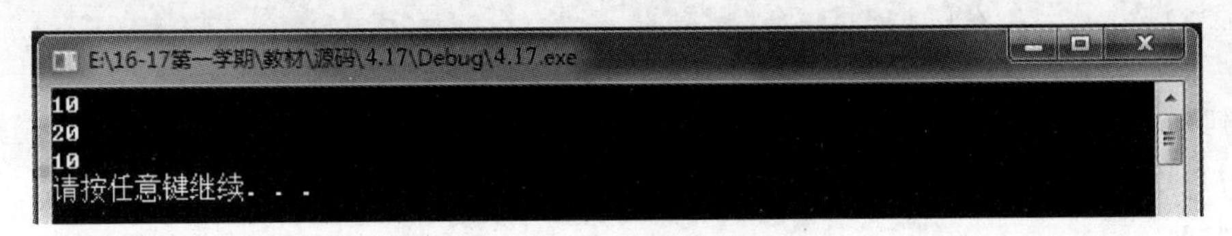

图 4.13　例 4.17 的运行结果

说明：

该程序定义了一个对象数组 ob,数组的成员为两个 pt_example 对象,以下语句定义了一个 pt_example 类型的指针,将对象数组的起始地址赋予该对象指针。

```
pt_example *p;
p = ob;
p->show_num();
```

然后调用 p-> show_num()方法输出结果。

```
p++;
p->show_num();
```

p++的意思是对象指针的地址加 1,指向对象数组的第 2 个元素,因此是对象 pt_example(20)的地址,再调用 p-> show_num()方法输出结果。

```
p--;
p->show_num();
```

p--的意思是对象指针的地址减 1,又指向对象数组的第 1 个元素,因此是对象 pt_example(20)的地址,然后调用 p-> show_num()方法输出结果。

4.9.2 指向对象成员的指针

对象有地址,对象中的成员也有地址,存放对象初始地址的指针变量就是指向对象的指针变量，存放对象成员地址的指针变量就是指向对象成员的指针变量。

指向对象数据成员的指针定义指向对象数据成员的指针变量的方法和定义指向普通变量的指针变量方法相同。

例如：

```
int * p1;     //定义指向整型数据的指针变量
```

定义指向对象数据成员的指针变量的一般形式如下：

```
数据类型名 * 指针变量名
```

在 4.9.1 节的例子中，如果 Time 类的数据成员 hour 为公有的整型数据，则可以在类外通过指向对象数据成员的指针变量访问对象数据成员 hour。

```
p1 = &t1.hour;
//将对象 t1 的数据成员 hour 的地址赋给 p1,p1 指向 t1.hour
cout << * p1 << endl;
//输出 t1.hour 的值
```

对于指向对象成员函数的指针需要注意以下几点：

(1) 定义指向对象成员函数的指针变量的方法和定义指向普通函数的指针变量的方法有所不同。

(2) 成员函数与普通函数有一个最根本的区别，也就是它是类中的一个成员。

(3) 编译系统要求在上面的赋值语句中指针变量的类型必须与赋值号右侧函数的类型相匹配，要求在以下 3 个方面都要匹配。

- 函数参数的类型和参数个数；
- 函数返回值的类型；
- 所属的类。

定义指向公有成员函数的指针变量的一般形式如下：

```
数据类型名 (类名:: * 指针变量名)(参数表列);
```

定义指向成员函数的指针变量应该采用下面的形式：

```
void (Time:: * p2)( );
//定义 p2 为指向 Time 类中公有成员函数的指针变量
```

可以让它指向一个公有成员函数，只需把公有成员函数的入口地址赋给一个指向公有成员函数的指针变量。

使指针变量指向一个公有成员函数的一般形式如下：

```
指针变量名 = & 类名::成员函数名;
```

例如：

```
p2 = &Time::get_time;
```

【例 4.18】 有关对象指针的使用方法。

```
#include <iostream>
using namespace std;
class Time
{
    public:
        Time(int,int,int);
        int hour;
        int minute;
        int sec;
        void get_time( );
        //声明公有成员函数
};
Time::Time(int h,int m,int s)
{
    hour = h;
    minute = m;
    sec = s;
}
void Time::get_time( )
//定义公有成员函数
{
    cout << hour <<":"<< minute <<":" << sec << endl;
}
int main( )
{
    Time t1(10,13,56);
    //定义 Time 类对象 t1
    int * p1 = &t1.hour;
    //定义指向整型数据的指针变量 p1,并使 p1 指向 t1.hour
    cout << * p1 << endl;
    //输出 p1 所指的数据成员 t1.hour
    t1.get_time( );
    //调用对象 t1 的成员函数 get_time
    Time * p2 = &t1;
    //定义指向 Time 类对象的指针变量 p2,并使 p2 指向 t1
    p2 -> get_time( );
    //调用 p2 所指向对象(即 t1)的 get_time 函数
    void (Time:: * p3)( );
    //定义指向 Time 类公有成员函数的指针变量 p3
    p3 = &Time::get_time;
    //使 p3 指向 Time 类公有成员函数 get_time
    (t1. * p3)( );
    //调用对象 t1 中 p3 所指的成员函数(即 t1.get_time( ))
}
```

程序的运行结果如图 4.14 所示。

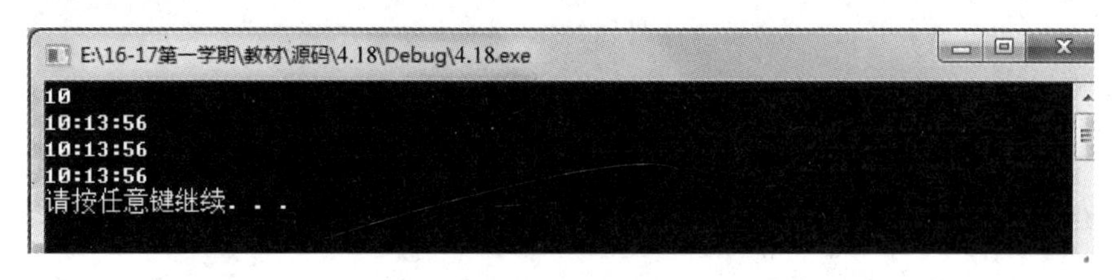

图 4.14　例 4.18 的运行结果

程序解析：

```
cout << * p1 << endl;
//输出 p1 所指的数据成员 t1.hour
```

输出结果为：

```
10
```

```
t1.get_time( );
//调用对象 t1 的成员函数 get_time
```

输出结果为：

```
10:13:56
```

```
p3 = &Time::get_time;
//使 p3 指向 Time 类公有成员函数 get_time
```

输出结果为：

```
10:13:56
```

```
void (Time:: * p3)( );
//定义指向 Time 类公有成员函数的指针变量 p3
p3 = &Time::get_time;
//使 p3 指向 Time 类公有成员函数 get_time
(t1. * p3)( );
//调用对象 t1 中 p3 所指的成员函数(即 t1.get_time( ))
```

输出结果为：

```
10:13:56
```

说明：可以看到为了输出 t1 中 hour、minute 和 sec 的值，可以采用 3 种不同的方法。

(1) 从 main 函数(p3＝&Time::get_time;)可以看出成员函数的入口地址的正确写法是“& 类名::成员函数名”。

(2) 在 main 函数中

```
void (Time:: * p3)( );
//定义指向 Time 类公有成员函数的指针变量 p3
p3 = &Time::get_time;
//使 p3 指向 Time 类公有成员函数 get_time
```

可以合写为一行：

```
void (Time:: * p3)( ) = &Time::get_time;      //定义指针变量时指定其指向
```

4.9.3 this 指针

前面曾经提到，每个对象中的数据成员分别占有存储空间，如果对同一个类定义了 n 个对象，则有 n 组同样大小的空间以存放 n 个对象中的数据成员。

但是，不同对象调用同一个函数代码段。

那么，当不同对象的成员函数引用数据成员时怎么能保证引用的是所指定对象的数据成员呢？

【例 4.19】 this 指针举例。

```
#include < iostream >
using namespace std;
class Point{
        int x, y;
    public:
        Point(int a, int b)
        {
            x = a;
            y = b;
        }
        void MovePoint( int a, int b)
        {
            x += a;
            y += b;
        }
        void print()
        {
            cout <<"x = "<< x <<"y = "<< y << endl;
        }
} ;
void main( )
{
    Point point1(10,10),point2(20,20);
    point1.MovePoint(2,2);
    point2.MovePoint(3,3);
    point1.print( );
    point2.print();
}
```

对于上面程序中定义的 Point 类，定义了两个同类对象 Point1、Point2。

当对象 Point1 调用 MovePoint(2,2)函数时即将 Point1 对象的地址传递给了 this 指针。

MovePoint 函数的原型应该是"void MovePoint(Point * this,int a,int b);"，第 1 个参数是指向该类对象的一个指针，在定义成员函数时没有看见它是因为这个参数在类中是隐含的。这样 point1 的地址传递给了 this，所以在 MovePoint 函数中便显式地写成：

```
void MovePoint(int a,int b)
{
    this->x += a;
    this->y += b;
}
```

可以知道，point1 调用该函数后，也就使 point1 的数据成员被调用并更新了值。即该函数过程可以写成：

```
point1.x += a;
point2.y += b;
```

在每一个成员函数中都包含一个特殊的指针，这个指针的名字是固定的，称为 this。它是指向本类对象的指针，它的值是当前被调用成员函数所在的对象的起始地址。

例如，当调用成员函数 point1.MovePoint 时编译系统就把对象 point1 的起始地址赋给 this 指针。

于是在成员函数引用数据成员时就按照 this 的指向找到对象 point1 的数据成员。

可以用 * this 表示被调用成员函数所在的对象，* this 就是 this 所指向的对象，即当前的对象。

4.10　对象成员

在类定义中使用的类类型的数据成员称为对象成员。使用对象成员的类在创建该类的对象时所使用的构造函数和普通构造函数的定义是有区别的。

对象成员示例如下：

```
class string
{
    private:
        char * str;
    public:
        string(char * s)        //创建新对象时使用
        {
            str = new char[strlen(s) + 1];
            strcpy(str,s);
        }
        string(string &a)       //用对象初始化新对象时使用
```

```
        {
            str = new char[strlen(a.str) + 1];
            strcpy(str,a.str);
        }
        ~string()
        {
            delete str;
        }
        void show()
        {
            cout << str << endl;
        }
};
class person
{
        string name;
        char sex;
        int age;
    public:
        person(char *,int,char);
        ~person(){}
        void show();
};
```

创建一个含有对象成员的类，首先要创建各成员对象，所以调用 person 的构造函数创建 person 类的对象时首先要调用各成员对象类的构造函数来建立成员对象。在面向对象的程序设计语言中每个数据类型都可以是一个类，每个数据成员都可以看成是一个对象成员，创建一个对象要先分别创建这些隐含的成员类对象。因此，person 的构造函数应有以下形式：

```
person::person(char * nm,int ag,char sx):name(nm),age(ag),sex(sx)
{
…
}
```

一般来说，含有对象成员的类 X 的构造函数有以下形式：

```
X::X(arg1,arg2,…,argn):memb1(arg1),memb2(arg2),…,membn(argn)
{
…
}
```

其中，memb1、memb2、…、membn 为类 X 的数据成员。在调用 X::X()时，首先按各数据元素在类定义中的顺序依次调用它们的构造函数，对这些元素初始化，最后执行 X::X()的函数体。析构函数的调用顺序与此相反。

实际上，非对象成员不必这样初始化，因此 person 的构造函数可以书写如下：

```
person::person(char * nm,int ag,char sx):name(nm)
{
    age = ag;
    sex = sx;
}
```

下面给出一个完整的对象成员的例子。

【例 4.20】 对象成员示例。

```
#include< iostream >
#include< string.h >
using namespace std;
class string
{
    private:
        char * str;
    public:
        string(char * s)
        {
            str = new char[strlen(s) + 1];
            strcpy(str,s);
        }
        string(string &a)
        {
            str = new char[strlen(a.str) + 1];
            strcpy(str,a.str);
        }
        ~string()
        {
            delete str;
        }
        void show()
        {
            cout << str;
        }
};
class person
{
        string name;
        char sex;
        int age;
    public:
        person(char * xm,char xb,int nl):name(xm)
        {
            sex = xb;
            age = nl;
        }
        void show()
```

```
        {
            cout <<"name:";
            name.show();
            cout <<",age:"<< age;
            cout <<",sex:"<< sex;
        }
};
void main()
{
    person zh("zhang",name1,'m',20);
    zh.show();
    system("pause");
}
```

需要说明的是,也可以在 person 的构造函数中使用 string 对象作为参数,修改后的 person 构造函数的形式如下:

```
person(char *xm,char xb,int nl):name(xm)
{
    sex = xb;
    age = nl;
}
```

当然,主程序也要做相应的修改。修改后的主程序如下:

```
void main()
{
    string name1("zhang");
    person zh(name1,name1,'m',20);
    zh.show();
}
```

4.11 对象创建时内存的动态分配

在 C 语言中有两个函数 malloc()、free()用来为变量创建动态存储区。与之类似,在 C++语言中有两个操作符 new、delete 用来对对象进行动态存储分配和回收的操作。其一般格式如下:

```
pointer_var = new var_type;
delete pointer_var;
```

这里,pointer_var 是一个 var_type 类型的指针,var_type 可以是类类型,也可以是一般变量的类型(例如 int)。操作符 new 分配足够的存储空间存放一个 var_type 类型的对象或变量并返回其地址。delete 操作符释放指针 pointer_var 所指向的存储空间。

和 malloc()一样,若申请内存分配失败,new 返回一个空指针 NULL,因此在使用所分配的内存之前必须检查 new 生成的指针。

动态分配的管理方法使得 delete 只能与指向用 new 分配的存储空间的指针一起使用。

使用 new 与使用 malloc()相比有以下几个优点：

(1) new 自动计算待分配类型的大小，而不用使用 sizeof 操作符；

(2) 它自动返回正确的指针类型，不必进行类型转换；

(3) 可以对待分配的对象进行初始化；

(4) 它还可以重载与一个类相关的 new 和 delete。

用户可以用 new 分配数组，对于一维数组来说，其一般格式如下：

```
pointer_var = new var_type[size];
```

这里，size 指定数组中的元素个数。

【例 4.21】 动态栈对象的建立。

堆栈是一种“先进后出”或“后进先出”的存储实体。它占有一片连续的存储单元，有两个端点，一个端点是固定的，称为栈底；一个端点是活动的，称为栈顶，操作只能在栈顶进行。建立一个栈首先要开辟堆栈空间。为了指示栈顶位置还要设置一个指针，称为栈顶指针。如图 4.15 所示。

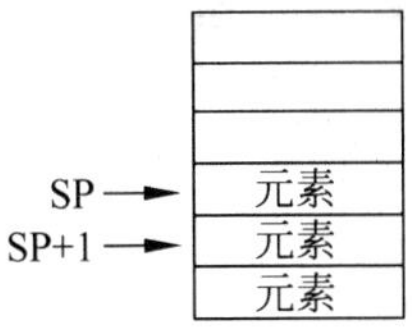

栈有两种操作，即入栈（PUSH）和出栈（POP）。初建栈时，栈顶指针 SP 指向栈底。在向栈内压入一个元素时先向栈顶写入元素，然后 SP=SP－1；在从栈内弹出一个元素时，SP=SP＋1。总之，堆栈指针总是指向栈顶，栈顶为空元素。

SP → 元素
SP+1 → 元素
元素

图 4.15 堆栈

由栈模型可知，栈有两种数据成员，即堆栈空间长度和栈顶指针。关于堆栈的操作也有两种，即入栈操作和出栈操作。

```
#include <iostream>
class stack
{
        int stacksize;
        long * buffer;
        long * sp;
    public:
        stack(int size)
        {
            stacksize = size;
            buffer = new long[size];
            sp = buffer + stacksize;
        }
        ~stack()
        {
            delete buffer;
        }
        void push(long data)
```

```
        {
            if(sp <= buffer)
                cout <<"Stack overflow! "<< endl;
            else
            {
                * sp -- = data;
                cout << data <<" is pushed. "<< endl;
            }
        }
        long pop()
        {
            if(sp >= buffer + stacksize)
        {
        cout <<"Stack is empty! "<< endl;
        return 0;
    }
    else return * ++sp;
    }
};
void main()
{
    stack * pa = new stack(10);
    //建立一个指向栈对象的指针 pa,只开辟一个栈对象的存储空间
    //用 10 初始化对象,初始化时调用构造函数
    //用构造函数创建一个长度为 10 的数组空间作为栈存储空间
    pa -> push(351);
    pa -> push(7075461);
    pa -> push(3225);
    cout << endl;
    cout << pa -> pop()<<" is popped. "<< endl;
    cout << pa -> pop()<<" is popped. "<< endl;
    cout << pa -> pop()<<" is popped. "<< endl;
    delete pa;
}
```

在这个例子中应特别注意 stack ＊pa＝new stack(10)这条语句。按照 new 运算符的格式,似乎应开辟 10 个对象的存储空间,但由于 stack 类的构造函数带有参数,因此应首先将括号中的数字作为初始化用的实参对待,即将 10 传给形参 size。如果是无参构造函数,括号中的数字才作为 new 开辟存储单元的个数起作用。

程序的运行结果如图 4.16 所示。

图 4.16　例 4.21 的运行结果

综合实例

1. 定义并测试长方形类 CRect，长方形由左上角坐标(left, top)和右下角坐标(right, bottom)组成。输出各顶点的坐标，并计算面积。

程序的运行结果如图 4.17 所示。

```
E:\16-17第一学期\教材\源码\综合实例4\Debug\综合实例4.exe
left=100
top=300
right=50
bottom=200
Area = 5000
Area = 5000
请按任意键继续. . .
```

图 4.17 综合实例 1 的运行结果

程序代码如下：

```
#include <iostream.h>
#include <math.h>
class CRect            //定义长方形类
{
    private:
            int left, top, right, bottom ;
    public:
        void setcoord(int, int, int, int);
        void getcoord(int *L, int *T, int *R, int *B)
//注意: 形参为指针变量
        {
            *L = left; *T = top;
            *R = right; *B = bottom;
        }
        void print(void)
        {
            cout <<"Area = ";
            cout << abs(right - left) *
            abs(bottom - top)<< endl;
        }
};
void CRect::setcoord(int L, int T, int R, int B)
{
    left = L;
    top = T;
    right = R;
    bottom = B;
}
```

```
void main(void)
{
    CRect r, rr;
    int a, b, c, d ;
    r.setcoord(100, 300, 50, 200);
    r.getcoord( &a, &b, &c, &d );
    //用变量的指针做参数,带回多个结果
    cout <<"left = "<< a << endl;
    cout <<"top = "<< b << endl;
    cout <<"right = "<< c << endl;
    cout <<"bottom = "<< d << endl;
    r.print( );
    rr = r;
    //对象可整体赋值
    rr.print( );
}
```

2. 定义学生类 Student,利用构造函数初始化数据成员,利用析构函数做清理工作。程序的运行结果如下:

```
Constructor Called!           //调用构造函数时的输出
040120518                     //学生的学号
George                        //学生的姓名
80                            //学生的成绩
Desturctor Called!            //调用析构函数时的输出
```

程序的代码如下:

```
#include <iostream.h>
#include <string.h>
class Student
{
    char Num[10];             //学号,注意用数组实现
    char * Name;              //姓名,注意用指针实现
    int Score;                //成绩
public:
    Student(char * nump, char * namep, int score)
    {
        if(nump)              //在构造函数中不需要动态申请 Num 成员的空间
        {
            strcpy(Num, nump);
        }
        else
            strcpy(Num, "");

if(namep)                     //在构造函数中需动态申请 Name 成员的空间
        {
            Name = new char[strlen(namep) + 1];
```

```
            strcpy(Name, namep);
        }
        else Name = 0;

Score = score;
        cout <<"Constructor Called!\n";
    }
    ~Student( )                    //在析构函数中需释放 Name 成员的空间
    {
        if(Name) delete [ ] Name;
        cout <<"Desturctor Called!\n";
    }
    void Show( )
    {
        cout << Num << endl;
        cout << Name << endl;
        cout << Score << endl;
    }
};
void main( )
{
    Student a("040120518", "George", 80);
    a.Show( );
}
```

3. 定义一个"平面坐标点"类,测试复制构造函数的调用。

程序的运行结果如下:

```
6, 8 Copy - initialization Constructor Called.
4, 7 Copy - initialization Constructor Called.
Point: 6, 8
Point: 6, 8
Point: 4, 7
Point: 4, 7
4, 7 Destructor Called.        //撤销 P4
6, 8 Destructor Called.        //撤销 P3
4, 7 Destructor Called.        //撤销 P2
6, 8 Destructor Called.        //撤销 P1
```

程序的代码如下:

```
#include < iostream >
using namespace std;
class Point
{
    int x, y;
public:
    Point(int a = 0, int b = 0)                    //默认构造函数
    {
```

```
        x = a; y = b;
    }
    Point(Point &p);                    //复制构造函数的原型说明
    ~Point( )                           //析构函数
    {
        cout << x <<','<< y <<" Destructor Called.\n" ;
    }
    void Show( )
    {
        cout <<"Point: "<< x <<','<< y << endl;
    }
    int Getx( )
    {
        return x;
    }
    int Gety( )
    {
        return y;
    }
};
Point::Point(Point &p)                  //定义复制构造函数
{
    x = p.x;
    y = p.y;
    cout << x <<','<< y <<" Copy - initialization Constructor Called.\n";
}
void main( )
{
    Point p1(6, 8), p2(4, 7);
    Point p3(p1);                       //A 调用复制构造函数
    Point p4 = p2;                      //B 调用复制构造函数
    p1.Show( );
    p3.Show( );
    p2.Show( );
    p4.Show( );
}
```

本章小结

面向对象编程简称 OOP 技术，是开发应用程序的一种新方法、新思想，本章介绍了类和对象的概念，即类是对象概念在面向对象编程语言中的反映，是相同对象的集合。对象是具有数据、行为和标识的编程结构。

习题

一、选择题

1. 关于 this 指针的使用说法正确的是(　　)。

　A. 保证每个对象拥有自己的数据成员,但共享处理这些数据的代码

　B. 保证基类私有成员在子类中可以被访问

　C. 保证基类保护成员在子类中可以被访问

　D. 保证基类公有成员在子类中可以被访问

2. 下列不能作为类的成员的是(　　)。

　A. 自身类对象的指针　　B. 自身类对象

　C. 自身类对象的引用　　D. 另一个类的对象

3. 假定 AA 为一个类,a()为该类的公有函数成员,x 为该类的一个对象,则访问 x 对象中函数成员 a()的格式为(　　)。

　A. x.a　　B. x.a()　　C. x->a　　D. (*x).a()

4. 下列关于对象概念的描述错误的是(　　)。

　A. 对象就是 C 语言中的结构变量

　B. 对象代表着正在创建的系统中的一个实体

　C. 对象是类的一个变量

　D. 对象之间的信息传递是通过消息进行的

二、填空题

1. 每个对象都是所属类的一个________。

2. 在定义类的动态对象数组时系统只能够自动调用该类的________构造函数对其进行初始化。

3. 假如一个类的名称为 MyClass,在使用这个类的一个对象初始化该类的另一个对象时可以调用________构造函数完成此功能。

4. 在面向对象的程序设计中将一组对象的共同特性抽象出来形成________。

5. 在定义类动态对象数组时元素只能靠自动调用该类的________进行初始化。

三、改错题

1.

```
#include <iostream>
using namespace std;
class Test
{
    private:
    int x,y = 20;
    public:
    Test(int i,int j)
    {
        x = i,y = j;
```

```
    }
    int getx()
    {
        return x;
    }
    int gety()
    {
        return y;
    }
};
void main()
{
    Test mt(10,20);
    cout << mt.getx()<< endl;
    cout << mt.gety()<< endl;
}
```

2.

```
#include < iostream >
using namespace std;
class Test
{
    int x,y;
    public:
    fun(int i,int j)
    {
        x = i;
        y = j;
    }
    show()
    {
        cout <<"x = "<< x;
        if(y)
        cout <<",y = "<< y << endl;
        cout << endl;
    }
};
void main()
{
    Test a;
    a.fun(1);
    a.show();
    a.fun(2,4);
    a.show();
}
```

四、简答题

1. 简述面向对象的概念及其特征。

2. 简述构造函数和析构函数的功能。

五、程序题

1. 在下面程序的画线处填上适当的语句，使该程序的执行结果为40。

```
#include <iostream>
using namespace std;
class Test
{
    public:
    ________;
    Test (int i = 0)
    {
        x = i + x;
    }
    int Getnum()
    {
        return Test::x + 7;
    }
};
________;
void main()
{
    Test test;
    cout << test.Getnum()<< endl;
}
```

2. 给出下面程序的输出结果。

```
#include <iostream>
using namespace std;
class Test
{
    int x,y;
    public:
    Test(int i,int j = 0)
    {
        x = i;
        y = j;
    }
    int get(int i,int j)
    {
        return i + j;
    }
};
void main()
{
```

```
    Test t1(2),t2(4,6);
    int (Test:: * p)(int, int = 10);
    p = Test::get;
    cout <<(t1. * p)(5)<< endl;
    Test  * p1 = &t2;
    cout <<(p1 -> * p)(7,20)<< endl;
}
```

第5章 关于类和对象的进一步讨论

本章学习目标：

- 掌握类的封装性概念；
- 掌握作用域与可见性；
- 理解并会用友元；
- 理解模板的概念。

5.1 类的封装性

5.1.1 公用接口与私有实现的分离

C++的封装性是把数据和有关这些数据的操作封装在一个类中，或者说类的作用是把数据和算法封装在用户声明的抽象数据类型中。

实际上，用户往往并不关心类的内部是如何实现的，而只需知道调用哪个函数会得到什么结果，或者能实现什么功能。类似于电视机类，用户只需知道如何用，而不用去关心它内部的电路板是如何工作的。所以在声明了一个类以后，用户主要通过调用公有的成员函数来实现类提供的功能（例如对数据成员设置值、显示数据成员的值、对数据进行加工等）。因此，公有成员函数是用户使用类的公有接口（public interface），或者说是类的对外接口。

当然并不是必须要把所有成员函数都指定为public（公有）的，如果指定为private，这时这些成员函数就不是公有接口了。

在类中被操作的数据是私有的，实现的细节对用户来说是隐蔽的，这种实现称为私有实现（private implementation）。这种“类的公有接口与私有实现的分离”形成了信息隐蔽。在类外虽然不能直接访问私有数据成员，但可以通过调用公有成员函数来引用甚至修改私有数据成员。

软件工程的一个最基本的原则就是将接口与实现分离，信息隐蔽是软件工程中的一个非常重要的概念。它的好处如下：

（1）如果想修改或扩充类的功能，只需修改本类中有关的数据成员和与它有关的成员函数，程序中类外的部分不必修改。

（2）如果在编译时发现类中的数据读写有错，不必检查整个程序，只需检查本类中访问这些数据的少数成员函数。

5.1.2 类声明和成员函数定义的分离

1. 类声明和成员函数分离的一般做法

在面向对象的程序开发中，一般做法是将类的声明(其中包含成员函数的声明)放在指定的头文件中，如果用户想用该类，只要把有关的头文件包含进来即可。

由于在头文件中包含了类的声明，因此在程序中就可以用该类来定义对象。由于在类体中包含了对成员函数的声明，在程序中就可以调用这些对象的公有成员函数。

为了实现信息隐蔽，对类成员函数的定义一般不放在头文件中，而放在另一个文件中。

【例 5.1】 类声明和成员函数定义分离的例子。

可以分别写两个文件 student.h 和 student.cpp，为了组成一个完整的源程序，还应当包括主函数的源文件 main.h。其编译环境的解决方案资源管理器如图 5.1 所示。

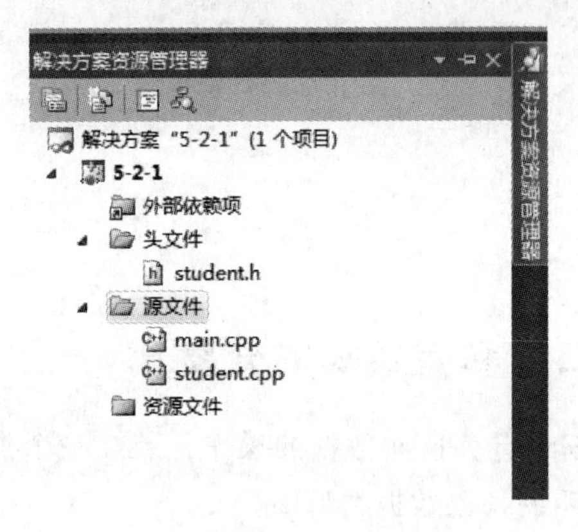

图 5.1 例 5.1 的解决方案资源管理器

代码如下：

```
//student.h (这是头文件,在此文件中进行类的声明)
class Student
//类的声明
{
    public :
        void display( );
        //公有成员函数的原型声明
    private :
        int num;
        char name[20];
        char sex;
};
//student.cpp
//在此文件中进行函数的定义
#include < iostream >
#include "student.h"
```

```
//不要漏写此行,否则编译通不过
void Student::display()
//在类外定义 display 类函数
{
    cout <<"num:"<< num << endl;
    cout <<"name:"<< name << endl;
    cout <<"sex:"<< sex << endl;
}
//main.cpp 主函数模块
#include < iostream >
#include "student.h"
//将类声明头文件包含进来
int main( )
{
    Student stud;
    //定义对象
    stud.display( );
    //执行 stud 对象的 display 函数
    system("pause");
    return 0;
}
```

该例中包括 3 个文件 student. h、student. cpp 和 main. cpp，其中有两个文件模块，一个是主模块 main. cpp，一个是成员函数定义模块 student. cpp，在主模块中又包含头文件 student. h。

在预编译时会将头文件 student. h 中的内容取代"#include "student. h""行。

注意：由于将头文件 student. h 放在用户的当前目录中，因此在文件名两侧用双撇号包围起来("student. h")而不用尖括号(< student. h >)，否则编译时会找不到此文件。

如图 5.2 所示，主模块和成员函数定义文件经过编译后形成目标模块 main. obj 和 student. obj。这些目标模型需要经过链接才能形成可执行文件 main. exe。

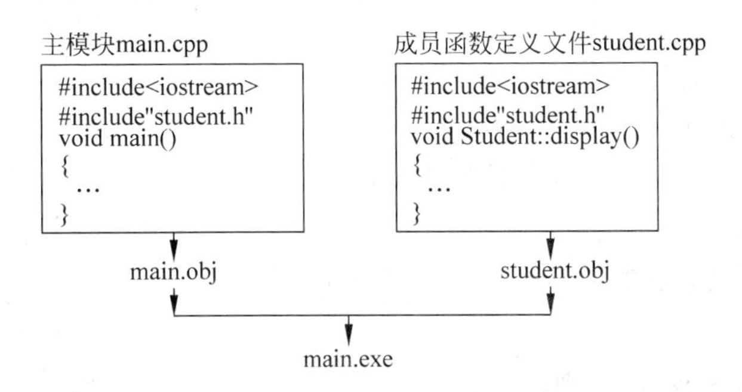

图 5.2　主模块和成员函数定义文件链接形成目标模块

2. 类库的作用

如果一个类声明了多次并且被不同的程序所共享，不必每次都对包含成员函数定义的源文件(如上面的 student. cpp)进行重复编译，而只需编译一次即可，方法是把第一次编译后形成的目标文件保存起来，以后在需要时把它调出来直接与程序的目标文件相链接即可。这和使用函数库中的函数是类似的，这也是把成员函数的定义不放在头文件中的一个好处。

在实际工作中并不是将一个类声明做成一个头文件，而是将若干个常用的功能相近的类声明集中在一起，形成类库。在程序开发工作中类库是很有用的，它可以减少用户自己对类和成员函数进行定义的工作量。

开发商把用户所需的各种类的声明按类放在不同的头文件中，同时对包含成员函数定义的源文件进行编译，得到成员函数定义的目标代码。

软件商向用户提供这些头文件和类实现的目标代码(不提供函数定义的源代码)。用户在使用类库中的类时只需将有关头文件包含到自己的程序中，并且在编译后链接成员函数定义的目标代码即可。

由于类库的出现，用户可以像使用零件一样方便地使用在实践中积累的通用的或专用的类，这就大大减少了程序设计的工作量，有效地提高了工作效率。

3. 类库的定义

类库包括以下两个组成部分：

(1) 类声明头文件；

(2) 已经过编译的成员函数的定义，它是目标文件。

用户只需把类库装入到自己的计算机系统中(一般装到 C++编译系统所在的子目录下)，并在程序中用#include 命令行将有关的类声明的头文件包含到程序中，就可以使用这些类和其中的成员函数顺利地运行程序。

这和在程序中使用 C++系统提供的标准函数的方法是一样的，例如用户在调用 sin 函数时只需将包含声明此函数的头文件(math.h)包含到程序中即可调用该库函数，而不必了解 sin 函数是怎么实现的(函数值是怎样计算出来的)。

当然，前提是系统已经装了标准函数库。在用户源文件经过编译后与系统库(目标文件)相链接。

在用户程序中包含类声明头文件，类声明头文件就成为用户使用类的公有接口，在头文件的类体中还提供了成员函数的原型声明，用户只有通过头文件才能使用有关的类。

用户看得见和接触到的是这个头文件，任何要使用这个类的用户只需包含这个头文件即可。包含成员函数定义的文件就是类的实现。

请特别注意，类声明和函数定义一般分别放在两个文本中。由于要求接口与实现分离，为软件开发商向用户提供类库创造了很好的条件。

5.2 作用域和可见性

作用域讨论的是标识符的有效范围，可见性讨论的是标识符是否可以被引用。

5.2.1 标识符的作用域

作用域是一个标识符在程序正文中的有效区域。C++中标识符的作用域有函数原型作用域、局部作用域(又称为块作用域)、类作用域和命名空间作用域。

1. 函数原型作用域

在函数原型中一定要包含形参的类型说明。在函数原型声明中形式参数的作用范围就是函数原型作用域。其作用域始于"(",结束于")"。

例如有以下函数声明:

```
double Area(double radius);
```

说明:

(1) 标识符 radius 的作用域就是函数 area 形参列表的左、右括号之间。

(2) 程序的其他地方不能引用这个标识符,即不能用于程序正文的其他地方,因而可有可无,所以标识符 radius 的作用域称为函数原型作用域。

注意:由于在函数原型的形参列表中起作用的只是形参类型,标识符不起作用,因此是允许省略的。但是考虑到程序的可读性,通常要在函数原型声明中给出形参标识符。

2. 块作用域

在块中声明的标识符,其作用域自声明处起,限于块中,例如:

```
void fun(int a)
{   int b = a;                             ┐
    cin >> b;                  ┐           │
    if (b > 0)                 │           │
    {                          │           │
        int c;  ┐ c 的作用域   ├ b 的作用域 ├ a 的作用域
        …       ┘              ┘           │
    }                                      ┘
}
```

函数形参列表中形参的作用域,从形参列表中的声明处开始,到整个函数结束处为止。因此形参 a 的作用域从 a 的声明处开始,直到 fun 函数的结束处为止。在函数体内声明的变量,其作用域从声明处开始,一直到声明所在的块结束的大括号为止。所谓的块,就是一对大括号括起来的一段程序。

3. 类作用域

类体由一组类成员组成,类作用域作用于特定的成员名。

类 X 的成员 M 具有类作用域,对 M 的访问方式如下:

(1) 如果在 X 的成员函数中没有声明同名的局部作用域标识符,那么在该函数内可以访问成员 M。

(2) 通过表达式 x.M 或者 X::M 访问,X::M 的方式用于访问静态成员。

(3) 通过类似 ptr-> M 这样的表达式,其中 ptr 为指向 X 类的一个对象的指针。

【例 5.2】 类作用域示例。

```
#include <iostream>
using namespace std;
class A
{public:
    A(int i,int j):x(i),y(j)
       { }
    void print()
     {
       int x = 1;
       cout << x <<" "<< y << endl;
     }
   private: int x,y;
};
void main()
{   A obj(2,3);
    obj.print();
    //cout << obj.x << endl;      //出错
}
```

最后一行 obj. x 的写法错误,在类体外不能直接访问类的私有数据成员 x。

4. 命名空间作用域

首先需要介绍命名空间的概念,一个大型的程序通常由不同的模块构成,不同的模块有可能是由不同的人员开发的。不同模块中的类和函数之间可能发生混淆,这样就会引发错误。比如,上海和武汉都有南京路,如果在缺少上下文的情况下直接说南京路,就会产生歧义,但如果说上海的南京路或武汉的南京路,歧义就会消除。命名空间就是起到了这样的作用。

命名空间的语法形式如下:

```
namespace 命名空间名{
命名空间内的各种声明(函数声明、类声明等)
}
```

一个命名空间确定了一个命名空间作用域,凡是在该命名空间之内声明的不属于前面所述各个作用域的标识符都属于该命名空间作用域。在命名空间内部可以直接引用当前命名空间中声明的标识符,如果要引用其他命名空间的标识符,需要使用下面的语法:

```
命名空间名::标识符名
```

例如:

```
namespace SomeNs{
    class SomeClass{ … };
};
```

如果要引用类名 SomeClass,需要使用下面的方式：

```
SomeNs::SomeClass obj1;      //声明一个 SomeNs: : SomeClass 型的对象 obj1
```

在标识符前总使用这样的命名空间限定会显得过于冗长,为了解决这一问题,C++提供了 using 语句,using 语句有下面两种形式。

(1) using 命名空间名::标识符名;

(2) using namespace 命名空间名。

C++标准程序课的所有标识符都被声明在 std 命名空间中,前面用到的 cin、cout、endl 等标识符都是如此,因此在前面的程序中都使用了 using namespace std。如果去掉这条语句,则引用相应的标识符需要使用 std::cin、std::cout、std::endl 这样的语法。

此外还有两类特殊的命名空间——全局命名空间和匿名命名空间。全局命名空间是默认的命名空间,在显式声明的命名空间之外声明的标识符都在一个全局命名空间中。匿名命名空间是一个需要显式声明的没有名字的命名空间,声明方式如下：

```
namespace{
匿名命名空间内的各种声明(函数声明、类声明等)
}
```

【例 5.3】 作用域示例。

```
#include <iostream>
using namespace std;
int i;
//在全局命名空间中的全局变量
namespace Ns{
int j;
}
int main()
{
    i = 5;
    //为全局变量 i 赋值
    Ns::j = 6;
    //为全局变量 j 赋值
    {
        using namespace Ns;
        //使得在当前块中可以直接引用 Ns 命名空间的标识符
        int i
        //局部变量,局部作用域
        i = 7;
        cout <<"i = "<< i << endl;
        cout <<"j = "<< j << endl;
    }
    cout <<"i = "<< i << endl;
    return 0;
}
```

程序的运行结果如图 5.3 所示。

图 5.3　例 5.3 的运行结果

5.2.2　可见性

可见性是从标识符的引用角度来谈的概念，即研究标识符在其作用域内能否被访问到的问题。为了理解可见性，先看不同作用域之间的关系。命名空间的作用域最大，其次是类作用域和局部作用域。图 5.4 描述了作用域的一般关系。

标识符在其作用域内能被访问到的位置称其为可见的，不能被访问到的位置称其为不可见的。

当内层标识符与外层标识符同名时，内层标识符可见，外层标识符不可见。对于变量，内层变量屏蔽外层同名变量。

如果函数内的局部变量与全局变量同名，且在函数内一定要使用这个同名全局变量，可以用作用域运算符“::”指定要访问的全局变量。

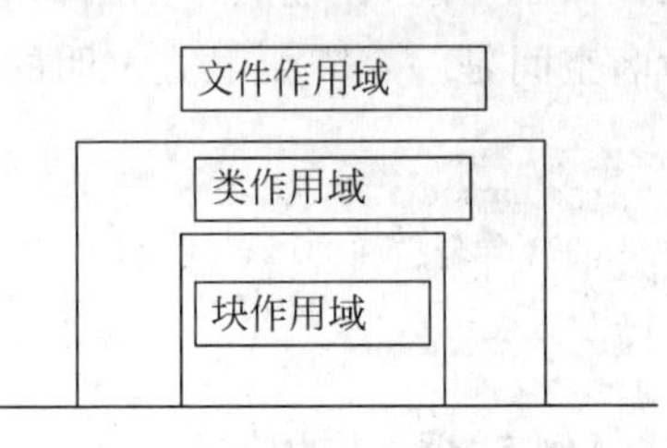

图 5.4　作用域关系图

【例 5.4】　可见性示例。

```
#include<iostream.h>
int k = 1;          //全局变量
void main()
{     int k = 2;
      {   int  k = 3;
          cout <<"k = "<<::k << endl;
          cout <<"k = "<< k << endl;
      }
      cout <<"k = "<< k << endl;
}
```

程序的运行结果如下：

```
k = 1
k = 3
k = 2
```

作用域可见性的一般规则如下：

(1) 标识符应该先声明，后使用。

(2) 在同一作用域中不能声明同名的标识符。

(3) 不同作用域中可以有同名标识符,互不影响。

(4) 对于两个嵌套的作用域,如果某个标识符在外层中声明,且在内层中没有同一标识符的声明,则该标识符在内层可见;如果在内层作用域内声明了与外层作用域中同名的标识符,则外层作用域的标识符在内层不可见。

5.2.3 程序实体的生存期

每个程序实体在程序执行中都有从被创建到被撤销的一段时间,这段时间就称为该程序实体的生存期。在生存期内程序实体的标识符与它的存储区相关联。因此,程序实体的生存期由系统为其分配的内存方式所决定。C++为程序实体提供了4种内存分配方式,即静态分配(编译器预分配)、栈分配(自动分配)、堆分配(动态分配)、只读分配。

1. 静态分配

系统可以为每个程序开辟一个固定的静态数据区,存于这个区域中的程序实体在编译时即被预分配存储空间,并且在程序开始执行时就被创建,一直到程序结束才被撤销,故称为永久存储。静态分配的特点是与程序共存亡,具有静态生存期。这种分配适合于那些在程序中用得不多但要为多个函数共用的程序实体。

2. 栈分配

栈是系统为程序开辟的活动存储区,它是程序使用的最频繁的存储区。一个实体一旦在一个函数内部或一个块内部声明,系统便在栈中创建它们,当该块或函数执行结束时将其撤销。这种程序实体具有局部生存期,即它与所在的块共存亡。这种分配适合于那些在程序中使用频繁的程序实体,随建随撤,节省空间。

3. 动态分配

动态分配将产生一种完全由程序员控制生存的程序实体。在C++中程序员可以利用专门的运算符 new 和 delete 来创建和撤销程序实体。

4. 只读分配

用 const 声明的程序实体可以认为被创建在程序的只读存储区中。

其作用域实际上就是程序实体的作用范围,而在此范围外该程序实体是不可见的。C++的这种特性使得在同一个程序中使用两个名字相同的程序实体成为可能,只要这两个程序实体的作用域不同即可。

5.2.4 C++的存储属性

存储属性是对作用域和生存期的抽象。C++的存储属性有4种,即auto(自动)、register(寄存器)、extern(外部)、static(静态)。

在声明和定义程序实体时可使用上述关键字来说明程序实体的存储属性,其格式如下:

```
存储属性 类型 标识符 = 初始化表达式;
```

1. auto 型

属于 auto 型的程序实体称为自动程序实体，它采用的是栈分配存储模式。在 C++ 中 auto 可以不写，即程序实体的默认方式为 auto。例如：

```
auto int a;        //等价于 int a
```

在 C++ 中以自动型变量用得最多，它的作用域具有局部属性，即从定义点开始至本函数（或块）结束。其生存期自然也随函数（或块）的销毁而销毁。因此通常称其为局部变量，它具有动态生存期。

2. register 型

register 型程序实体和 auto 型程序实体的作用相同，只不过其采用的是寄存器存储模式，执行速度较快。当寄存器全部被占用后，余下的 register 型程序实体自动成为 auto 型的。只有整型程序变量可以成为真正的 register 型变量。

3. extern 型

用 extern 声明的程序实体称为外部程序实体，它是为配合全局变量的使用而定义的。所谓外部变量，就是在块外保持不变，并不因块内发生变化而影响到块外。例如：

```
#include<iostream>
using namespace std;
int a = 7;      //定义全局变量
int main()
{
    extern int a;
    //声明 a 引用的是全局变量,a = 7
    cout << a << endl;
    {
        int a = 3;
        //屏蔽了全局变量 a
        cout << a << endl;
        //a = 3
    }
    extern int a;
    cout << a << endl;
    //a = 7
    return 0;
}
```

由于使用外部变量容易造成程序的混淆，故现在很少使用。在面向对象的程序设计语言中更是不允许使用外部变量。

4. static 型

用 static 声明的程序实体称为静态程序实体，它们有以下特点：

(1) 静态程序实体是永久存储，其生存期是静态的。它的初始化是在编译时进行的，在整个程序运行期间都存在。

(2) 静态程序实体的生存期虽然是永久的，但其作用域却可以是局部的，当然也可以是全局的。

C++的存储属性如表 5.1 所示。

表 5.1　C++的存储属性

存储属性	register	auto	static	extern
存储位置	寄存器	主存		
生存期	动态生存期		永久生存期	
作用域	局部		局部或全局	全局

5.3　类的静态成员

静态成员的提出是为了解决数据共享的问题。实现共享有许多方法，例如设置全局性的变量或对象是一种方法。但是，全局变量或对象有局限性。本节重点介绍用类的静态成员实现数据的共享。

在类中静态成员可以实现多个对象之间的数据共享，并且使用静态数据成员不会破坏隐藏的原则，即保证了安全性。因此，静态成员是类的所有对象中共享的成员，而不是某个对象的成员。

使用静态数据成员可以节省内存，因为它是所有对象公有的，因此对多个对象来说，静态数据成员只存储一处，供所有对象共用。静态数据成员的值对每个对象都一样，但它的值是可以更新的。只要对静态数据成员的值更新一次，保证所有对象存取更新后的值相同，这样可以提高时间效率。

静态成员就是与该类相关的，是类的一种行为，而不是与该类的实例对象相关。

5.3.1　类静态成员

静态数据成员的用途之一是统计有多少个对象实际存在。

当将类的某个数据成员声明为 static 时，该静态数据成员只能被定义一次，而且要被同类的所有对象共享。各个对象都拥有类中每一个普通数据成员的副本，但静态数据成员只有一个实例存在，与定义多少类没有关系。

静态数据成员不能在类中初始化，实际上类定义只是在描述对象的蓝图，在其中指定初值是不允许的，也不能在类的构造函数中初始化该成员，因为静态数据成员为类的各个对象共享，否则每次创建一个类的对象时静态数据成员都要被重新初始化。

静态成员不可以在类体内赋值，因为它是被所有该类的对象共享的。用户在一个对象里给它赋值，其他对象里的该成员也会发生变化。为了避免混乱，不可以在类体内进行赋值。

静态成员的值对所有对象都是一样的。静态成员可以被初始化，但只能在类体外进行初始化。初始化的一般形式如下：

```
数据类型类名::静态数据成员名 = 初值
```

注意：不能用参数初始化表对静态成员初始化，一般系统默认初始为 0。

静态成员是类所有对象的共享成员，而不是某个对象的成员。它在对象中不占用存储空间，这个属性为整个类共有，不属于任何一个具体对象，所以静态成员不能在类的内部初始化。例如声明一个学生类，其中一个成员为学生总数，则这个变量就应当声明为静态变量，应该根据实际需求来设置成员变量。

例如以下代码：

```
#include <iostream>
using namespace std;
class test
{
    private:
        int x;
        int y;
    public:
        static int num;
        static int Getnum()
        {
            x += 5;
//这行代码是错误的，静态成员函数不能调用非静态数据成员，要通过类的对象调用
            num += 15;
            return num;
        }
};
    int test::num = 10;
    //静态数据成员 num 在类外实现时无须加 static 关键字
int main(void)
{
    test a;
    cout << test::num << endl;       //10
    test::num = 20;
    cout << test::num << endl;       //20
    cout << test::Getnum() << endl;  //35
    cout << a.Getnum() << endl;      //50
    system("pause");
    return 0;
}
```

静态函数成员必须通过对象名访问非静态数据成员。

另外，静态成员函数在类外实现时无须加 static 关键字，否则是错误的。

若在类的体外实现上述那个静态成员函数，不能加 static 关键字，可以写成如下形式：

```
int test::Getnum()
//在类体外实现静态成员函数,不能加 static 关键字
{
…
}
```

说明：

(1) static 成员的所有者是类本身和对象，但是多有对象拥有一样的静态成员，从而在定义对象时不能通过构造函数对其进行初始化。

(2) 静态成员不能在类定义里边初始化，只能在 class body 外初始化。

(3) 静态成员仍然遵循 public、private、protected 访问准则。

(4) 静态成员函数没有 this 指针，它不能返回非静态成员，因为除了对象会调用它外，类本身也可以调用。

5.3.2 类静态成员函数

函数也可以定义为静态的，在类中所声明函数的前面加上 static 就成了静态成员函数。和静态数据成员一样，静态成员函数是类的一部分，而不是对象的一部分。

静态成员函数可以直接访问该类的静态数据和函数成员，而访问非静态数据成员必须通过参数传递的方式得到一个对象名，然后通过对象名来访问。

与静态数据成员不同，静态成员函数的作用不是为了对象之间的沟通，而是为了能处理静态数据成员。

前面曾指出，当调用一个对象的成员函数(非静态成员函数)时系统会把该对象的起始地址赋给成员函数的 this 指针。

静态成员函数并不属于某一对象，它与任何对象都无关，因此静态成员函数没有 this 指针。

既然它没有指向某一对象，就无法对一个对象中的非静态成员进行默认访问(即在引用数据成员时不指定对象名)。可以说，静态成员函数与非静态成员函数的根本区别是非静态成员函数有 this 指针，而静态成员函数没有 this 指针，由此决定了静态成员函数不能访问本类中的非静态成员。

静态成员函数可以直接引用本类中的静态数据成员，因为静态成员同样是属于类的，可以直接引用。

【例 5.5】 静态成员函数的例子。

```
#include <iostream>
using namespace std;
class Student
//定义 Student 类
{
    public :
        Student(int n,int a,float s):num(n),age(a),score(s){ }
        //定义构造函数
        void total( );
```

```
        static float average( );
        //声明静态成员函数
    private :
        int num;
        int age;
        float score;
        static float sum;
        //静态数据成员
        static int count;           //静态数据成员
};
void Student::total( )              //定义非静态成员函数
{
    sum += score;
    //累加总分
    count++;
    //累计已统计的人数
}
float Student::average( )
//定义静态成员函数
{
    return (sum/count);
}
float Student::sum = 0;
//对静态数据成员初始化
int Student::count = 0;
//对静态数据成员初始化
int main( )
{
    Student stud[3] = {
    //定义对象数组并初始化
    Student(1001,18,70), Student(1002,19,78), Student(1005,20,98) };
    int n;
    cout <<"please input the number of students:";
    cin >> n;                       //输入需要求前面多少名学生的平均成绩
    for(int i = 0;i < n;i++)        //调用 3 次 total 函数
    stud[i].total( );
    cout <<"the average score of "<< n <<" students is "<< Student::average( )<< endl;
    //调用静态成员函数
    return 0;
}
```

程序的运行结果如图 5.5 所示。

```
E:\16-17第一学期\教材\源码\5.5\Debug\5.5.exe
please input the number of students:3
the average score of 3 students is82
请按任意键继续. . .
```

图 5.5 例 5.5 的运行结果

说明：

(1) 在主函数中定义了 stud 对象数组，为了使程序简练，只定义它含 3 个元素，分别存放 3 个学生的数据。

该程序的作用是先求用户指定的 n 名学生的总分，然后求平均成绩(n 由用户输入)。

(2) 在 Student 类中定义了两个静态数据成员 sum(总分)和 count(累计需要统计的学生人数)，这是由于这两个数据成员的值是需要进行累加的，它们并不是只属于某一个对象元素，而是由各对象元素共享。可以看出，它们的值是在不断变化的，而且无论对哪个对象元素而言都是相同的，并且始终不释放内存空间。

(3) total 是公有的成员函数，其作用是将一个学生的成绩累加到 sum 中。

公有的成员函数可以引用本对象中的一般数据成员(非静态数据成员)，也可以引用类中的静态数据成员。

score 是非静态数据成员，sum 和 count 是静态数据成员。

(4) average 是静态成员函数，它可以直接引用私有的静态数据成员(不必加类名或对象名)，函数返回成绩的平均值。

(5) 在 main 函数中，引用 total 函数要加对象名，引用静态成员函数 average 要用类名或对象名。

(6) 如果不将 average 函数定义为静态成员函数可以吗？程序能否通过编译？需要做什么修改？为什么要用静态成员函数？请分析其理由。

(7) 如果想在 average 函数中引用 stud[1]的非静态数据成员 score，应该怎样处理？以上是在例 5.5 的基础上顺便说明静态成员函数引用非静态数据成员的方法，以帮助读者理解。

在 C++程序中最好养成这样的习惯，即只用静态成员函数引用静态数据成员，不引用非静态数据成员。

5.4 友元

友元包括友元函数和友元类。

5.4.1 友元函数

通常，类的私有成员只能由本类的成员访问，就好像自己家的秘密只有自己家里人知道一样。外部函数只能访问类的成员函数，就好像外人只能与家里的人接触，但却不能接触到家里的秘密一样。不过，和有时候家里的秘密也可以让最信赖的朋友知道一样，类的私有成员也可以让被看作是“朋友”的外部函数来访问，这样的外部函数称为该类的友元函数。

1. 为什么要引入友元函数

具体来说，引入友元函数是为了使其他类的成员函数直接访问该类的私有变量。

即允许外面的类或函数访问类的私有变量和保护变量，从而使两个类共享同一个函数。

引入友元函数的目的是在实现类之间数据的共享时减少系统开销，提高效率。但是友元函数破坏了封装机制，所以尽量不使用友元函数，除非在不得已的情况下才使用友元函数。

2. 在什么时候使用友元函数

在以下情况下使用友元函数：

(1) 在运算符重载的某些场合需要使用友元。

(2) 在两个类要共享数据的时候。

3. 友元函数的位置

因为友元函数是类外的函数，所以它的声明可以放在类的私有段或公有段，并且两者没有区别。

4. 友元函数的调用

用户可以直接调用友元函数，不需要通过对象或指针。

【例 5.6】 友元函数示例。

```
#include<iostream>
#include<string.h>
using namespace std;
class girl;
//对 girl 类的提前引用声明
class boy
{
        char *name;
        int age;
    public:
        boy(char *n,int a)
        {
            name=n;
            age=a;
        }
        ~boy(){}
        void disp(girl &);
        //disp 是成员函数,形参是 girl 类对象的引用
};
class girl
{
        char *name, *dial;
    public:
        girl(char *n,char *d)
        //类 girl 的构造函数
        {
            name=n;
            dial=d;
        }
```

```
    ~girl(){}
    friend void boy::disp(girl &);
    //声明 boy 中的 disp 函数为友元成员函数
};
void boy::disp(girl &x)
{
    cout <<"Boy\'s name: "<< name <<",age: "<< age << endl;
    //引用 boy 类对象中的私有数据
    cout <<"Girl\'s name: "<< x.name <<",tel: "<< x.dial << endl;
    //引用 girl 类对象中的私有数据
}
void main()
{
    boy a("Bill",25);
    //定义 boy 类对象 a
    girl b("Eluza", "0351-7075416");
    //定义 girl 类对象 b
    a.disp(b);
    //调用 a 中的 display 函数,实参是 girl 类对象 b
}
```

程序的运行结果如图 5.6 所示。

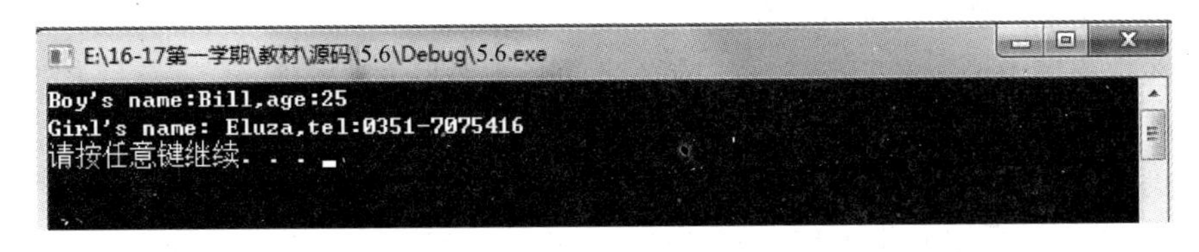

图 5.6　例 5.6 的运行结果

在本例中定义了两个类 boy 和 girl。

程序第 4 行是对 girl 类的声明：

```
class girl;
```

因为在 boy 类中对 disp 函数的声明和定义中要用到类名 girl,而对 girl 类的定义却在其后面。

那么能否将 girl 类的声明提到前面来呢？也不行,因为在 girl 类中又用到了 boy 类,也要求先声明 boy 类才能使用它。

为了解决这个问题,C++允许对类做"提前引用"的声明,即在正式声明一个类之前先声明一个类名,表示此类将在稍后声明。

程序第 4 行就是提前引用声明,它只包含类名,不包括类体。

如果没有第 4 行,程序编译就会出错。

注意：*在这里简要介绍有关对象提前引用的知识。*

(1) 在一般情况下,对象必须先声明,然后才能使用。但是在特殊情况下(如上面例子所示的那样),在正式声明类之前需要使用该类名。

应当注意，类的提前声明的使用范围是有限的。

只有在正式声明一个类后才能用它去定义类对象。

如果在程序第4行的后面增加以下行会出错：

```
girlb;      //企图定义一个对象会在编译时出错
```

(2) 因为在定义对象时要为这些对象分配存储空间，在正式声明类之前编译系统无法确定应为对象分配多大的空间。

编译系统只有在“见到”类体后才能确定应该为对象预留多大的空间。

在对一个类做了提前引用声明后可以用该类的名字去定义指向该类型对象的指针变量或对象的引用变量(如在本例中定义了girl类对象的引用变量)。

这是因为指针变量和引用变量本身的大小是固定的，与它所指向的类对象的大小无关。

(3) 注意程序是在定义boy::disp函数之前正式声明girl类的。

如果将对girl类的声明位置改到定义boy::disp函数之后，编译就会出错，因为在boy::disp函数体中要用到girl类的成员name、dial。

如果不事先声明gilr类，编译系统无法识别name、dial等成员。

在一般情况下，两个不同的类是互不相干的。

在本例中，由于在girl类中声明了boy类中的disp成员函数是girl类的“朋友”，所以该函数可以引用girl类中的所有数据。

注意在本程序中调用友元函数访问有关类的私有数据方法：

(1) 在函数名disp的前面要加disp所在的对象名(a)；

(2) disp成员函数的实参是girl类对象b，否则不能访问对象b中的私有数据；

(3) 在boy::disp函数中引用girl类私有数据时必须加上对象名，例如x.name。

5.4.2 友元类

用户不仅可以将一个函数声明为一个类的“朋友”，而且可以将一个类(例如B类)声明为另一个类(例如A类)的“朋友”，这时B类就是A类的友元类。

友元类B中的所有函数都是A类的友元函数，可以访问A类中的所有成员。

在A类的定义体中用以下语句声明B类为其友元类：

```
friend B;
```

声明友元类的一般形式如下：

```
friend 类名;
```

对于友元有两点需要说明：

(1) 友元的关系是单向的而不是双向的，并且只在两个类之间有效。若类X是类Y的友元，类Y是否为类X的友元要看在类X中是否有相应的声明，即友元关系不具有交换性。

(2) 友元的关系不能传递。若类X是类Y的友元，类Y是类Z的友元，类X不一定是类Z的友元，即友元关系也不具有传递性。

当一个类要和另一个类协同工作时使一个类成为另一个类的友元类是很有用的,这时友元类中的每一个成员都成为对方的友元函数。

在实际工作中除非有必要,一般并不把整个类声明为友元类,而只将确实有需要的成员函数声明为友元函数,这样更安全一些。

对于友元利弊的分析:面向对象程序设计的一个基本原则是封装性和信息隐蔽,而友元却可以访问其他类中的私有成员,不能不说这是对封装原则的一个小的破坏。

但是它有助于数据共享,能提高程序的效率,用户在使用友元时要注意它的副作用,不要过多地使用友元,只有在使用它能使程序精炼并能大大提高程序的效率时才用友元。

【例 5.7】 友元类示例。

```
#include<iostream>
#include<string.h>
using namespace std;
class girl;
class boy
{
        char *name;
        int age;
    public:
        boy(char *n,int a)
        {
            name=n;
            age=a;
        }
        ~boy(){}
        void disp(girl &);
        //声明 disp 函数为 boy 类的友元函数
};
class girl
{
    char *name,*dial;
    friend boy;
    //boy 类是 girl 类的友元类
    public:
    girl(char *n,char *d)
    {
        name=n;
        dial=d;
    }
    ~girl(){}
    };
    void boy::disp(girl &x)
    {
        cout<<"Boy\'s name: "<<name<<",age: "<<age<<endl;
        cout<<"Girl\'s name: "<<x.name<<",tel: "<<x.dial<<endl;
    }
    void main()
```

```
    {
        boy a("Bill",25);
        girl b("Eluza", "0351 - 7075416");
        a.disp(b);
    }
```

程序的运行结果如图 5.7 所示。

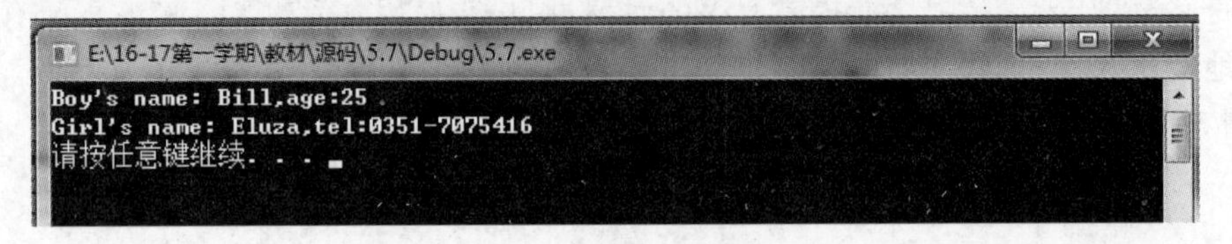

图 5.7　例 5.7 的运行结果

5.5 类模板的基本概念

对象是类的特例,类又可以看作类模板的特例。类模板也称类属类或类发生器,它们与函数模板有同样的应用目的,但也有诸多不同,主要的不同如下:

(1) 对函数模板生成的模板函数的调用是由编译器自动决定的,而对类模板的解释由程序设计者自行指明。

(2) 格式定义上有所不同。

有时两个或多个类的功能相同,仅仅是数据类型不同,例如下面的语句声明了一个类:

```
class Compare_int
{
    public :
        Compare(int a,int b)
        {
            x = a;
            y = b;
        }
        int max( )
        {
            return (x > y)?x:y;
        }
        int min( )
        {
            return (x < y)?x:y;
        }
        private :
            int x,y;
};
```

其作用是对两个整数作比较,可以通过调用成员函数 max 和 min 得到两个整数中的大者和小者。

如果想对两个浮点数(float 型)作比较,需要另外声明一个类:

```
class Compare_float
{
    public :
        Compare(float a,float b)
        {
            x = a;
            y = b;
        }
        float max( )
        {
            return (x > y)?x:y;
        }
        float min( )
        {
            return (x < y)?x:y;
        }
    private :
        float x,y;
};
```

显然这基本上是重复性的工作,应该有办法减少重复的工作。

C++在发展的后期增加了模板(template)的功能,提供了解决这类问题的途径。

用户可以声明一个通用的类模板,它可以有一个或多个虚拟的类型参数,例如对以上两个类可以综合写出以下的类模板:

```
template < class numtype >      //声明一个模板,虚拟类型名为 numtype
```

5.6　结构体和类

结构是 C 语言的一部分,C++从 C 中继承了结构,在语法上类与结构十分相似,在关系上这两者也很接近。在 C++中结构的作用被扩宽了,进而使结构成为类的一种替代方法。实际上,类与结构的唯一区别是在默认状态下结构的所有成员都是公有的,除此之外,类与结构是等价的,也就是说一个结构定义了一个类的类型。

C++同时包含了两个等价的关键字 struct 和 class 有 3 个方面的原因:

(1) 加强结构的能力。在 C 中结构提供一种数据分组的方法,因而让结构包含成员函数是一个小小的改进。

(2) 由于类和结构是相互关联的,所以现有的 C 代码到 C++的移植变得更容易。

(3) 由于类与结构的等价性,提供两个不同的关键字可以使类定义自由发展,为了保持 C++与 C 的兼容性,C++保留了 C 语言中的 struct 关键字。

【例 5.8】 结构体和类示例。

```
struct location
{
    private:
        int x,y;
    public:
        location(int x1,int y1)
        {
            x = x1;
            y = y1;
        }
        int getx()
        {
            return x;
        }
        int gety()
        {
            return y;
        }
};
void main()
{
    location a(5,2);
    cout << a.getx()<<" "<< a.gety()<< endl;
}
```

程序的运行结果如图 5.8 所示。

图 5.8　例 5.8 的运行结果

在这个例子中,struct 和 class 没有任何区别。它们唯一的区别就是进行成员的属性(私有或公有)说明时默认情况下的成员在 struct 定义的类中是公有的,而在 class 定义的类中是私有的。

从某种意义上来说,struct 和 class 是等价的。一般在仅描述数据时使用结构,而在既要描述数据又要描述对数据的操作时使用类。

5.7 联合体和类

1. 什么是联合

和结构一样,联合体也是一种特殊的类类型,联合体用 union 来定义,也是一种构造类型的数据结构。在一个"联合"内可以定义多种不同的数据类型,它也可以带成员函数。在一个被说明为该"联合"类型的变量中允许装入该"联合"所定义的任何一种数据,这些数据共享同一段内存,已达到节省空间的目的(还有一个节省空间的类型——位域)。这是一个非常特殊的地方,也是联合的特征。另外,和 struct 一样,联合默认访问权限必须是公有的,不允许用 private 来修饰。

2. 联合与结构的区别

"联合"与"结构"有一些相似之处,但两者有本质上的不同。在结构中各成员有各自的内存空间,一个结构变量的总长度是各成员长度之和(空结构除外,并且不考虑边界调整)。在"联合"中各成员共享一段内存空间,一个联合变量的长度等于各成员中最长的长度。应该说明的是,这里所谓的共享不是指把多个成员同时装入一个联合变量内,而是指该联合变量可以被赋予任一成员值,但每次只能赋一种值,赋入新值则冲去旧值。

【例 5.9】 联合体的例子。

```
#include <stdio.h>
void main()
{
    union number
    //定义一个联合
    {
        int i;
        struct
        //在联合中定义一个结构
    {
        char first;
        char second;
    }half;
    }num;
num.i = 0x4241;
//联合成员的赋值
printf("%c%c\n", num.half.first, num.half.second);
num.half.first = 'a';
//联合中结构成员的赋值
num.half.second = 'b';
printf("%x\n", num.i);
getchar();
}
```

程序的运行结果如图 5.9 所示。

图 5.9　例 5.9 的运行结果

从上例结果可以看出,当给 i 赋值后其低 8 位也就是 first 和 second 的值;当给 first 和 second 赋字符后这两个字符的 ASCII 码将作为 i 的低 8 位和高 8 位。

3. 如何定义联合体

例如:

```
union test
{
    test() { }
    int office;
    char teacher[5];
};
```

其定义了一个名为 test 的联合类型,含有两个成员,一个为整型,成员名为 office; 另一个为字符数组,数组名为 teacher。在联合定义之后即可进行联合变量说明,被说明为 test 类型的变量可以存放整型量 office 或存放字符数组 teacher。

5.8 共享数据的保护

虽然数据隐藏保证了数据的安全性,但各种形式的数据共享又不同程度地破坏了数据的安全,因此对于既需要共享又需要防止改变的数据应该声明为常量。因为常量在程序运行期间是不可以改变的,所以可以有效地保护数据。在 C 语言中,对于简单数据类型常量,在声明对象时也可以用 const 进行修饰,称之为常对象。本节介绍常对象、对象的常成员、常引用、常数组和常指针。

5.8.1 常对象

常对象的数据成员值在对象的整个生存期内不能被改变。也就是说,常对象必须进行初始化,而且不能被更新。

声明常对象的语法形式如下:

```
const 类型说明符 对象名
```

例如:

```
class A
{   public:
        A(int i,int j)
        {
            x=i;
            y=j;
        }
    private:
        int x,y;
```

```
};
A const a(3,4);      //a 是常对象,不能被更新
```

与基本数据类型的常量相似,常对象的值也是不能被改变的。在C++的语法中对基本数据类的常量提供了可靠的保护。如果程序中出现了类似于下面这样的语句,在编译时会出错。也就是说在语法检查时要确保常量不能被赋值。

```
const int n = 10;       //正确,对常量 n 进行初始化
n = 20;                 //错误,不能对常量赋值
```

5.8.2　用 const 修饰的类成员

1. 常成员函数

使用 const 关键字修饰的函数为常成员函数,常成员函数的声明格式如下:

```
类型说明符 函数名(参数表)const;
```

说明:

(1) 如果将一个对象说明为常对象,则通过该常对象只能调用它的常成员函数,而不能调用其他成员函数(这是C++对常对象的保护,也是常对象唯一的对外接口方式)。

(2) 无论是否通过常对象调用常成员函数,在常成员函数调用期间目标对象都被视为常对象,因此常成员函数不能更新目标对象的数据成员,也不能针对目标对象调用该类中没有用 const 修饰的成员函数,这样保证了在常成员函数中不会更改目标对象的数据成员的值。

(3) const 关键字可以被用于参与重载函数的区分,例如:

```
void print();
void print() const;
//这是对 print 的有效重载
```

【例 5.10】 常成员函数示例。

```
#include <iostream>
using namespace std;
class R
{
    public:
        R(int r1, int r2)
        {
            R1 = r1;
            R2 = r2;
        }
        void print()
```

```
        {
            cout << R1 <<":"<< R2 << endl;
        }
        void print() const
        {
            cout << R1 <<";"<< R2 << endl;
        }
    private:
        int R1,R2;
};
void main()
{
    R a(5,4);
    a.print(); //调用普通成员函数
    R const b(20,52);
    b.print(); //调用常成员函数
    system("pause");
}
```

程序的运行结果如图 5.10 所示。

图 5.10　例 5.10 的运行结果

说明：在 R 类中说明了两个同名函数 print，其中一个是常函数。在主函数中定义了两个对象 a 和 b，其中对象 b 是常对象。通过对象 a 调用的是没有用 const 修饰的函数，而通过对象 b 调用的是用 const 修饰的常函数。

2. 常数据成员

和一般数据一样，类的成员函数也可以是常量，使用 const 说明的数据成员为常数据成员。如果在一个类中说明了常数据成员，那么在任何函数中都不能对该成员赋值。若构造函数对该数据成员进行初始化，则只能通过初始化列表。

【例 5.11】 常数据成员举例。

```
#include <iostream>
using namespace std;
class A
{
public:
    A(int i);
    void print();
private:
```

```
    const int a;
    static const int b;
    //静态常数据成员
};
const int A::b = 10;
//静态常数据成员在类外说明和初始化
A::A(int i):a(i)
//常数据成员只能通过初始化列表获得初值
{
}
void A::print()
{
    cout << a <<":"<< b << endl;
}
int main()
{
/* 建立对象 a 和 b,初值为 100 和 0,分别调用构造函数,通过构造函数的初始化列表给对象的常数
据成员赋初值 */
    A a1(100),a2(10);
    a1.print();
    a2.print();
    system("pause");
    return 0;
}
```

程序的运行结果如图 5.11 所示。

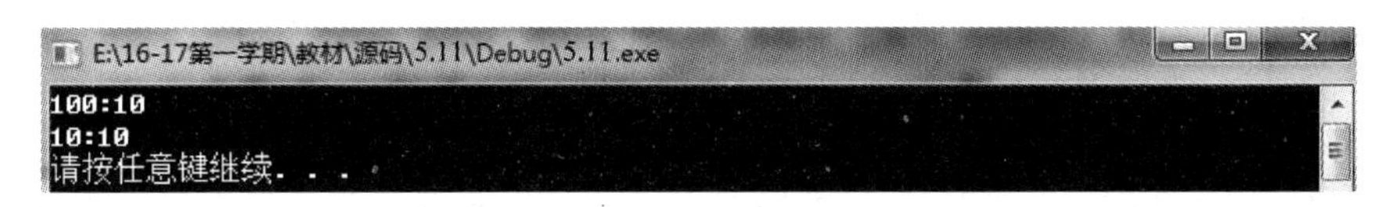

图 5.11　例 5.11 的运行结果

5.8.3　常引用

如果在声明引用时用 const 修饰,被声明的引用就是常引用。常引用所引用的对象不能被更新。如果用常引用做形参,便不会意外地发生对实参的更改。

常引用的声明形式如下:

```
const 类型说明符 & 引用名;
```

非 const 的引用只能绑定到普通的对象,而不能绑定到常对象,但常引用可以绑定到常对象。一个常引用无论是绑定到一个普通的对象,还是绑定到常对象,当通过该引用访问该对象时只能把该对象当成常对象。这意味着对于基本数据类型的引用,不能为数据赋值,对于类类型的引用,不能修改它的数据成员,也不能调用它的非 const 的成员函数。

【例 5.12】 常引用做形参。

```
#include<iostream>
#include<cmath>
using namespace std;
class Point
{
public:
    Point(int x = 0,int y = 0):x(x),y(y){}
    int getX()
    {
        return x;
    }
    int getY()
    {
        return y;
    }
    friend float dist(const Point &p1,const Point &p2);
private:
    int x,y;
};
float dist(const Point &p1,const Point &p2)
{
    double x = p1.x - p2.x;
    double y = p1.y - p2.y;
    return static_cast<float>(sqrt(x * x + y * y));
}
int main()
{
    const Point myp1(1,1),myp2(4,5);
    cout <<"The distance is :";
    cout << dist(myp1,myp2)<< endl;
    system("pause");
    return 0;
}
```

程序的运行结果如图 5.12 所示。

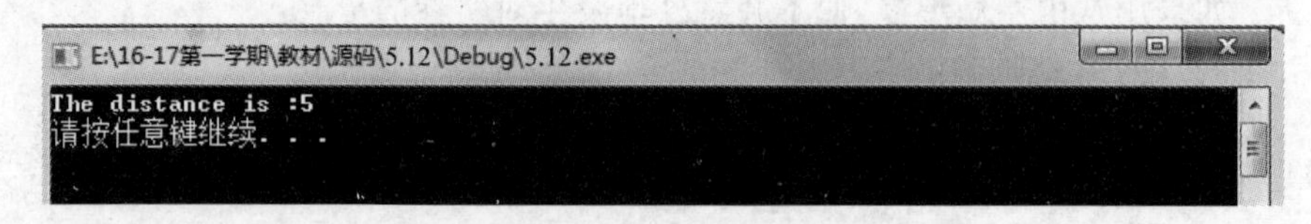

图 5.12 例 5.12 的运行结果

说明：由于在 dist 函数中无须修改两个传入对象的值，因此将传参方式改为传递常引用更合适，这样在调用 dist 函数时就可以用常对象作为其参数。

5.8.4 指向对象的常指针

若将指针变量声明为 const 型，则指针值始终保持为其初值，不能改变。

例如：

```
Time t1(10,12,15),t2;
//定义对象
Time * const ptr1;
//const 位置在指针变量名前面，规定 ptr1 的值是常值
ptr1 = &t1;
//ptr1 指向对象 t1，此后不能再改变指向
ptr1 = &t2;
//错误，ptr1 不能改变指向
```

定义指向对象的常指针的一般形式为“类名 * const 指针变量名；”，也可以在定义指针变量时使之初始化，例如将上面的第 2 行和第 3 行合并为：

```
Time * const ptr1 = &t1;
//指定 ptr1 指向 t1
```

注意：

(1) 指向对象的常指针变量的值不能改变，即始终指向同一个对象，但可以改变其所指向对象(如 t1)的值。

(2) 如果想将一个指针变量固定地与一个对象相联系(即该指针变量始终指向一个对象)，可以将它指定为 const 型指针变量。

(3) 往往用常指针作为函数的形参，目的是不允许在函数执行过程中改变指针变量的值，使其始终指向原来的对象。

5.8.5 指向常对象的指针变量

为了更容易理解指向常对象的指针变量的概念和使用，首先了解指向常变量的指针变量，然后进一步研究指向常对象的指针变量。

下面定义了一个指向常变量的指针变量：

```
ptr: const char * ptr;
```

注意 const 的位置在最左侧，它与类型名 char 紧紧相连，表示指针变量 ptr 指向的 char 变量是常变量，不能通过 ptr 改变其值。

定义指向常变量的指针变量的一般形式如下：

```
const 类型名 * 指针变量名;
```

说明：

(1) 如果一个变量已被声明为常变量，只能用指向常变量的指针变量指向它，而不能用

一般的(指向非 const 型变量的)指针变量去指向它。

(2) 指向常变量的指针变量除了可以指向常变量外,还可以指向未被声明为 const 的变量。

此时不能通过此指针变量改变该变量的值。

如果希望在任何情况下都不改变 c1 的值,应该把它定义为 const 型。

(3) 如果函数的形参是指向非 const 型变量的指针,实参只能用指向非 const 变量的指针,而不能用指向 const 变量的指针,这样在执行函数的过程中可以改变形参指针变量所指向的变量(也就是实参指针所指向的变量)的值。

如果函数的形参是指向 const 型变量的指针,在执行函数过程中显然不能改变指针变量所指向的变量的值,因此允许实参是指向 const 变量的指针或指向非 const 变量的指针。

5.9 类模板的进一步讨论

有时两个或多个类的功能相同,仅仅是数据类型不同,例如下面的语句声明了一个类:

```
class Compare //类模板名为 Compare
{
    public :
        Compare(numtype a,numtype b)
        {
            x = a;
            y = b;
        }
        numtype max( )
        {
            return (x > y)?x:y;
        }
        numtype min( )
        {
            return (x < y)?x:y;
        }
    private :
        numtype x,y;
};
```

定义一个类模板与定义一个模板函数的格式相同,必须以关键字 template 开始,后面是尖括号括起来的类型参数表列,然后是类名:

```
template < class TYPE >
class 类名{
…
};
```

说明:

(1) TYPE 是类型参数名,在建立类对象时编译系统会用实际类型取代所有的 TYPE。

例如上面的例子中，TYPE 为 numtype，在建立类对象时如果将实际类型指定为 int 型，编译系统就会用 int 取代所有的 numtype，如果指定为 float 型，就用 float 取代所有的 numtype。原有的类型名 int 被换成虚拟类型参数名 numtype。

这样就能实现"一类多用"。

（2）由于类模板包含类型参数，因此又称为参数化的类。如果说类是对象的抽象，对象是类的实例，则类模板是类的抽象，类是类模板的实例。利用类模板可以建立含各种数据类型的类。

在声明了一个类模板之后怎样使用它？怎样使它变成一个实际的类？

先回顾一下用类定义对象的方法：

```
Compare_int cmp1(4,7);      //Compare_int 是已声明的类
```

用类模板定义对象的方法与此相似，但是不能直接写成：

```
Compare cmp(4,7);
```

Compare 是类模板名，而不是一个具体的类，类模板体中的类型 numtype 并不是一个实际的类型，而只是一个虚拟的类型，无法用它去定义对象。

通常必须用实际类型名取代虚拟的类型，具体的做法如下：

```
Compare < int > cmp(4,7);
```

即在类模板名之后的尖括号内指定实际的类型名，在进行编译时编译系统就用 int 取代类模板中的类型参数 numtype，这样就把类模板具体化了，或者说实例化了。

这时 Compare < int >相当于前面介绍的 Compare_int 类。

【例 5.13】 关于类模板的一个完整的例子。

声明一个类模板，利用它分别实现两个整数、浮点数和字符的比较，求出大数和小数。

代码如下：

```
#include < iostream >
using namespace std;
template < class numtype >
//定义类模板
class Compare
{
    public :
        Compare(numtype a,numtype b)
        {
            x = a;
            y = b;
        }
        numtype max( )
        {
            return (x > y)?x:y;
        }
```

```
            numtype min( )
            {
                return (x<y)?x:y;
            }
        private :
            numtype x,y;
    };
    int main( )
    {
    Compare<int> cmp1(3,7);
    //定义对象 cmp1,用于两个整数的比较
    cout<<cmp1.max( )<<" is the Maximum of two integer numbers."<<endl;
    cout<<cmp1.min( )<<" is the Minimum of two integer numbers."<<endl<<endl;
    Compare<float> cmp2(45.78,93.6);
    //定义对象 cmp2,用于两个浮点数的比较
    cout<<cmp2.max( )<<" is the Maximum of two float numbers."<<endl;
    cout<<cmp2.min( )<<" is the Minimum of two float numbers."<<endl<<endl;
    Compare<char> cmp3('a','A');
    //定义对象 cmp3,用于两个字符的比较
    cout<<cmp3.max( )<<" is the Maximum of two characters."<<endl;
    cout<<cmp3.min( )<<" is the Minimum of two characters."<<endl;
    system("pause");
    return 0;
}
```

程序的运行结果如图 5.13 所示。

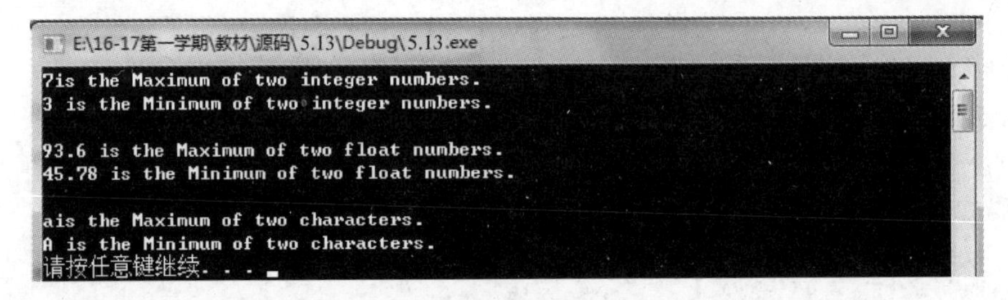

图 5.13 例 5.13 的运行结果

还有一个问题需要说明,上面列出的类模板中的成员函数是在类模板内定义的。如果改为在类模板外定义,不能用一般定义类成员函数的形式:

```
numtype Compare::max( ) {…}        //不能这样定义类模板中的成员函数
```

而应当写成类模板的形式:

```
template<class numtype>
numtype Compare<numtype>::max( )
{
    return (x>y)?x:y;
}
```

归纳以上介绍，可以这样声明和使用类模板：

(1) 先写出一个实际的类。

由于其语义明确、含义清楚，一般不会出错。

(2) 将此类中准备改变的类型名（如 int 要改变为 float 或 char）改用一个自己指定的虚拟类型名（如上例中的 numtype）。

(3) 在类声明前面加入一行，格式如下：

```
template <class 虚拟类型参数>
```

例如：

```
template <class numtype >         //注意本行末尾无分号
class Compare
{…};                              //类体
```

(4) 在使用类模板定义对象时用以下形式：

```
类模板名<实际类型名> 对象名;
类模板名<实际类型名> 对象名(实参表列)
```

例如：

```
Compare < int > cmp;
Compare < int > cmp(3,7);
```

(5) 如果在类模板外定义成员函数，应写成类模板形式：

```
template <class 虚拟类型参数>
函数类型 类模板名<虚拟类型参数>::成员函数名(函数形参表列) {…}
```

说明：

(1) 类模板的类型参数可以有一个或多个，在每个类型前面都必须加 class，例如：

```
template <class T1,class T2 >
class someclass
{…};
```

在定义对象时分别代入实际的类型名，例如：

```
someclass < int,double > obj;
```

(2) 和使用类一样，在使用类模板时要注意其作用域，只能在其有效作用域内用它定义对象。

(3) 模板可以有层次，一个类模板可以作为基类派生出派生模板类。

综合实例

用友元类实现学生成绩信息的输出，其输出结果如下：

```
姓名  成绩  等级
张三  78    中
李四  92    优
王五  62    及格
孙六  88    良
```

程序的代码如下：

```
#include <iostream.h>
#include <string.h>
#include <iomanip.h>
class student
{char name[8];
int deg;
char level[7];
friend class process;      //说明友元类
public:
student(char na[],int d)
{
    strcpy(name,na);
    deg = d;
}
};
class process
{
    public:
    void trans(student &s)
    {
    int i = s.deg/10;
    switch(i)
    {
        case 9:
        strcpy(s.level, "优");break;
        case 8:
        strcpy(s.level,"良");break;
        case 7:
        strcpy(s.level,"中");break;
        case 6:
        strcpy(s.level,"及格");break;
        default:
        strcpy(s.level,"不及格");
    }
    }
```

```
    void show(student &s)
    {
        cout << setw(10)<< s.name << setw(4)<< s.deg << setw(8)<< s.level << endl;
    }
};
void main()
{
    student st[] = {student("张三",78),student("李四",92),student("王五",
    62),student("孙六",88)};
    process p;
    cout <<"结 果:"<<"姓名"<< setw(6)<<"成绩"<< setw(8)<<"等级"<< endl;
    for(int i = 0;i < 4;i++)
    {
        p.trans(st[i]);
        p.show(st[i]);
    }
}
```

本章小结

本章主要讲解了类的封装性、作用域与可见性、友元的概念、类模板的概念及其应用，以及共享数据的保护、联合体与类、结构体与类等概念。

习题

一、选择题

1. 所谓数据封装，就是将一组数据和与这组数据有关的操作组装在一起形成一个实体，这个实体也就是(　　)。

A. 类　　B. 对象　　C. 函数体　　D. 数据块

2. 在类中说明的成员可以使用关键字的是(　　)。

A. public　　B. extern　　C. cpu　　D. register

二、填空题

1. 函数模板中紧随 template 之后的尖括号内的类型参数都要冠以保留字________。

2. 如果把返回值为 void 的函数 A(　　)声明为 B 类的友元函数，则应在类 B 的定义中加入语句________。

三、简答题

1. 什么是作用域？有哪几种类型的作用域？

2. 什么叫可见性？可见性的一般规则是什么？

四、改错题

1.

```
#include <iostream.h>
class A
{
    int i;
    public:
    virtual void fun() = 0;
    A(int a)
    {
        i = a;
    }
};
class B:public A
{
    int j;
    public:
    void fun()
    {
        cout <<"B::fun()\n";
    }
    B(int m,int n = 0):A(m),j(n){}
};
void main()
{
    A *pa;
    B b(7);
    pa = &b;
}
```

2.

```
#include <iostream.h>
class X
{
    public:
    int x;
    public:
    X(int x)
    {
        cout << this->x = x << endl;
    }
    X(X&t)
    {
        x = t.x;
        cout << t.x << endl;
    }
```

```
    void fun(X);
};
void fun(X t)
{
    cout << t.x << endl;
}
void main()
{
    fun(X(10));
}
```

3.

```
#include <iostream.h>
#include <string.h>
class Bas
{
    public:
    Bas(char * s = "\0")
    {
        strcpy(name,s);
    }
    void show();
    protected:
    char name[20];
};
Bas b;
void show()
{
    cout <<"name:"<< b.name << endl;
}
void main()
{
    Bas d2("hello");
    show();
}
```

五、程序题

在下面程序的横线处填上适当语句,使该程序的执行结果如下:

```
50 4 34 21 10
0 7.1 8.1 9.1 10.1 11.1
```

```
#include <iostream.h>
template <class T>
void f (__________)
{__________;
for (int i = 0;i < n/2;i++)
```

```
t = a[i], a[i] = a[n - 1 - i], a[n - 1 - i] = t;
}
void main ()
{
    int a[5] = {10,21,34,4,50};
    double d[6] = {11.1,10.1,9.1,8.1,7.1};
    f(a,5);f(d,6);
    for (int i = 0;i < 5;i++)
    cout << a[i]<<"";
    cout << endl;
    for (i = 0;i < 6;i++)
    cout << d[i] <<"";
    cout << endl;
}
```

第 6 章 运算符的重载

本章学习目标：

- 掌握运算符重载的一般概念；
- 掌握多种运算符重载的实现。

在 FORTRAN、Pascal 和 C 等早期的程序设计语言中，运算符有预先规定的用法。但对于较复杂的运算，有时候用现有的运算符难以描述，这时往往通过定义函数的方式完成运算。

在 C++中，系统允许用户重新定义大多数已有的运算符，以使这些运算符就像处理 C++的基本数据类型那样以一种自然的方式处理程序员定义的类类型。

6.1 运算符重载的一般概念

1. 什么是运算符重载

所谓重载，就是重新赋予新的含义，使之实现新功能。

运算符也可以重载。实际上，我们已经在不知不觉之中使用了运算符重载。

对于表达式 5＋7 来说，编译器在处理它时并不需要知道符号“＋”表示什么意思，它可以将这个表达式解释成函数调用的形式：

```
operator + (5,7)
```

这类似于函数 add(5,7)完成的功能。不过，这里的 operator＋(5,7)调用形式和普通的函数调用是不同的，一般称之为运算符重载，它是 C++的一种特殊调用形式。

在 C++中 operator 是关键字，它经常和 C++中的一个运算符联用，表示一个运算符函数名，也称重载运算符函数。重载运算符函数可以完成和运算符同样的功能，但功能更强。

可见，运算符重载是通过重载函数完成的。

2. 运算符重载的作用

运算符重载的目的在于使用现有的运算符作用于更加复杂的运算对象。例如，对于两个浮点数的加法可以用普通运算符完成：

```
float x = 2.0, y = 3.0, z;
z = x + y;
```

但如果需要运算的对象x、y是两个字符串或两个结构类型的变量，显然x+y就不合适了。不过，运用操作符重载也可以使这样的表达式合法化。

下面的程序用于说明重载函数operator+()，使它可以按对复数进行加操作的语义执行两个复数的加操作。

也就是说，现在要讨论的问题是用户能否根据自己的需要对C++已提供的运算符进行重载，赋予它们新的含义，使之一名多用。例如能否用“+”号进行两个复数的相加。在C++中不能在程序中直接用运算符“+”对复数进行相加运算，用户必须自己设法实现复数的相加。例如用户可以通过定义一个专门的函数实现复数的相加，也可以采用运算符重载的方法实现复数的相加。

3. 运算符重载的定义格式

运算符重载的方法是定义一个重载运算符的函数，在需要执行被重载的运算符时系统自动调用该函数，以实现相应的运算。也就是说运算符重载是通过定义函数实现的。运算符重载实际上是函数的重载。

重载运算符的函数的一般格式如下：

```
函数类型 operator 运算符名称(形参表列)
{
    对运算符的重载处理
}
```

例如想将“+”用于Complex类(复数)的加法运算，函数的原型可以如下：

```
Complex operator + (Complex& c1,Complex& c2);
```

【例6.1】 使用函数实现复数的相加。

```
#include < iostream.h >
class complex
{
    float real;
    float imag;
    public:
    complex(float r = 0,float i = 0)
    {
        real = r;
        imag = i;
    }
    void show()
    {
        cout << real <<" + "<< imag <<"j"<< endl;
    }
```

```
    complex complex_add(complex &c);
};
complex complex::complex_add(complex &c)
{
    Complex c;
    c.real = real + c2.real;
    c.imag = imag + c2.imag;
    return c;
}
void main()
{
    complex x(5,2);
    complex y(4,3);
    complex z;
    z = x.complex_add(y);
    z.show();
}
```

程序的输出结果如下：

```
9 + 5j
```

【例 6.2】 改写例 6.1,重载运算符"+",使之能用于两个复数的相加。

```
#include< iostream >
using namespace std;
class complex
{
    float real;
    float imag;
    public:
    complex(float r = 0,float i = 0)
    {
        real = r;
        imag = i;
    }
    void show()
    {
        cout << real <<" + "<< imag <<"j"<< endl;
    }
    complex operator + (complex &c);
};
complex complex::operator + (complex &c)
{
    float r,i;
    r = real + c.real;
    i = imag + c.imag;
    return complex(r,i);
}
```

```
void main()
{
    complex x(5,2);
    complex y(4,3);
    complex z;
    z = x + y;
    z.show();
    system("pause");
}
```

程序的输出结果如下：

```
9 + 5j
```

这表明语句 z＝x＋y 完成了对复数的加运算。这个语句的执行过程可以解释成：

```
z = operator + (x,y);
```

从这个程序可以看出，除了 operator＋()这种表示方法使人感到不习惯外，程序和执行过程并没有什么新的内容，核心是重载函数的调用问题。

请比较例 6.1 和例 6.2，它们只有两处不同：

(1) 在例 6.2 中以 operator＋函数取代了例 6.1 中的 complex_add 函数，而且只是函数名不同，函数体和函数返回值的类型都是相同的。

(2) 在 main 函数中以“z＝x＋y;”取代了例 6.1 中的“z＝x. complex_add(y);”。在将运算符＋重载为类的成员函数后 C++编译系统将程序中的表达式 x＋y 解释为：

```
x.operator + (y)        //其中 x 和 y 是 Complex 类的对象
```

即以 *y* 为实参调用 *x* 的运算符重载函数 operator＋(Complex &c)进行求值，得到两个复数之和。

为 complex 类重载“＋”，使程序的表达形式更自然，更符合人们的习惯，对复数 *x* 和 *y* 的加表示为 x＋y，与将两个 int 类型的变量 *a* 和 *b* 相加的表示方法没有什么区别，以如此自然的方式扩充 C++，使得刚接触 C++的人会以为 C++具有对复数进行操作的功能。

虽然重载运算符所实现的功能完全可以用函数实现，但是使用运算符重载能使用户程序易于编写、阅读和维护。在实际工作中，类的声明和类的使用往往是分离的。假如在声明 Complex 类时对运算符＋、－、*、/都进行了重载，那么使用这个类的用户在编程时可以完全不考虑函数是怎么实现的，放心大胆地直接使用＋、－、*、/进行复数的运算即可，十分方便。

对上面的运算符重载函数 operator＋还可以改写得更简练一些：

```
Complex Complex::operator + (Complex&c)
{
    returnComplex(real + c2.real, imag + c2.imag);
}
```

需要说明的是，运算符被重载后其原有的功能仍然保留，没有丧失或改变。

通过运算符重载扩大了 C++已有运算符的作用范围，使之能用于类对象。

运算符重载对 C++有重要的意义，把运算符重载和类结合起来可以在 C++程序中定义出很有实用意义且使用方便的新的数据类型。运算符重载使 C++具有更强大的功能、更好的可扩充性和适应性，这是 C++最吸引人的特点之一。

4. 运算符重载的规则

(1) C++不允许用户自己定义新的运算符，只能对已有的 C++运算符进行重载。

(2) C++允许重载的运算符。

C++中绝大部分的运算符允许重载。可以重载的运算符见表 6.1。

表 6.1 C++常用的可以重载的运算符

运 算 符	说 明
+、-、*、/	加、减、乘、除
%	取余/取模
^、&、|、~	按位异或、按位与、按位或、按位非
!、&&、||	逻辑反、逻辑与、逻辑或
=	赋值运算符
<、<=、>、>=	小于、小于等于、大于、大于等于
+=、-=、*=、/=、%=	修改和替代
<<、>>、<<=、>>=	字位左移、字位右移
==、! =、	等于、不等于
++、--	自增、自减
,	逗号运算符
->	指向结构成员的指针引用
[]	数组下标
()	括号
new、delete	new 和 delete

不能重载的运算符只有 5 个，即.（成员访问运算符）、. *（成员指针访问运算符）、::（域运算符）、sizeof（长度运算符）、?:（条件运算符）。

(3) 重载不能改变运算符运算对象（即操作数）的个数。

(4) 重载不能改变运算符的优先级别。

(5) 重载不能改变运算符的结合性。

(6) 重载运算符的函数不能有默认的参数，否则就改变了运算符参数的个数，与前面的第(3)点矛盾。

(7) 重载的运算符必须和用户定义的自定义类型的对象一起使用，其参数至少应有一个是类对象（或类对象的引用）。也就是说参数不能全部是 C++的标准类型，以防止用户修改用于标准类型数据的运算符的性质。

(8) 用于类对象的运算符一般必须重载，但有两个例外，即运算符“=”和“&”不必用户重载。

• 赋值运算符（=）可以用于每一个类对象，可以利用它在同类对象之间相互赋值。

• 地址运算符 & 也不必重载，它能返回类对象在内存中的起始地址。

(9) 应当使重载运算符的功能类似于该运算符作用于标准类型数据时所实现的功能。

(10) 运算符重载函数可以是类的成员函数(如例 6.2)，也可以是类的友元函数，还可以是既非类的成员函数也不是友元函数的普通函数。

6.2 重载运算符的实现

运算符的重载形式有以下两种：

(1) 重载为类的成员函数；

(2) 重载为类的友元函数。

6.2.1 重载为类的成员函数

运算符重载为类的成员函数的语法形式如下：

```
<函数类型> operator <运算符> (<形参表>)
{
    <函数体>;
}
```

【例 6.3】 以成员函数重载运算符重载两字符串的加法。

```
#include< iostream >
#include< string.h >
usingnamespace std;
class String
{
    char name[256];
public:
    String(char * str)
    {
        strcpy(name,str);
    }
    String(){}
    ~String(){}
    String operator + (const String &);
    void display()
    {
        cout <<"The string is :"<< name << endl;
    }
};
staticchar * str;
String String::operator + (const String& a)
{
    strcpy(str,name);
    strcat(str,a.name);
```

```
    return String(str);
}
int main()
{
    str = newchar[256];
    String demo1("Visual c++");
    String demo2("6.0");
    demo1.display();
    demo2.display();
    String demo3 = demo1 + demo2;
    demo3.display();
    String demo4 = demo3 + "programming.";
    demo4.display();
    system("pause");
    delete str;
}
```

程序的运行结果如图 6.1 所示。

```
E:\16-17第一学期\教材\源码\6.3\Debug\6.3.exe
The string is :Visual c++
The string is :6.0
The string is :Visual c++6.0
The string is :Visual c++6.0programming.
请按任意键继续. . .
```

图 6.1　例 6.3 的运行结果

【例 6.4】　定义一个 Time 类用来保存时间(时、分、秒),通过重载操作符"+"实现两个时间的相加。

```
#include < iostream >
usingnamespace std;
class Time
{
public:
    Time()
    {
        hours = 0;
        minutes = 0;
        seconds = 0;
    }
    Time(int h, int m, int s)
    {
        hours = h;
        minutes = m;
        seconds = s;
    }
    Time operator + (Time&);
```

```
    //操作符重载为成员函数,返回结果为 Time 类
    void gettime();
private:
    int hours,minutes,seconds;
};
Time Time::operator + (Time& time)
{
    int h,m,s;
    s = time.seconds + seconds;
    m = time.minutes + minutes + s/60;
    h = time.hours + hours + m/60;
    Time result(h,m % 60,s % 60);
    return result;
}
void Time::gettime()
{
    cout << hours <<":"<< minutes <<":"<< seconds << endl;
}
void main()
{
    Time t1(8,51,40),t2(4,15,30),t3;
    t1.gettime();
    t2.gettime();
    t3 = t1 + t2;
    t3.gettime();
    system("pause");
}
```

程序的运行结果如图 6.2 所示。

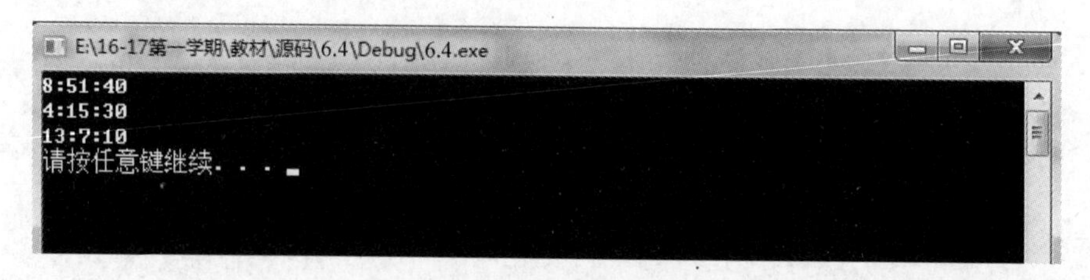

图 6.2 例 6.4 的运行结果

在该程序中对运算符"+"进行了重载,使之能用于两个字符串的相加。在该例中运算符重载函数 operator+作为 Sting 类中的成员函数。

"+"是双目运算符,那么为什么在该程序的重载函数中只有一个参数呢?实际上运算符重载函数有两个参数,由于重载函数是 Time 类中的成员函数,有一个参数是隐含的,运算符函数是用 this 指针隐式地访问类对象的成员。

可以看到,重载函数 operator+访问了两个对象中的成员,一个是 this 指针指向的对象中的成员,一个是形参对象中的成员。例如 this-> seconds+time. seconds,this-> seconds 就是 t1. seconds。

前面已经说明,在将运算符函数重载为成员函数后,如果出现含该运算符的表达式,例

如 t1+t2,编译系统把它解释为 t1. operator+(t2)。

即通过对象 t1 调用运算符重载函数,并以表达式中的第 2 个参数(运算符右侧的类对象 t2)作为函数实参。运算符重载函数的返回值是 Time 类型,返回值是 t1 与 t2 之和,即“Time(t1. seconds+t2. seconds,t1. minutes+t2. minutes+s/60,t1,hours+t2. hours+m/60”)。

6.2.2 重载为类的友元函数

运算符重载函数除了可以作为类的成员函数外,还可以是非成员函数。

运算符重载为类的友元函数的语法形式如下:

```
friend<函数类型> operator <运算符> (<形参表>)
{
    <函数体>;
}
```

【例 6.5】 下面的程序修改了例 6.4,将操作符重载为友元函数实现。

```
#include<iostream>
usingnamespace std;
class Time
{
public:
    Time()
    {
        hours = 0;
        minutes = 0;
        seconds = 0;
    }
    Time(int h,int m,int s)
    {
        hours = h;
        minutes = m;
        seconds = s;
    }
    friend Time operator + (Time&,Time&);
    //操作符重载为成员函数,返回结果为 Time 类
    void gettime();
private:
    int hours,minutes,seconds;
};
Time Time::operator + (Time& time1,Time& time2)
{
    int h,m,s;
    s = time1.seconds + time2.seconds;
    m = time1.minutes + time2.minutes + s/60;
    h = time1.hours + time2.hours + m/60;
```

```
    Time result(h,m%60,s%60);
    return result;
}
void Time::gettime()
{
    cout << hours <<":"<< minutes <<":"<< seconds << endl;
}
void main()
{
    Time t1(8,51,40),t2(4,15,30),t3;
    t1.gettime();
    t2.gettime();
    t3 = t1 + t2;
    t3.gettime();
    system("pause");
}
```

该程序的运行结果和例 6.4 的运行结果相同。

与例 6.4 相比较，它只作了一处改动，将运算符函数不作为成员函数，而是把它放在类外，在 Time 类中声明它为友元函数，同时将运算符函数改为有两个参数。在将运算符“+”重载为非成员函数后，C++ 编译系统将程序中的表达式 time1 + time2 解释为“operator+(time1,time2)”。

为什么把运算符函数作为友元函数呢？因为运算符函数要访问 Time 类对象中的成员。如果运算符函数不是 Time 类的友元函数，而是一个普通的函数，它是没有权利访问 Time 类的私有成员的。

6.3 单目运算符重载

类的单目运算符可以重载为一个没有参数的非静态成员函数或者带有一个参数的非成员函数，参数必须是用户自定义类型的对象或者是对该对象的引用。

在 C++ 中单目运算符有++和--，它们是变量自动增 1 和自动减 1 的运算符。在类中可以对这两个单目运算符进行重载。

与“++”运算符有前缀和后缀两种使用形式一样，“++”和“--”重载运算符也有前缀和后缀两种运算符重载形式，这里以“++”重载运算符为例，其语法格式如下：

```
<函数类型> operator++();        //前缀运算
<函数类型> operator++(int);     //后缀运算
```

使用前缀运算符的语法格式如下：

```
++<对象>;
```

使用后缀运算符的语法格式如下：

```
<对象>++;
```

【例 6.6】 成员函数的例子。

```
#include<iostream>
usingnamespace std;
class Increase
{
public:
    Increase(int x):value(x){}
    Increase &operator++();
    //前增量
    Increase operator++(int);
    //后增量
    void display()
    {
        cout <<"the value is "<< value << endl;
    }
private:
    int value;

};
Increase & Increase::operator++()
{
    value++;
    //先增量
    return *this;
    //再返回原对象
}
Increase Increase::operator++(int)
{
    Increase temp(*this);
    //临时对象存放原有对象值
    value++;
    //原有对象以增量修改
    return temp;
    //返回原有对象值
}
int main()
{
    Increase n(20);
    n.display();
    (n++).display();
    n.display();
    ++n;
    n.display();
    ++(++n);
    n.display();
    (n++)++;
```

```
    n.display();
    system("pause");
}
```

程序的运行结果如图 6.3 所示。

```
E:\16-17第一学期\教材\源码\6.6\Debug\6.6.exe
the value is 20
the value is 20
the value is 21
the value is 22
the value is 24
the value is 25
请按任意键继续. . .
```

图 6.3　例 6.6 的运行结果

【例 6.7】 友元函数重载示例。

```
#include<iostream>
usingnamespace std;
class Increase
{
public:
    Increase(int x):value(x){}
    friend Increase &operator++(Increase &);
    //前增量
    friend Increase operator++(Increase &,int);
    //后增量
    void display()
    {
        cout <<"the value is "<< value << endl;
    }
private:
    int value;

};
Increase &operator++(Increase & a)
{
    a.value++;
    return a;

}
Increase operator++(Increase& a,int)
{
    Increase temp(a);
    //通过复制构造函数保存原有对象值
    a.value++;
    //原有对象以增量修改
```

```
    return temp;
    //返回原有对象值
}
int main()
{
    Increase n(20);
    n.display();
    (n++).display();
    //显示临时对象值
    n.display();
    //显示原有对象
    ++n;
    n.display();
    ++(++n);
    n.display();
    (n++)++;
    //第 2 次增量操作针对临时对象进行
    n.display();
    system("pause");
}
```

程序的运行结果如图 6.4 所示。

图 6.4　例 6.7 的运行结果

6.4　双目运算符重载

对于双目运算符，一个操作数是对象本身的数据，由 this 指针给出，另一个操作数则需要通过运算符重载函数的参数表来传递。

对于双目运算符 B，如果要重载 B 为类的成员函数，使之能够实现表达式“oprd1 B oprd2”，其中 oprd1 为 A 类的对象，则应当把 B 重载为 A 类的成员函数，该函数只有一个形参，形参的类型是 oprd2 所属的类型。经过重载之后，表达式“oprd1 B oprd2”相当于函数调用“oprd1. operator B(oprd2)”。例如前面提到的字符串相加的例子。

【例 6.8】　实现一个点类 Point，实现点对象之间的各种运算。

```
#include<iostream>
usingnamespace std;
class Point
```

```
{
    int x,y;
public:
    Point()
    {
        x = y = 0;
    }
    Point(int i,int j)
    {
        x = i;y = j;
    }
    Point(Point &);
    ~Point(){}
    void offset(int ,int);
    //提供对点的偏移
    void offset(Point);
    //重载,偏移量用 Point 类对象表示
    booloperator == (Point);
    //运算符重载,判断两个对象是否相同
    booloperator!= (Point);
    //运算符重载,判断两个对象是否不同
    voidoperator += (Point);
    //运算符重载,将两个点对象相加
    voidoperator -= (Point);
    //运算符重载,将两个点对象相减
    Point operator + (Point);
    //运算符重载,相加并将结果放在左边的操作数中
    Point operator - (Point);
    //运算符重载,相加并将结果放在左边的操作数中
    int getx()
    {
        return x;
    }
    int gety()
    {
        return y;
    }
    void disp()
    {
        cout <<"("<< x <<","<< y <<")"<< endl;
    }
};
Point::Point(Point &p)
{
    x = p.x;
    y = p.y;
}
void Point::offset(int i,int j)
{
```

```
    x += i;
    y += j;
}
void Point::offset(Point p)
{
    x += p.getx();
    y += p.gety();
}
bool Point::operator == (Point p)
{
    if(x == p.getx()&& y == p.gety())
    {
        return 1;
    }
    else
        return 0;
}
bool Point::operator!= (Point p)
{
    if(x!= p.getx() && y!= p.gety())
    {
        return 1;
    }
    else
        return 0;
}
void Point::operator += (Point p)
{
    x += p.getx();
    y += p.gety();
}
void Point::operator -= (Point p)
{
    x -= p.getx();
    y -= p.gety();
}
Point Point::operator + (Point p)
{
    this->x += p.x;
    this->y += p.y;
    return *this;
}
Point Point::operator - (Point p)
{
    this->x -= p.x;
    this->y -= p.y;
    return *this;
}
```

```
int main()
{
    Point p1(2,3),p2(3,4),p3(p2);
    cout <<"1:";
    p3.disp();
    p3.offset(10,10);
    cout <<"2:";
    p3.disp();
    cout <<"3:"<<(p2 == p3)<< endl;
    cout <<"4:"<<(p2!= p3)<< endl;
    p3 += p1;
    cout <<"5:";
    p3.disp();
    p3 -= p2;
    cout <<"6:";
    p3.disp();
    p3 = p1 + p3;
    cout <<"7:";
    p3.disp();
    p3 = p1 - p2;
    cout <<"8:";
    p3.disp();
    system("pause");
}
```

程序的运行结果如图 6.5 所示。

```
E:\16-17第一学期\教材\源码\6.8\Debug\6.8.exe
1:(3,4)
2:(13,14)
3:0
4:1
5:(15,17)
6: (12,13)
7:(14,16)
8:(11,12)
请按任意键继续. . .
```

图 6.5 例 6.8 的运行结果

6.5 特殊运算符重载

6.5.1 赋值运算符重载

1. 运算符“+=”和“-=”的重载

对于标准数据类型，“+=”和“-=”的作用是将一个数据与另一个数据进行加法或减法运算后再将结果回送给赋值号左边的变量中。对它们重载后，使其实现其他相关的功能。

2. 运算符“=”的重载

赋值运算符“=”的原有含义是将赋值号右边表达式的结果复制给赋值号左边的变量，通过运算符“=”的重载将赋值号右边对象的私有数据依次复制到赋值号左边对象的私有数据中。

【例 6.9】 “+=”和“-=”运算符的重载。

```
#include<iostream>
usingnamespace std;
class Vector
{
    int x,y;
public:
    Vector(){};
    Vector(int x1,int y1)
    {
        x=x1;
        y=y1;
    }
    friend Vector operator +=(Vector v1,Vector v2)
    {
        v1.x+=v2.x;
        v1.y+=v2.y;
        return v1;
    }
    Vector operator -=(Vector v)
    {
        Vector tmp;
        tmp.x=x-v.x;
        tmp.y=y-v.y;
        return tmp;
    }
    void display()
    {
        cout<<"("<<x<<","<<y<<")"<<endl;
    }
};
void main()
{
    Vector v1(6,8),v2(3,6),v3,v4;
    cout<<"v1=";
    v1.display();
    cout<<"v2=";
    v2.display();
    v3=v1+=v2;
    cout<<"v3=";
    v3.display();
    v4=v1-=v2;
```

```
    cout <<"v4 = ";
    v4.display();
    system("pause");
}
```

程序的运行结果如图 6.6 所示。

```
v1=(6,8)
v2=(3,6)
v3=(9,14)
v4=(3,2)
请按任意键继续. . .
```

图 6.6 例 6.9 的运行结果

【例 6.10】 重载"="运算符。

```
#include< iostream >
usingnamespace std;
class Sample
{
    int n;
public:
    Sample(){}
    Sample(int i)
    {
        n = i;
    }
    Sample &operator = (Sample);
    void disp()
    {
        cout <<"n = "<< n << endl;
    }
};
Sample &Sample::operator = (Sample s)
{
    Sample::n = s.n;
    return *this;
}
void main()
{
    Sample s1(10),s2;
    s2 = s1;
    s2.disp();
    system("pause");
}
```

程序的运行结果如下：

```
n = 10
```

6.5.2 下标运算符重载

下标运算符“[ ]”通常用于在数组中标识数组元素的位置，通过下标运算符重载可以实现数组数据的赋值和取值。下标运算符重载函数只能作为类的成员函数，不能作为类的友元函数。

下标运算符“[ ]”函数重载的一般形式如下：

```
type class_name::operator[](arg_)
```

【例 6.11】 下标运算符的重载。

```
#include<iostream>
usingnamespace std;
class Demo
{
    int Vector[5];
    public:
    Demo(){};
    int&operator[ ] (int i)
    {
        return Vector[i];
    }
};
void main()
{
    Demo v;
    for(int i = 0;i<5;i++)
        v[i] = i+1;
    for(int i = 0;i<5;i++)
        cout << v[i]<<"";
    system("pause");
    cout << endl;
}
```

程序的运行结果如下：

```
1 2 3 4 5
```

6.5.3 比较运算符重载

比较运算符(>、<、==等)重载必须返回真(非0)或假(0)。

【例 6.12】 比较字符串。

```
#include<iostream>
#include<string>
usingnamespace std;
class String
```

```
{
    public:
    String( )
    {
        p = NULL;
    }
    String(char * str);
    //在 String 类体中声明 3 个成员函数
    friendbooloperator >(String &string1,String &string2);
    //声明运算符函数为 a 友元函数
    friendbooloperator < (String &string1, String &string2);
    friendbooloperator == (String &string1, String& string2);
    void display( );
    private:
    char * p;
    //字符型指针,用于指向字符串
};
String::String(char * str)
{
    p = str;
}
void String::display( )
//输出 p 指向的字符串
{
    cout << p;
}
//在类外分别定义 3 个运算符重载函数
booloperator >(String &string1,String &string2)
//对运算符">"重载
{
    if(strcmp(string1.p,string2.p)> 0)
        returntrue;
    else
        returnfalse;
}
booloperator <(String &string1,String &string2)
//对运算符"<"重载
{
    if(strcmp(string1.p,string2.p)< 0)
        returntrue;
    else
        returnfalse;
}
booloperator == (String &string1,String &string2)
//对运算符" == "重载
{
    if(strcmp(string1.p,string2.p) == 0)
        returntrue;
    else
```

```
        returnfalse;
}
int main( )
{
    String string1("Hello"),string2("Book"),string3("Computer");
    cout <<(string1 > string2)<< endl;
    //比较结果应该为 true
    cout <<(string1 < string3)<< endl;
    //比较结果应该为 false
    cout <<(string1 == string2)<< endl;
    //比较结果应该为 false
    system("pause");
    return 0;
}
```

程序的运行结果如下：

```
true
false
true
```

6.5.4 new 和 delete 运算符重载

new 和 delete 只能被重载为类的成员函数，不能重载为友元。而且无论是否使用关键字 static 进行修饰，重载了的 new 和 delete 均为类的静态成员函数。

运算符 new 重载的一般形式如下：

```
void * class_name::operator new(size_t,<arg_list>);
```

new 重载应返回一个无值型的指针，并且至少有一个类型为 size_t 的参数。若该重载带有多于一个的参数，则其第 1 个参数的类型必须为 size_t。

运算符 delete 重载的一般形式如下：

```
void * class_name::operator delete(void * ,<size_t>);
```

【例 6.13】 重载 new 和 delete 运算符。

```
#include<iostream>
#include<stddef.h>
usingnamespace std;
class memmanager
{
public:
    void * operatornew(size_t size);
    //分配一块大小为 size 的内存
    void * operatornew(size_t size,char tag);
    //分配一块大小为 size 的内存，并且用字符 tag 赋值
    voidoperatordelete(void * p);
```

```
    //释放指针 p 指向的一块内存空间
};
void * memmanager::operatornew(size_t size)
{
    cout <<"new1 operator"<< endl;
    char * s = newchar[size];
    //分配大小为 size 的内存空间
    * s = 'a';
    //用字符'a'赋值
    return s;
    //返回指针
}
void * memmanager::operatornew(size_t size,char tag)
{
    cout <<"new2 operator"<< endl;
    char * s = newchar[size];
    * s = tag;
    //用字符 tag 赋值
    return s;
    //返回指针
}
void memmanager::operatordelete(void * p)
{
    cout <<"delete operator"<< endl;
    char * s = (char * )p;
    //强制类型转换
    delete[] s;
    //释放内存空间
}
void main()
{
    memmanager * m1 = new memmanager();
    delete m1;
    memmanager * m2 = new('B') memmanager();
    delete m2;
    system("pause");
}
```

程序的运行结果如图 6.7 所示。

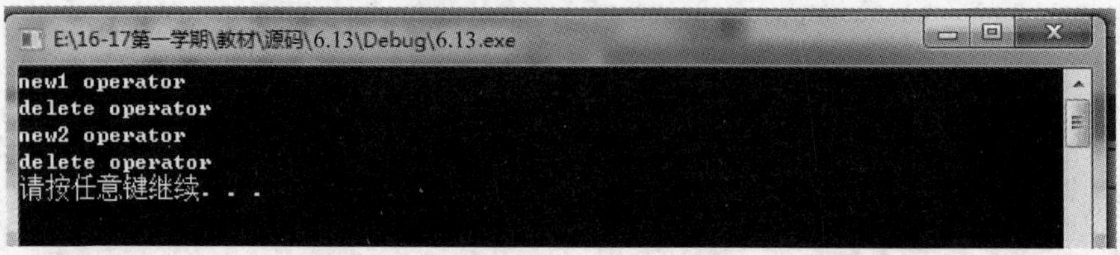

```
E:\16-17第一学期\教材\源码\6.13\Debug\6.13.exe
new1 operator
delete operator
new2 operator
delete operator
请按任意键继续. . .
```

图 6.7　例 6.13 的运行结果

6.5.5　逗号运算符重载

逗号运算符是双目运算符，和其他运算符一样，用户也可以通过重载逗号运算符完成希望完成的工作。逗号运算符构成的表达式为“左操作数，右操作数”，该表达式返回右操作数的值。如果用类的成员函数来重载逗号运算符，则只带一个右操作数，左操作数由指针 this 提供。

【例 6.14】 逗号运算符示例。

```
#include<iostream>
#include<malloc.h>
usingnamespace std;
class Point
{
    int x,y;
public:
    Point(){};
    Point(int l,int w)
    {
        x=l;
        y=w;
    }
    void disp()
    {
        cout<<"面积:"<<x*y<<endl;
    }
    Point operator,(Point r)
    {
        Point temp;
        temp.x=r.x;
        temp.y=r.y;
        return temp;
    }
    Point operator+(Point r)
    {
        Point temp;
        temp.x=r.x;
        temp.y=r.y;
        return temp;
    }
};
void main()
{
    Point r1(1,2),r2(3,4),r3(5,6);
    r1.disp();
    r2.disp();
    r3.disp();
    r1=(r1,r2+r3,r3);
    r1.disp();
    system("pause");
}
```

程序的运行结果如图 6.8 所示。

图 6.8 例 6.14 的运行结果

6.5.6 类型转换运算符重载

C++还提供了显式类型转换，程序人员在程序中指定将一种类型的数据转换成另一类型的数据，其形式如下：

```
类型名(数据)
```

例如：

```
int(89.5)
//其作用是将 89.5 转换为整型数 89
```

对于用户自己声明的类型，编译系统并不知道怎样进行转换。解决这个问题的关键是让编译系统知道怎样进行这些转换，需要定义专门的函数来处理。

转换构造函数(conversion constructor function)的作用是将一个其他类型的数据转换成一个类的对象。

先回顾一下以前学过的几种构造函数：

(1) 默认构造函数。以 Complex 类为例，函数原型的形式如下：

```
Complex( );                    //没有参数
```

(2) 用于初始化的构造函数。函数原型的形式如下：

```
Complex(doubler,double i);      //形参表列中一般有两个以上的参数
```

(3) 用于复制对象的复制构造函数。函数原型的形式如下：

```
Complex (Complex &c);           //形参是本类对象的引用
```

(4) 现在又要介绍一种新的构造函数——转换构造函数。

转换构造函数只有一个形参，例如：

```
Complex(doubler)
{
    real = r;
    imag = 0;
}
```

其作用是将 double 型的参数 r 转换成 Complex 类的对象，将 r 作为复数的实部，虚部为 0。用户可以根据需要定义转换构造函数，在函数体中告诉编译系统怎样去进行转换。

在类体中可以有转换构造函数，也可以没有转换构造函数，视需要而定。以上几种构造函数可以同时出现在同一个类中，它们是构造函数的重载。编译系统会根据建立对象时给出的实参的个数与类型选择形参与之匹配的构造函数。

使用转换构造函数将一个指定的数据转换为类对象的方法如下：

(1) 先声明一个类。

(2) 在这个类中定义只有一个参数的构造函数，参数的类型是需要转换的类型，在函数体中指定转换的方法。

(3) 在该类的作用域内可以用以下形式进行类型转换：

```
类名(指定类型的数据)
```

这样就可以将指定类型的数据转换为此类的对象。

用户不仅可以将一个标准类型数据转换成类对象，也可以将另一个类的对象转换成转换构造函数所在的类对象。例如可以将一个学生类对象转换为教师类对象，可以在 Teacher 类中写出下面的转换构造函数：

```
Teacher(Student& s)
{
    num = s.
    num;
    strcpy(name,s.name);
    sex = s.sex;
}
```

但应注意，对象 s 中的 num、name、sex 必须是公有成员，否则不能被类外引用。

用转换构造函数可以将一个指定类型的数据转换为类的对象，但是不能反过来将一个类的对象转换为一个其他类型的数据(例如将一个 Complex 类对象转换成 double 类型数据)。

C++提供了类型转换函数(type conversion function)来解决这个问题。类型转换函数的作用是将一个类的对象转换成另一类型的数据。如果已声明了一个 Complex 类，可以在 Complex 类中这样定义类型转换函数：

```
operator double( )
{
    returnreal;
}
```

类型转换函数的一般形式如下：

```
operator 类型名( )
{
    实现转换的语句
}
```

在函数名前面不能指定函数类型，函数没有参数。其返回值的类型是由函数名中指定的类型名来确定的。类型转换函数只能作为成员函数，因为转换的主体是本类的对象，不能作为友元函数或普通函数。

从函数形式可以看到，它与运算符重载函数相似，都是用关键字 operator 开头，只是被重载的是类型名。double 类型经过重载后除了原有的含义外还获得新的含义(将一个 Complex 类对象转换为 double 类型数据，并指定了转换方法)。这样，编译系统不仅能识别原有的 double 型数据，而且会把 Complex 类对象作为 double 型数据处理。

那么程序中的 Complex 类对象具有双重身份，既是 Complex 类对象，又可作为 double 类型数据。Complex 类对象只有在需要时才进行转换，要根据表达式的上下文来决定。

转换构造函数和类型转换运算符有一个共同的功能，就是当需要的时候编译系统会自动调用这些函数，建立一个无名的临时对象(或临时变量)。

【例 6.15】 使用转换函数。

```
include < iostream >
using namespacestd;
class Complex
{
    public:
    Complex( )
    {
        real = 0;
        imag = 0;
    }
    Complex(doubler,double i)
    {
        real = r;
        imag = i;
    }
    operator double( )
    {
        return real;
    }
    //类型转换函数
    private:
    doublereal;
    doubleimag;
};
int main( )
{
    Complex c1(3,4),c2(5, - 10),c3;
    doubled;
    d = 2.5 + c1;
    //要求将一个 double 数据与 Complex 类数据相加
    cout << d << endl;
    return 0;
}
```

程序的运行结果如下：

```
5.5 + 4i
```

分析说明：

(1) 如果在 Complex 类中没有定义类型转换函数 operator double，程序编译将出错。

(2) 如果在 main 函数中添加以下语句：

```
c3 = c2;
```

由于赋值号两侧是同一类数据，是可以合法赋值的，没有必要把 c2 转换为 double 型数据。

(3) 如果在 Complex 类中声明了重载运算符"+"函数作为友元函数：

```
Complex operator + (Complex c1,Complex c2)
//定义运算符" + "重载函数
{
    return Complex(c1.real + c2.real, c1.imag + c2.imag);
}
```

若在 main 函数中有语句：

```
c3 = c1 + c2;
```

由于已经对运算符"+"重载，使之能用于两个 Complex 类对象的相加，因此将 c1 和 c2 按 Complex 类对象处理，相加后赋值给同类对象 c3。

如果改为：

```
d = c1 + c2;        //d 为 double 型变量
```

将 c1 与 c2 两个类对象相加，得到一个临时的 Complex 类对象，由于它不能赋值给 double 型变量，而又有对 double 的重载函数，于是调用此函数，把临时类对象转换为 double 数据，然后赋给 *d*。

从前面的介绍可知，对类型的重载和本章开头介绍的对运算符的重载的概念和方法都是相似的。重载函数都使用关键字 operator。

因此通常把类型转换函数也称为类型转换运算符函数，由于它也是重载函数，所以也称为类型转换运算符重载函数(或称强制类型转换运算符重载函数)。

假如程序中需要对一个 Complex 类对象和一个 double 型变量进行+、-、*、/等算术运算，以及关系运算和逻辑运算，如果不用类型转换函数，就要对多种运算符进行重载，以便能进行各种运算。这样是十分麻烦的，工作量较大，程序显得冗长。如果用类型转换函数对 double 进行重载(使 Complex 类对象转换为 double 型数据)，就不必对各种运算符进行重载，因为 Complex 类对象可以被自动地转换为 double 型数据，而标准类型的数据的运算是可以使用系统提供的各种运算符的。

阅读以下程序，在这个程序中只包含转换构造函数和运算符重载函数。

```
#include <iostream>
using namespace std;
class Complex
{
    public:
    Complex( )
    //默认构造函数
    {
        real = 0;
        imag = 0;
    }
    Complex(double r)
    //转换构造函数
    {
        real = r;
        imag = 0;
    }
    Complex(double r,double i)
    //实现初始化的构造函数
    {
        real = r;
        imag = i;
    }
    friend Complex operator + (Complex c1,Complex c2);
    //重载运算符"+"的友元函数
    void display( );
    private:
        double real;
        double imag;
};
Complex operator + (Complex c1,Complex c2)
//定义运算符"+"重载函数
{
    return Complex(c1.real + c2.real, c1.imag + c2.imag);
}
void Complex::display( )
{
    cout <<"("<< real <<","<< imag <<"i)"<< endl;
}
int main( )
{
    Complex c1(3,4),c2(5, - 10),c3;
    c3 = c1 + 2.5;
    //复数与 double 数据相加
    c3.display( );
    return 0;
}
```

对程序的分析：

(1) 如果没有定义转换构造函数,则此程序编译出错。

(2) 在类 Complex 中定义了转换构造函数,并具体规定了怎样构成一个复数。由于已重载了算符“+”,在处理表达式 c1+2.5 时编译系统把它解释为:

```
operator + (c1,2.5)
```

由于 2.5 不是 Complex 类对象,系统先调用转换构造函数 Complex(2.5)建立一个临时的 Complex 类对象,其值为(2.5+0i)。上面的函数调用相当于:

```
operator + (c1,Complex(2.5))
```

将 c1 与(2.5+0i)相加,赋给 c3。运行结果如下:

```
(5.5 + 4i)
```

(3) 如果把“c3=c1+2.5;”改为“c3=2.5+c1;”,程序可以通过编译和正常运行。其过程与前面相同。

从中可以得到一个重要结论:在已定义了相应的转换构造函数的情况下将运算符“+”函数重载为友元函数,在进行两个复数相加时可以用交换律。

如果运算符函数重载为成员函数,它的第 1 个参数必须是本类的对象。

当第 1 个操作数不是类对象时,不能将运算符函数重载为成员函数。如果将运算符“+”函数重载为类的成员函数,则交换律不适用。

由于这个原因,一般情况下将双目运算符函数重载为友元函数。单目运算符则多重载为成员函数。

(4) 如果一定要将运算符函数重载为成员函数,而第 1 个操作数又不是类对象,只有一个办法能够解决,即再重载一个运算符“+”函数,其第 1 个参数为 double 型。当然此函数只能是友元函数,函数原型如下:

```
friend operator + (double,Complex &);
```

显然这样做不太方便,还是将双目运算符函数重载为友元函数方便。

(5) 在上面程序的基础上增加类型转换函数:

```
operator double( )
{
    return real;
}
```

此时 Complex 类的公用部分如下:

```
public:
    Complex( )
    {
```

```
        real = 0;
        imag = 0;
    }
    Complex(doubler)
    //转换构造函数
    {
        real = r;
        imag = 0;
    }
    Complex(doubler,double i)
    {
        real = r;
        imag = i;
    }
    operator double( )
    //类型转换函数
    {
        return real;
}
friend Complex operator + (Complex c1,Complex c2);
//重载运算符" + "
void display( );
```

其余部分不变。程序在编译时出错,原因是出现二义性。

6.5.7 ->运算符重载

“->”运算符是成员访问运算符,这种运算符只能被重载为成员函数,所以也决定了它不能定义任何函数。一般成员访问运算符的典型用法如下:

```
对象 - >成员
```

成员访问运算符“->”函数重载的一般形式如下:

```
type class_name::operator - >();
```

【例 6.16】 重载->运算符。

```
#include < iostream >
using namespace std;
class pp
{
public:
    int n;
    float m;
    pp * operator - >()
    {
        return this;
```

```
    }
};
void main()
{
    pp t1;
    t1->m = 10;
    cout<<"t1.k is:"<<t1.m<<endl;
    cout<<"t1->k is"<<t1->m<<endl;
    system("pause");
}
```

程序的运行结果如图 6.9 所示。

图 6.9 例 6.16 的运行结果

6.5.8 函数调用运算符重载

函数调用运算符“()”只能说明成类的非静态成员函数,该函数具有以下一般形式:

```
type class_name::operator()
(<arg_list>);
```

与普通函数一样,重载了的函数调用运算符可以事先带有零个或多个参数,但不得带有省略的参数。

【例 6.17】 函数调用运算符重载示例。

```
#include<iostream>
using namespace std;
class F
{
public:
    double operator()(double x,double y)const;
};
double F::operator()(double x,double y)const
{
    return (x+5)*y;
}
void main()
{
    F f;
    cout<<f(1.5,2.2)<<endl;
    system("pause");
}
```

程序的运行结果如下：

```
14.3
```

6.5.9 I/O 运算符重载

C++中 I/O 流库的一个重要特性就是能够支持新的数据类型的输出和输入。用户可以通过对插入符(<<)和提取符(>>)进行重载来支持新的数据类型。

下面通过一个例子介绍重载插入符和提取符的方法。

【例 6.18】 重载插入符和提取符。

```
#include <iostream>
using namespace std;
class Date
{
public:
    Date(int y,int m,int d)
    {
        year = y;
        month = m;
        day = d;
    }
    friend ostream&operator <<(ostream &stream,Date &date);
    friend istream&operator >>(istream &stream,Date &date);
private:
        int year,month,day;
};
ostream&operator <<(ostream &stream,Date &date)
{
    stream << date.year <<"/"<< date.month <<"/"<< date.day << endl;
    return stream;
}
istream&operator >>(istream &stream,Date &date)
{
    stream >> date.year >> date.month >> date.day;
    return stream;
}
void main()
{
    Date Cdate(2016,11,16);
    cout <<"Current date:"<< Cdate << endl;
    cout <<"Enter new date:";
    cin >> Cdate;
    cout <<"new date:"<< Cdate << endl;
    system("pause");
}
```

程序的运行结果如图 6.10 所示。

图 6.10　例 6.18 的运行结果

综合实例

【实验一】

要求：采用姓名做下标的通讯录程序，使得程序的运行结果如下。

```
姓名: 电话号码
```

采用下标运算符重载实现，结果如图 6.11 所示。

```
E:\16-17第一学期\教材\源码\综合实例6-1\Debug\综合实例6-1.exe
Zhang:7075461
Li:4047658
Tan:2595121
Cai:7732435
Zhao:6324783
请按任意键继续. . .
```

图 6.11　实验一的运行结果

程序的代码如下：

```
#include <iostream>
#include <string.h>
using namespace std;
class assc_array
{
    struct telephone{
        char * name;
        long code;
        };
    telephone * table;
    int maxlen;
    int items;
    public:
        assc_array(){}
        assc_array(int num = 0)
        {
                maxlen = num;
```

```
                items = 0;
                table = new telephone[maxlen];
        }
        long&operator[](char * name1)
        {
                telephone * pt;
                for(pt = table;pt < table + items;pt++)
                    if(strcmp(pt -> name,name1) == 0)return pt -> code;
                pt = table + items;
                items++;
                pt -> name = newchar[strlen(name1) + 1];
                strcpy(pt -> name,name1);
                pt -> code = 0;
                return pt -> code;
        }
        void show()
        {
                for(int i = 0;i < items;i++)
                    cout << table[i].name <<":"<< table[i].code << endl;
        }
};
void main()
{
    assc_array telephonebook(5);
    telephonebook["Zhang"] = 7075461;
    telephonebook["Li"]  = 4047658;
    telephonebook["Tan"]  = 2595121;
    telephonebook["Cai"]  = 7732435;
    telephonebook["Zhao"]  = 6324783;
    telephonebook.show();
    system("pause");
}
```

【实验二】

要求：重载 new 和 delete 运算符。

通过在任何类说明之外重载 new 与 delete，使它们成为全局的。当 new 和 delete 被全局重载时 C++原先的 new 和 delete 被忽略，并且该新的运算符用于所有分配要求。

```
#include < iostream.h >
#include < stdlib.h >
using namespace std;
class three_d
{
    public:
    int x,y,z;
    three_d(int a,int b,int c){ x = a; y = b;z = c;}
    void * operator new(size_t size)
```

```
    {
        cout <<"in three_d new"<< endl;
        return malloc(size);
    }
    void operator delete(void  * p)
    {
        cout <<"in three_d delete"<< endl;
        free(p);
    }
};
ostream& operator <<(ostream& stream,three_d obj)
{
    stream << obj.x <<",";
    stream << obj.y <<",";
    stream << obj.z;
    return stream;
}
void main()
{
    three_d  * p, * p1;
    p = new three_d(1,2,3);
    p1 = new three_d(4,5,6);
    if(!p||!p1)
    {
        cout <<"allocation failure"<< endl;
        return;
    }
    cout << * p << endl;
    cout << * p1 << endl;
    delete p; delete p1;
    int  * pt = new int;
    if(!pt)
    {
        cout <<"allocation failure"<< endl;
        return;
    }
    * pt = 10;
    cout << * pt << endl;
}
```

程序的运行结果如图 6.12 所示。

图 6.12　实验二的运行结果

本章小结

本章主要介绍了以下内容：

(1) 运算符重载的一般概念，包括哪些运算符可以重载，哪些不可以，以及运算符重载的规则。

(2) 运算符重载的实现，分别介绍了运算符重载的两种实现方法，包括运算符重载为类的成员函数和运算符重载为类的友元函数。

(3) 单目运算符++和--的重载。

(4) 双目运算符重载，一个操作数是对象本身的数据，由 this 指针给出，另一个操作符需要通过操作符重载函数的参数表来传递。

(5) 特殊运算符重载，包括赋值运算符重载、下标运算符重载、比较运算符重载、new 和 delete 运算符重载、逗号运算符重载、类型转换运算符重载、->运算符重载、函数调用运算符重载和 I/O 运算符重载等。

习题

在下列程序的空格处填上适当的语句，使输出为“0,2,10”。

```
#include < iostream >
#include < math.h >
using namespace std;
class Magic
{
    double x;
    public:
    Magic(double d = 0.00):x(fabs(d))
    {}
    Magic operator + (________)
    {
        return Magic(sqrt(x * x + c.x * c.x));
    }
    ________ operator <<(ostream & stream,Magic & c)
    {
        stream << c.x;
        return stream;
    }
};
void main()
{
    Magic ma;
    cout << ma <<", "<< Magic(2)<<", "<< ma + Magic( - 6) +
    Magic( - 8)<< endl;
}
```

第7章 类的继承与派生

本章学习目标：

- 类的继承概念；
- 单继承和派生；
- 继承中的构造函数和析构函数；
- 多继承。

7.1 继承与派生的概念

面向对象程序设计有 4 个主要特点，即抽象、封装、继承和多态性。

如果要较好地进行面向对象程序设计，还必须了解面向对象程序设计的另外两个重要特征——继承性和多态性。

在本章主要介绍有关继承的知识，在第 8 章中将介绍多态性。

继承是面向对象程序设计的基本特征之一，是从已有的类基础上建立新类。

继承性是面向对象程序设计支持代码重用的重要机制。面向对象技术强调软件的可重用性(Software Reusability)。C++语言提供了类的继承机制，解决了软件重用问题。

面向对象程序设计的继承机制提供了无限重复利用程序资源的一种途径。通过 C++语言中的继承机制，一个新类既可以共享另一个类的操作和数据，也可以在新类中定义已有类中没有的成员，这样就能大大节省程序开发的时间和资源。

继承是类之间定义的一种重要关系，称已存在的用来派生新类的类为基类，又称为父类；由已存在的类派生的新类称为派生类，又称为子类。

派生类可以具有基类的特性，共享基类的成员函数，使用基类的数据成员，还可以定义自己的新特性，定义自己的数据成员和成员函数。

如图 7.1 所示，A 的派生类为 B1 和 B2，B1 的派生类为 C1、C2 和 C3，B1 和 B2 的派生类为 C3，B1 和 B2 的基类为 A，C3 的基类为 B2 等。

继承关系的特点如下：

(1) 一个派生类可以有一个或多个基类。当只有一个基类时称为单继承，当有多个基类时称为多继承。

(2) 继承关系可以是多级的，即可以有类 Y 继承类 X 和类 Z 继承类 Y 同时存在。

(3) 不允许继承循环，即不能有类 Y 继承类 X、类 Z 继承类 Y 和类 X 继承类 Z 同时

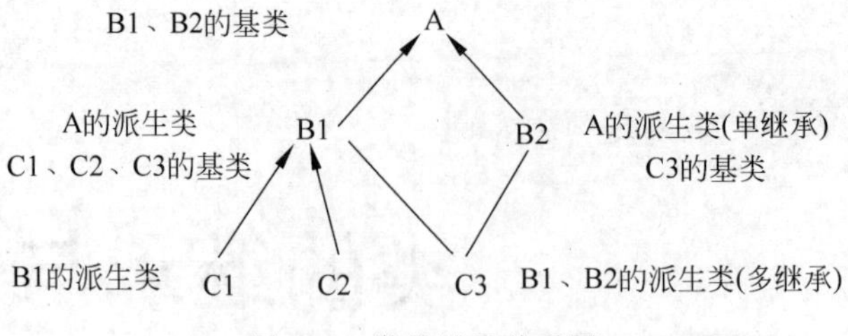

图 7.1　类的继承关系图

存在。

【例 7.1】　继承示例。

```
#include<iostream>
using namespace std;

//基类 People
class People{
private:
    char *name;
    int age;
public:
    void setName(char *);
    void setAge(int);
    char *getName();
    int getAge();
};
void People::setName(char *name)
{
    this->name = name;
}
void People::setAge(int age)
{
    this->age = age;
}
char* People::getName()
{
    returnthis->name;
}
int People::getAge()
{
    returnthis->age;
}
//派生类 Student
class Student: public People
{
private:
    float score;
public:
```

```
    void setScore(float);
    float getScore();
};
void Student::setScore(float score)
{
    this->score = score;
}
float Student::getScore()
{
    return score;
}
int main()
{
   Student stu;
   stu.setName("小明");
   stu.setAge(16);
   stu.setScore(95.5f);
   cout << stu.getName()<<"的年龄是 "<< stu.getAge()<<"成绩是 "<< stu.getScore()<< endl;
   system("pause");
   return 0;
}
```

程序的运行结果如下：

```
小明的年龄是 16,成绩是 95.5
```

在本例中，People 是基类，Student 是派生类。Student 类继承了 People 类的成员，同时还新增了自己的成员变量 score 和成员函数 setScore、getScore。

```
class Student: public People
```

这就是声明派生类的语法。在 class 后面的“Student”是新建的派生类，冒号后面的“People”是已经存在的基类。在“People”之前有一关键字 public，用来表示公有继承。

7.2 单继承

7.2.1 单继承和派生

单继承和派生是除第 1 个基类外每个类只有一个父类。

单继承和派生的语法格式如下：

```
class 派生类名: 派生方式 基类名
{
    public:
        派生类增加的公有成员函数和数据成员;
    protected:
```

```
        派生类增加的保护成员函数和数据成员;
    private:
        派生类增加的私有成员函数和数据成员;
}
```

其中继承方式有3种,即public、protected和private,不同的继承方式,派生类从基类继承来的成分及这些成分在派生类中具有的特性是不同的,如图7.2所示。

(1) 无论哪种继承方式,派生类永远不能继承基类的private部分的函数和数据。

(2) 当继承方式为public时,派生类继承了基类的public和protected部分的函数和数据,它们在派生类中仍然是public和protected成分。

(3) 当继承方式是protected时,派生类继承了基类的public和protected部分的函数和数据,它们在派生类中都成为protected成分。

(4) 当继承方式是private时,派生类继承了基类的public和protected部分的函数和数据,它们在派生类中都成为private成分。

以当前派生类为基类去派生新的派生类仍然按上面的规则进行。

基　类	派　生　类	基　类	派生类	基类	派生类
private	不可见	private	不可见	private	不可见
protected	private	protected	private	protected	private
public	private	public	protected	public	public
private 派生方式		protected 派生方式		public 派生方式	

图7.2 不同成员的不同继承属性

【例7.2】 单继承和派生的公有继承。

```
#include<iostream>
using namespace std;
class Rectangle
//定义长方形类
{
    public:
        void setLW(int l,int w);
        void putLW();
        int area();
    protected:
        int length,width;
};
void Rectangle::setLW(int l,int w)
{
    length=l;
    width=w;
}
void Rectangle::putLW()
{
    cout<<"length="<<length<<'\t'<<"width="<<width<<endl;
```

```
}
int Rectangle::area()
{
    return length * width;
}
class Cubiod:public Rectangle
//定义长方体类
{
    public:
        void setHLW(int h,int l,int w);
        int volume();
        int surfaceArea();
    protected:
        int heigth;
};
void Cubiod::setHLW(int h,int l,int w)
{
    heigth = h;
    setLW(l,w);
}
int Cubiod::volume()
{
    return area() * heigth;
}
int Cubiod::surfaceArea()
{
    return 2 * (width * heigth + width * length + length * heigth);
}
int main()
{
    Rectangle r1;
    r1.setLW(5,7);
    r1.putLW();
    cout <<"Area of retangle is : "<< r1.area()<< endl;
    Cubiod c1;
    c1.setHLW(8,5,7);
    cout <<"volume of Cubiod is: "<< c1.volume()<< endl;
    cout <<"surfacearea of Cubiod is : "<< c1.surfaceArea()<< endl;
    system("pause");
}
```

程序的运行结果如图 7.3 所示。

```
E:\16-17第一学期\教材\源码\7.2\Debug\7.2.exe
length=5        width=7
Area of retangle is : 35
volume of Cubiod is: 280
surfacearea of Cubiod is : 262
请按任意键继续. . .
```

图 7.3　例 7.2 的运行结果

分析：

如图 7.4 所示，Cubiod 类有 3 个数据成员，其中 length 和 width 是继承 Retangle 类，height 是 Cubiod 类自定义的成员，3 个数据成员都为 Cudiod 类的 protected 成员。Cubiod 类有 6 个 public 成员函数，其中 setLW(int l,int w)、putLW()、area()是继承了 Retangle 类的，setHLW(int h,int l,int w)、volume()、surfaceArea()是 Cubiod 类自定义的成员函数。

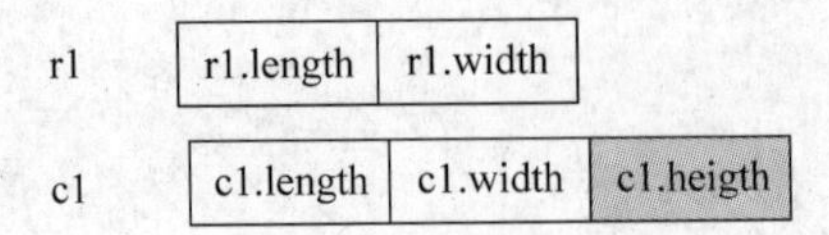

图 7.4 Cubiod 类的对象 c1 继承了 Retangle 类的对象 c2 的数据成员

【例 7.3】 单继承和派生的私有继承。

```
#include<iostream>
using namespace std;
class Rectangle
//定义长方形类
{
    public:
        void setLW(int l,int w);
        void putLW();
        int area();
    protected:
        int length,width;
};
void Rectangle::setLW(int l,int w)
{
    length=l;
    width=w;
}
void Rectangle::putLW()
{
    cout<<"length = "<<length<<'\t'<<"width = "<<width<<endl;
}
int Rectangle::area()
{
    return length*width;
}
class Cubiod:private Rectangle
{
    public:
        void setHLW(int h,int l,int w);
        int volume();
        int surfaceArea();
    protected:
        int heigth;
};
```

```
void Cubiod::setHLW(int h, int l, int w)
{
    heigth = h;
    setLW(l,w);
}
int Cubiod::volume()
{
    return length * heigth * width;
}
int Cubiod::surfaceArea()
{
    return 2 * (width * heigth + width * length + length * heigth);
}
int main()
{
    Rectangle r1;
    r1.setLW(5,7);
    r1.putLW();
    cout <<"Area of rectangle is : "<< r1.area()<< endl;
    Cubiod c1;
    c1.setHLW(8,5,7);
    cout <<"volume of Cubiod is: "<< c1.volume()<< endl;
    cout <<"surfacearea of Cubiod is : "<< c1.surfaceArea()<< endl;
    system("pause");
    //c1.setLW(3,3);
    //私有继承成为 Cubiod 类的私有成员
}
```

分析：

如图 7.5 所示，Cubiod 类有 3 个数据成员，其中 length 和 width 是继承 Retangle 类，是 Cubiod 类的 private 成员，height 是 Cubiod 类自定义的 protected 成员。Cubiod 类有 6 个成员函数，其中 setLW(int l, int w)、putLW()、area()是继承了 Retangle 类的，是 Cubiod 类的 private 成员，setHLW(int h,int l,int w)、volume()、surfaceArea()是 Cubiod 类自定义的 public 成员函数。

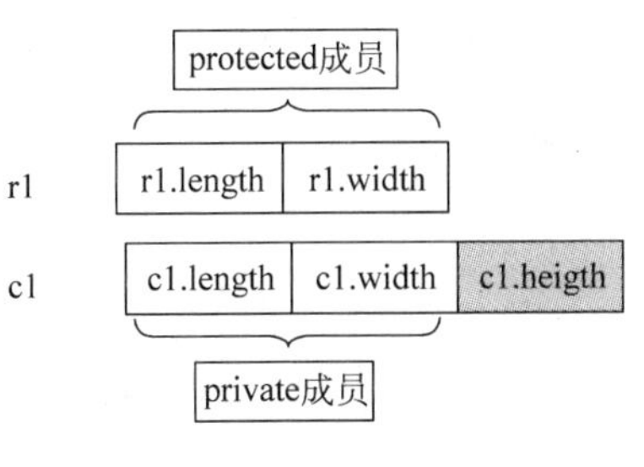

图 7.5 单继承和派生的私有继承

基类的私有数据成员不能在派生类中直接访问，但存储空间存在。

【例 7.4】 单继承和派生的保护继承。

```
#include< iostream >
using namespace std;
class Rectangle
//定义长方形类
{
    public:
```

```
        void setLW(int l,int w);
        void putLW();
        int area();
    protected:
        int length,width;
};
void Rectangle::setLW(int l,int w)
{
    length = l;
    width = w;
}
void Rectangle::putLW()
{
    cout <<"length = "<< length <<'\t'<<"width = "<< width << endl;
}
int Rectangle::area()
{
    return length * width;
}
class Cubiod:protected Rectangle
{
    public:
        void setHLW(int h,int l,int w);
        int volume();
        int surfaceArea();
    protected:
        int heigth;
};
void Cubiod::setHLW(int h,int l,int w)
{
    heigth = h;
    setLW(l,w);
}
int Cubiod::volume()
{
    return length * heigth * width;
}
int Cubiod::surfaceArea()
{
    return 2 * (width * heigth + width * length + length * heigth);
}
int main()
{
    Rectangle r1;
    r1.setLW(5,7);
    r1.putLW();
    cout <<"Area of rectangle is : "<< r1.area()<< endl;
    Cubiod c1;
    c1.setHLW(8,5,7);
```

```
    cout <<"volume of Cubiod is: "<< c1.volume()<< endl;
    cout <<"surfacearea of Cubiod is : "<< c1.surfaceArea()<< endl;
    system("pause");
    //c1.setLW(3,3);
}
```

分析：

如图 7.6 所示，Cubiod 类有 3 个数据成员，其中 length 和 width 是继承 Retangle 类，是 Cubiod 类的 protected 成员，height 是 Cubiod 类自定义的 protected 成员。Cubiod 类有 6 个成员函数，其中 setLW(int l, int w)、putLW()、area()是继承了 Retangle 类的，是 Cubiod 类的 protected 成员，setHLW(int h, int l, int w)、volume()、surfaceArea()是 Cubiod 类自定义的 public 成员函数。

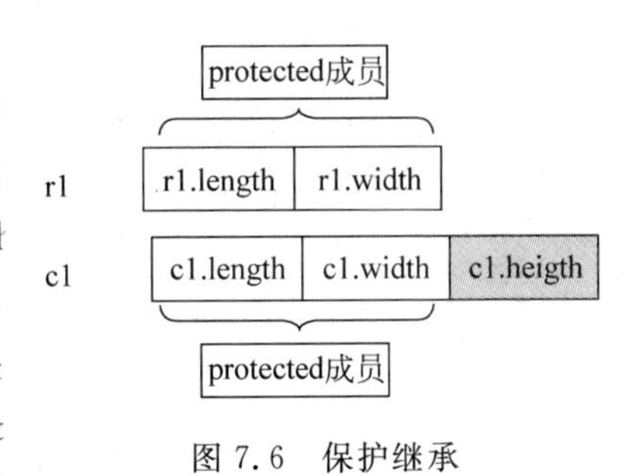

图 7.6　保护继承

注意：

(1) 用作基类的类必须是已定义的类。

(2) 最常用的继承方式是 public。

(3) 派生类又可以用作基类派生其他类。

(4) 派生类对象包含基类对象作为子对象。派生类对象由多个部分组成，即派生类本身定义的成员加上由基类成员组成的子对象。

(5) 友元关系不能继承，基类的友元对派生类的成员没有特殊访问权限。如果基类被授予友元关系，则只有基类具有特殊访问权限，该基类的派生类不能访问授予友元关系的类。

(6) 如果基类定义了 static 成员，则整个继承层次中只有一个这样的成员。无论从基类派生出多少个派生类，每个 static 成员都只有一个实例。static 成员遵循常规访问控制，如果成员在基类中为 private，则派生类不能访问它。如果可以访问，则既可以通过基类访问 static 成员，也可以通过派生类访问 static 成员。一般而言，既可以使用作用域操作符也可以使用点或箭头成员访问操作符。

(7) 在某种继承方式下基类各部分的成员函数和数据成员是被整体继承到派生类中的。在某些特殊的情况下可能会要求将基类中的相同部分做不同的继承，如派生类以 private 方式继承基类，却希望将基类中的某个函数继承为派生类的 public 成分，可以将这个函数在派生类中用 public 声明。

7.2.2　重名成员

派生类定义了与基类同名的成员，在派生类中访问同名成员时屏蔽了基类的同名成员。在派生类中使用基类的同名成员显式使用类名限定符：

类名::成员

在访问对象成员时先访问本派生类对象中的同名成员。如果派生类对象中没有该同名成员,进而访问该对象的直接基类的同名成员。如果该对象的直接基类中仍然没有该同名成员,则不断上溯至该对象的间接基类中寻找,直至找到。

1. 重名数据成员

【例 7.5】 Base 类和 Derived 类中都声明的相同的数据成员 b。

```
#include<iostream>
using namespace std;
class Base
{
    public:
        void setAB(int x,int y);
        void print();
    protected:
        int a,b;
};
void Base::setAB(int x,int y)
{
    a=x;
    b=y;
}
void Base::print()
{
    cout<<"Base::a="<<a<<" Base::b="<<b<<endl;
}
class Derived:public Base
{
    public:
        void setValue(int x,int y,int z;int w);
        void print();
    protected:
        int b,c;
};
void Derived::setValue(int x,int y,int z,int w)
{
    a=x;
    //使用 Derived 类的数据成员 a
    Base::b=y;
    //使用从 Base 类继承的 b
    b=z;
    //使用 Derived 类的数据成员 b
    c=w;
    //使用 Derived 类的数据成员 c
}
void Derived::print()
{
    cout<<"Derived::b="<<b<<endl;
    //派生类的数据成员 b
```

```
    cout <<"Derived::Base::b = "<< Base::b << endl;
    //Base::b 是基类的数据成员 b
}
int main()
{
    Derived d;
    d.setValue(1,2,3,4);
    d.print();
    system("pause");
}
```

程序的运行结果如图 7.7 所示。

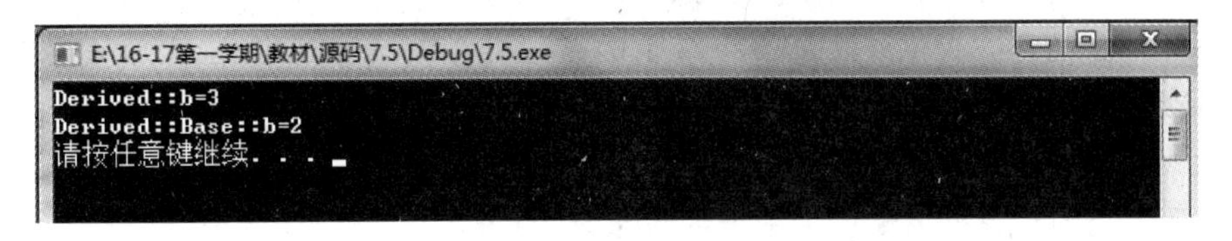

图 7.7　例 7.5 的运行结果

分析：

base	a	b		
derived	a	b	b	c
derived	1	2	3	4

基类成员的作用域延伸到所有派生类，派生类的重名成员屏蔽基类的同名成员。

2. 重名成员函数

在上例的基础上修改主函数如下：

```
int main()
{
    Derived d;
    d.setValue(1,2,3,4);
    d.Base::print();
    //派生类对象调用基类版本的同名成员函数
    d.print();
    //派生类对象调用自身的成员函数
}
```

派生类 Derived 重新定义了基类 Base 中的 print()成员函数。重新定义不会生成函数的两个重载版本，Derived 类屏蔽了 Base 类中的版本，不管派生类和基类中的同名函数参数是否一致。

注意：

(1) 如果派生类重新定义基类中的方法，应确保与基类中的原型完全相同。

(2) 如果重新定义基类中被重载的方法，应在派生类中重新定义所有重载方法。如果只定义一个，基类中的其他重载方法将被屏蔽。

3. 基类子对象的提取(赋值兼容)

派生类的对象中含有基类的成分，当继承方式是 public 时基类中定义的成员不做任何改变被传递到派生类中，这样派生类的对象中就逻辑地含有一个与用基类名定义的基类对象完全相同的匿名基类对象，这个匿名对象称为“基类子对象”。

在公有派生的情况下，一个派生类的对象可用于基类对象适用的地方。即在程序中需要一个基类对象的地方提供一个 public 继承的派生类对象是可以的，这就是从派生类对象中提取基类子对象。

提取规则如下：

(1) 派生类的对象可以赋值给基类的对象。

```
base_obj = derived_obj;
```

(2) 派生类的对象可以初始化基类的引用。

```
base& base_obj = derived_obj;
```

(3) 派生类对象的地址可以赋给指向基类的指针。

```
base * pBase = &derived_obj;
```

注意：上面几种情况只是提取了派生类对象中的基类子对象，无法访问派生类中定义的部分。

【例 7.6】 基类子对象的提取。

```
#include<iostream>
using namespace std;
class Rectangle
//定义长方形类
{
    public:
        void setLW(int l,int w);
        void putLW();
        int area();
    protected:
        int length,width;
};
void Rectangle::setLW(int l,int w)
{
```

```
    length = l;
    width = w;
}
void Rectangle::putLW()
{
    cout <<"length = "<< length <<'\t'<<"width = "<< width << endl;
}
int Rectangle::area()
{
    return length * width;
}
class Cubiod:public Rectangle
{
    public:
        void setHLW(int h,int l,int w);
        int volume();
        int surfaceArea();
    protected:
        int heigth;
};
void Cubiod::setHLW(int h,int l,int w)
{
    heigth = h;
    setLW(l,w);
}
int Cubiod::volume()
{
    return length * heigth * width;
}
int Cubiod::surfaceArea()
{
    return 2 * (width * heigth + width * length + length * heigth);
}
int main()
{
    Rectangle r1;
    Cubiod c1;
    c1.setHLW(8,5,7);
    c1.putHLW();
    cout <<"area of Cubiod1 is:"<< c1.area()<< endl;
    cout <<"volume of Cubiod1 is: "<< c1.volume()<< endl;
    cout <<"surfacearea of Cubiod1 is : "<< c1.surfaceArea()<< endl;
    cout <<" ------------------------------ "<< endl;
    r1 = c1;
    r1.putLW();
    cout <<"area of r1 is :"<< r1.area()<< endl;
```

```
    cout <<" ------------------------------ "<< endl;
    Rectangle &r2 = c1;
    r2.putLW();
    cout <<"area of r1 is :"<< r2.area()<< endl;
    cout <<" ------------------------------ "<< endl;
    Rectangle * r3 = &c1;
    r3 -> putLW();
    cout <<"area of r1 is :"<< r3 -> area()<< endl;
}
```

程序的运行结果如图 7.8 所示。

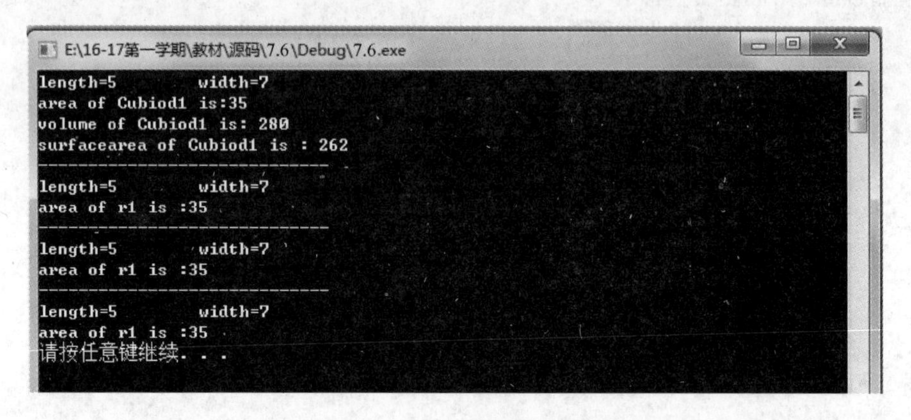

图 7.8 例 7.6 的运行结果

7.3 继承中的构造函数与析构函数

在继承中,基类的构造函数不能被继承,在声明派生类时对继承过来的成员变量的初始化工作也要由派生类的构造函数来完成。所以在设计派生类的构造函数时不仅要考虑派生类新增的成员变量,还要考虑基类的成员变量,要让它们都被初始化。

每个派生类对象由派生类中定义的(非 static)成员加上基类对象构成,这样影响了派生类对象的构造和撤销,在构造和撤销派生类对象时也要构造和撤销基类对象。

构造函数与析构函数不被继承,每个类定义自己的构造函数或析构函数。

7.3.1 继承中的构造函数

本身不是派生类的基类,它的构造函数不受继承的影响。派生类的构造函数受继承关系的影响,每个派生类构造函数除了初始化自己的数据成员以外还要初始化派生类对象的基类部分。基类部分由基类的构造函数初始化。构造函数的执行顺序是先执行基类的构造函数,然后执行派生类的构造函数。

1. 基类中有无参构造函数或参数带默认值时派生类中的构造函数的定义

如果基类定义有不带参数的构造函数，派生类既可以不定义构造函数，也可以根据需要定义自己的构造函数，构造函数可以带参数也可以省略，在派生类中定义构造函数时还可以省略"基类构造函数名(参数表)"。

【例 7.7】 基类中有无参构造函数。

```
#include<iostream>
using namespace std;
class Rectangle
{
    public:
        Rectangle()
        //基类中有无参构造函数
        {
            length=10;width=10;
            cout<<"Rectangle()"<<endl;
        }
        void setLW(int l,int w)
        {
            length=l;
            width=w;
        }
        void putLW();
        int area();
    protected:
        int length,width;
};
void Rectangle::putLW()
{
    cout<<"length="<<length<<'\t'<<"width="<<width<<endl;
}
int Rectangle::area()
{
    return length*width;
}
class Cubiod:public Rectangle
{
    public:
        Cubiod()
        //派生类中有无参构造函数
        {
            heigth=10;
            cout<<"Cubiod()"<<endl;
        }
```

```
        Cubiod(int h)
        //含有一个参数的派生类的构造函数
        {
            heigth = h;
            cout <<"Cubiod(int)"<< endl;
        }
       Cubiod(int l,int w,int h)
        //派生类中含有3个参数的构造函数
        {
            setLW(l,w);
            heigth = h;
            cout <<"Cubiod(int,int,int)"<< endl;
        }
  int volume();
        int surfaceArea();
    protected:
        int heigth;
};
int Cubiod::volume()
{
    return area() * heigth;
}
int Cubiod::surfaceArea()
{
    return 2 * (width * heigth + width * length + length * heigth);
}
int main()
{
    Cubiod c1(8,5,7);
    cout <<"area of Cubiod1 is:"<< c1.area()<< endl;
    cout <<"volume of Cubiod1 is: "<< c1.volume()<< endl;
    cout <<"surfacearea of Cubiod1 is : "<< c1.surfaceArea()<< endl;
    Cubiod c2;
    cout <<"area of Cubiod2 is:"<< c2.area()<< endl;
    cout <<"volume of Cubiod2 is: "<< c2.volume()<< endl;
    cout <<"surfacearea of Cubiod2 is : "<< c2.surfaceArea()<< endl;
    Cubiod c3(4);
    cout <<"area of Cubiod3 is:"<< c3.area()<< endl;
    cout <<"volume of Cubiod3 is: "<< c3.volume()<< endl;
    cout <<"surfacearea of Cubiod3 is : "<< c3.surfaceArea()<< endl;
    system("pause");
}
```

程序的运行结果如图7.9所示。

基类Rectangle类中有无参构造函数，在派生类Cubiod中可以根据需要定义构造函数。

```
E:\16-17第一学期\教材\源码\7.7\Debug\7.7.exe
Rectangle()
Cubiod(int,int,int)
area of Cubiod1 is:40
volume of Cubiod1 is: 280
surfacearea of Cubiod1 is : 262
Rectangle()
Cubiod()
area of Cubiod2 is:100
volume of Cubiod2 is: 1000
surfacearea of Cubiod2 is : 600
Rectangle()
Cubiod(int)
area of Cubiod3 is:100
volume of Cubiod3 is: 400
surfacearea of Cubiod3 is : 360
请按任意键继续. . .
```

图 7.9　例 7.7 的运行结果

2. 基类中仅有带参构造函数时派生类中的构造函数的定义

如果基类仅定义有带参数的构造函数，则派生类必须显式地定义其构造函数，并在声明时制定基类的某一构造函数和参数表，把参数传递给基类构造函数。

【例 7.8】 基类中仅有带参构造函数。

```
#include<iostream>
using namespace std;
class Rectangle
{
    public:
        Rectangle(int l,int w)
        {
            length=l;width=w;
            cout<<"Rectangle(int,int)"<<endl;
        }
        void putLW();
        int area();
    protected:
        int length,width;
};
void Rectangle::putLW()
{
      cout<<"length="<<length<<'\t'<<"width="<<width<<endl;
}
int Rectangle::area()
{
    return length*width;
}
class Cubiod:public Rectangle
```

```
{
    public:
        Cubiod(int l,int w,int h):Rectangle(l,w)
        //调用的基类的构造函数
        {
            heigth = h;
            cout <<"Cubiod(int,int,int)"<< endl;
        }
        int volume();
        int surfaceArea();
    protected:
        int heigth;
};
int Cubiod::volume()
{
    return area() * heigth;
}
int Cubiod::surfaceArea()
{
    return 2 * (width * heigth + width * length + length * heigth);
}
int main()
{
    Cubiod c1(8,5,7);
    cout <<"area of Cubiod1 is:"<< c1.area()<< endl;
    cout <<"volume of Cubiod1 is: "<< c1.volume()<< endl;
    cout <<"surfacearea of Cubiod1 is : "<< c1.surfaceArea()<< endl;
    system("pause");
}
```

程序的运行结果如图 7.10 所示。

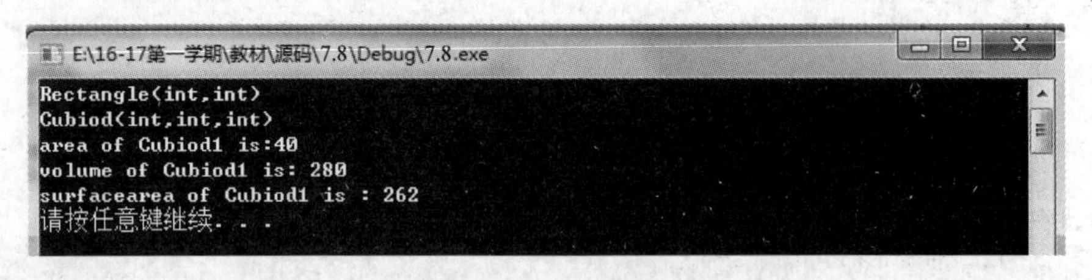

图 7.10　例 7.8 的运行结果

在派生类构造函数的定义中可以省略对基类构造函数的调用,其条件是在基类中必须有默认的构造函数或者根本没有定义构造函数。当基类的构造函数使用一个或多个参数时,派生类必须定义构造函数,提供将参数传递给基类构造函数的途径。

注意代码:

```
Cubiod(int l,int w,int h):Rectangle(l,w)
```

这是派生类 Cubiod 的构造函数的写法,冒号前面是派生类构造函数的头部,这和以前介绍的构造函数的形式一样,但它的形参列表包括了初始化基类和派生类的成员变量所需的数据;冒号后面是对基类构造函数的调用,这和普通构造函数的参数的初始化非常类似。

实际上,可以将对基类构造函数的调用和参数的初始化表放在一起,例如:

```
Cubiod(int l,int w,int h):Rectangle(l,w),h(h){}
```

基类构造函数和初始化表用逗号隔开。

3. 基类构造函数的调用规则

事实上,通过派生类创建对象时必须要调用基类的构造函数,这是语法规定。也就是说定义派生类构造函数时最好指明基类构造函数,如果不指明,就调用基类的默认构造函数(不带参数的构造函数);如果没有默认构造函数,那么编译会失败。

【例 7.9】 基类构造函数调用规则示例。

```
#include<iostream>
using namespace std;
class People
{
protected:
    char *name;
    int age;
public:
    People();
    People(char *,int);
    };
People::People()
{
    this->name="***";
    this->age=0;
}
People::People(char *name,int age):name(name),age(age){}
class Student:public People
{
private:
    float score;
public:
    Student();
    Student(char *,int,float);
    void display();
};
Student::Student()
{
    this->score=0.0;
}
Student::Student(char *name,int age,float score):People(name,age)
{
    this->score=score;
```

```
}
void display()
{
    cout << name <<"的年龄为 a"<< age <<",成绩是"<< score << endl;
}
int main()
{
    Student stu1;
    stu1.display();
    Student stu2("小明",16,90);
    stu2.display();
    system("pause");
    return 0;
}
```

程序的运行结果如下：

```
*** 的年龄为 0,成绩是 0
小明的年龄为 16,成绩是 90
```

在创建对象 stu1 时执行派生类的构造函数 Student::Student()，它并没有指明要调用基类的哪一个构造函数，从运行结果可以很明显地看出，系统默认调用了不带参数的构造函数，也就是 People::People()。

在创建对象 stu2 时执行派生类的构造函数 Student::Student(char * name, int age, float score)，它指明了基类的构造函数。

在以下代码中：

```
Student::Student(char * name,int age,float score):People(name,age)
```

如果将 People(name, age)去掉，也会调用默认构造函数，stu2. display()的输出结果将变为：

```
xxx 的年龄为 0,成绩是 90.5
```

如果将基类 People 中不带参数的构造函数删除，那么会发生编译错误，因为创建对象 stu1 时没有调用基类构造函数。

总结：如果基类有默认构造函数，那么在派生类构造函数中可以不指明，系统会默认调用；如果没有，那么必须指明，否则系统不知道如何调用基类的构造函数。

4. 构造函数的调用顺序

为了搞清楚这个问题，下面先看一个例子：

【例 7.10】 构造函数的调用顺序示例。

```
#include < iostream >
using namespace std;
```

```
class People
{
protected:
    char * name;
    int age;
public:
    People();
    People(char * , int);
};
People::People():name("XXX"),age(0)
{
    cout <<"People::People()"<< endl;
}
People::People(char * name,int age):name(name),age(age)
{
    cout <<"People::People(char * , int)"<< endl;
}
class Student:public People
{
private:
    float score;
public:
    Student();
    Student(char * , int, float);
};
Student::Student():score(0.0)
{
    cout <<"Student::Student()"<< endl;
}
Student::Student(char * name,int age,float score):People(name,age),score(score)
{
    cout <<"Student::Student(char * , int, float)"<< endl;
}
int main()
{
    Student stu1;
    cout <<" --------------- "<< endl;
    Student stu2("小?明÷",16,90.5);
    system("pause");
    return 0;
}
```

程序的运行结果如图 7.11 所示。

从运行结果可以清楚地看到，当创建派生类对象时先调用基类的构造函数，再调用派生类的构造函数。如果继承关系有几层，例如：

```
A→B→C
```

那么创建 C 类对象时构造函数的执行顺序如下：

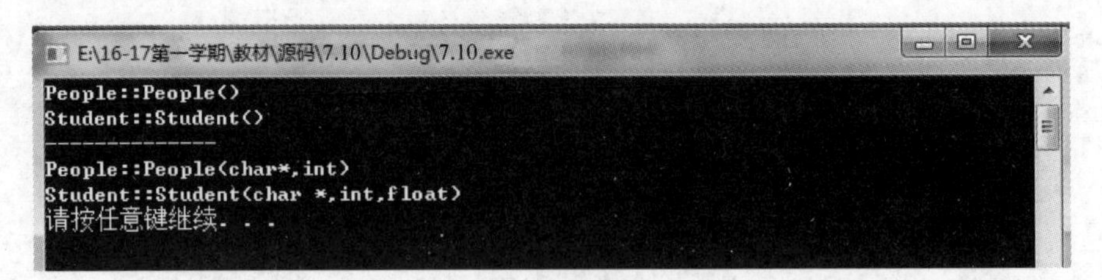

图 7.11　例 7.10 的运行结果

```
A 类构造函数→B 类构造函数→C 类构造函数
```

构造函数的调用顺序是按照继承的层次自顶向下、从基类再到派生类的。

7.3.2　析构函数

由于派生类析构函数不负责撤销基类对象的成员，基类对象的成员只能由基类的析构函数来撤销，所以执行派生类的析构函数时基类的析构函数也将被调用。

析构函数的执行顺序与构造函数相反。

【例 7.11】　析构函数的执行顺序。

```
#include <iostream>
using namespace std;
class Rectangle
{
    public:
        Rectangle(int l = 10,int w = 10)
        {
            length = l;width = w;
            cout <<"基类构造函数!"<< endl;
        }
        ~Rectangle()
        {
            cout <<"基类析构函数!"<< endl;
        }
        void putLW();
        int area();
    protected:
        int length,width;
};
void Rectangle::putLW()
{
    cout <<"length = "<< length <<'\t'<<"width = "<< width << endl;
}
int Rectangle::area()
{
    return length * width;
}
```

```
class Cubiod:public Rectangle
{
    public:
        Cubiod()
        {
            heigth = 10;
            cout <<"派生类构造函数!Cubiod()"<< endl;
        }
        Cubiod(int h)
        {
            heigth = h;
            cout <<"派生类构造函数!Cubiod(int)"<< endl;
        }
        Cubiod(int l,int w,int h):Rectangle(l,w)
        {
            heigth = h;
            cout <<"派生类构造函数!Cubiod(int,int,int)"<< endl;
        }
~Cubiod()
        {
            cout <<"派生类析构函数"<< endl;
        }
        int volume();
        int surfaceArea();
    protected:
        int heigth;
};
int Cubiod::volume()
{
    return area() * heigth;
}
int Cubiod::surfaceArea()
{
    return 2 * (width * heigth + width * length + length * heigth);
}
int main()
{
    Cubiod c1(8,5,7);
    cout <<"area of Cubiod1 is:"<< c1.area()<< endl;
    cout <<"volume of Cubiod1 is: "<< c1.volume()<< endl;
    cout <<"surfacearea of Cubiod1 is : "<< c1.surfaceArea()<< endl;
    return 0;
}
```

7.4 多继承与虚基类

多继承是子类在同时继承了多个父类的基础上派生出新类的过程。在多继承和派生过程中,除第 1 个基类外,每个类都可能有多个父类,除最后一个子类外,每个类都可能有多个子类,如图 7.12 所示。

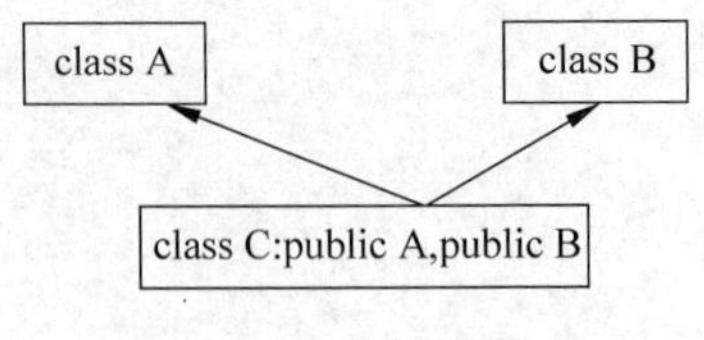

图 7.12 多继承

类 C 可以根据访问控制同时继承类 A 和类 B 的成员，并添加自己的成员。

7.4.1 多继承

1. 多继承中的语法格式

多继承中的语法格式如下：

```
class 派生类名: 继承方式 1 基类名 1, … 继承方式 n,基类名 n
{
   public:
     派生类增加的公有成员函数和数据成员;
   protected:
     派生类增加的保护成员函数和数据成员;
   private:
     派生类增加的私有成员函数和数据成员;
};
```

其中，继承方式 1、继承方式 2 及继承方式 *n* 分别决定了基类名 1，基类名 2 及基类名 *n* 与派生类之间的单继承关系。继承原则与单继承相同。

例如：

```
class D: public A, private B,protected C{
//类 D 新增加的成员
}
```

D 是多继承的派生类，它以公有的方式继承 A 类，以私有的方式继承 B 类，以保护的方式继承 C 类。D 根据不同的继承方式获取 A、B、C 中的成员，确定各个基类的成员在派生类中的访问权限。

【例 7.12】 多继承。

```
class Base1
{
    public:
      Base1(int x)
        {
            value = x ;
        }
      int getValue() const
        {
            return value ;
```

```
        }
    protected:
        int value;
};

class Base2
{
    public:
    Base2(char c)
      {
            letter = c;
    }
    char getLetter() const
    {
        return letter;
    }
   protected:
      char letter;
};
class Derived : public Base1, public Base2
{
  friend ostream &operator << ( ostream &, const Derived & ) ;
   public :
      Derived ( int, char, double ) ;
      double getReal() const ;
   private :
      double real ;
};
```

该示例如图 7.13 所示。

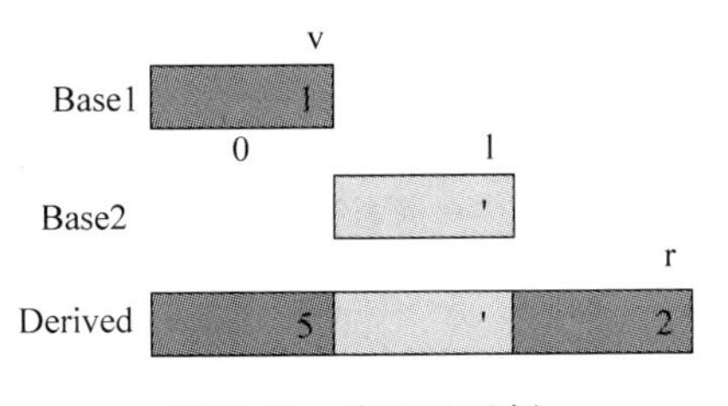

图 7.13 多继承示例

2. 多继承中的派生类构造函数

多继承下派生类的构造函数与单继承下派生类的构造函数相似,必须同时负责该派生类所有基类构造函数的调用。例如:

```
D类构造函数名(总参数表列): A构造函数(实参数列),B类构造函数(实参数列),C类构造函数(实参数列){
新增成员初始化语句
}
```

各基类的排列顺序任意。

派生类构造函数的执行顺序同样为先调用基类的构造函数,再调用派生类的构造函数。基类构造函数的调用顺序是按照声明派生类时基类出现的顺序。

【例 7.13】 定义两个基类 BaseA 类和 BaseB 类,然后用多继承的方式派生出 Sub 类。

```
#include<iostream>
using namespace std;
class BaseA
{
protected:
    int a;
    int b;
public:
    BaseA(int ,int);

};
BaseA::BaseA(int a,int b):a(a),b(b){}
//基类
class BaseB
{
protected:
    int c;
    int d;
public:
    BaseB(int,int);
};
BaseB::BaseB(int c,int d):c(c),d(d){}
//派生类
class Sub:public BaseA,public BaseB
{
private:
    int e;
public:
    Sub(int ,int,int,int,int);
    void display();
};
Sub::Sub(int a ,int b,int c,int d,int e):BaseA(a,b),BaseB(c,d),e(e)
{}
void Sub::display()
{
    cout<<"a = "<<a<<endl;
    cout<<"b = "<<b<<endl;
    cout<<"c = "<<b<<endl;
    cout<<"d = "<<b<<endl;
    cout<<"e = "<<b<<endl;
}
int main()
{
    (new Sub(1,2,3,4,5))->display();
```

```
    system("pause");
    return 0;
}
```

程序的运行结果如图 7.14 所示。

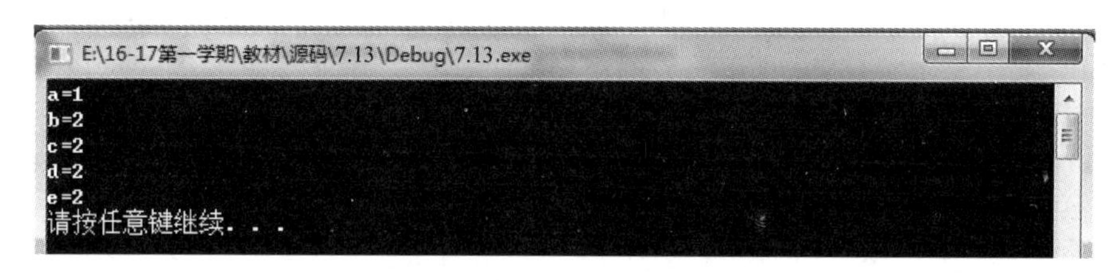

图 7.14　例 7.13 的运行结果

注意：派生类的参数个数必须包含完成所有基类初始化所需的参数个数。多个直接基类构造函数的执行顺序取决于定义派生类时指定的各个继承基类的顺序。按基类在被继承时所声明的顺序从左到右依次调用，与它们在派生类的构造函数实现中的初始化列表出现的顺序无关。

7.4.2　多继承中的二义性和支配原则

一个派生类对象拥有多个直接或间接基类的成员。不同名成员访问不会出现二义性。如果不同的基类有同名成员，在派生类对象访问时应该加以识别。

1. 同名成员的二义性

同名成员的二义性如图 7.15 和图 7.16 所示。

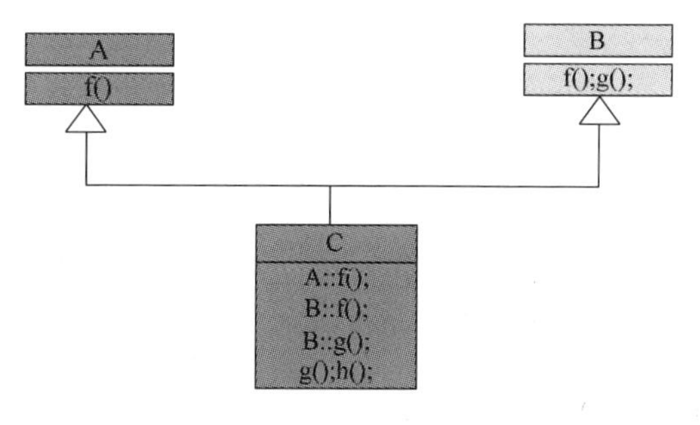

图 7.15　多继承

若有“C obj;”，则对函数 f()的访问是二义的，即“obj. f();”。

如何消除这种二义呢？

(1) 不同基类中有同名函数，使用基类名可以避免这种二义，如图 7.17 所示。

(2) 基类与派生类同名函数。

```
obj.g();         //隐含用 C 的 g()
obj.B::g();      //用 B 的 g()
```

```
class A
{
 public:
        void f();
};
```

```
class B
{ public:
        void f();
        void g();
};
```

```
class C:public A,public B
{      public:
        void f();
        void h();
};
```

图 7.16 多重继承的二义性

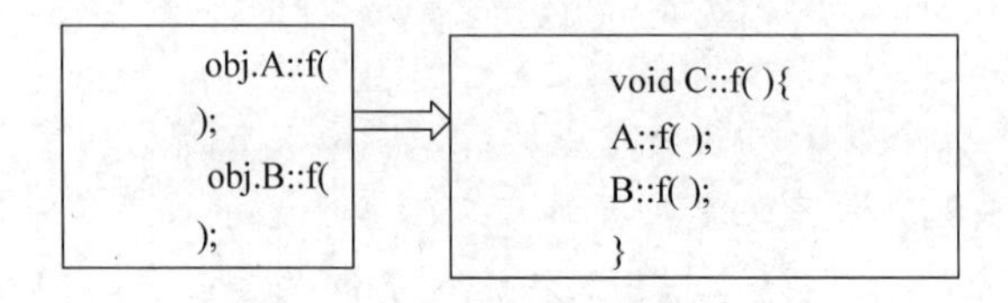

图 7.17 消除同名函数的二义性

这种用基类名控制成员访问的规则称为支配原则。

2. 同一个基类被多次继承产生的二义性

若一个派生类是从多个基类中派生出的,而这些派生类又有一个公共的基类,有可能会出现访问的二义性。

如图 7.18 所示,建立 Assistant 类的对象时 Person 的构造函数将被调用两次,分别由 Student 调用和 Staff 调用,以初始化 Assistant 类的对象中所包含的 Student 类和 Staff 类的子对象。

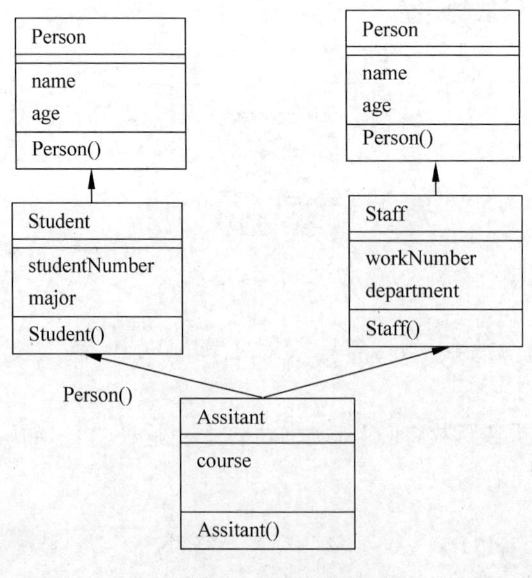

图 7.18 多重继承

7.4.3　虚基类

在多基派生中，如果在多条继承路径上有一个公共的基类，则在这些路径的汇合点便会产生来自不同路径的公共基类的多个副本。如果只想保留公共基类的一个副本，就必须使用关键字 virtual 把这个公共基类定义为虚基类。虚基类示例如图 7.19 所示。

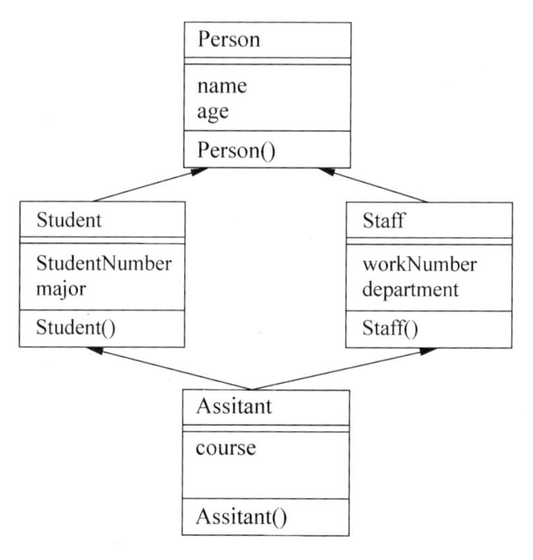

图 7.19　虚基类

虚基类在定义由基类直接派生的类时说明，说明的格式如下：

```
class 派生类名: virtual 派生方式 基类名{
…
}
```

例如：

```
class base{
…
}
class base1:virtual public base{
…
}
class base2:virtual public base{
…
}
class derived:public base1,public base2{
…
}
```

对类 base1 和 base2 来说，类 base 成为它们的虚基类，但并不是说 base 对所有由它派生出来的类都是虚基类，因为有可能其他派生类不使用关键字 virtual，例如 base3，则 base3

就不把 base 看成是虚基类。

在这样的类层次中，base 的成员在 derived 类对象中只保留一个副本。下面对虚基类再作几点说明：

(1) 关键字 virtual 与派生方式关键字(public、protected、private)间的先后顺序无关紧要，它只是说明虚拟派生。例如可以写成：

```
class base1:public virtual base{
…
}
```

(2) 为了保证基类成员在派生类中只被继承一次，应该将其直接派生类都说明为按虚拟方式派生，这样可以避免由于同一基类多次复制而引起的二义性。

【例 7.14】 虚继承的测试。

```
#include < iostream >
using namespace std;
class A
{
    public :
       A ( )
        {
            cout <<"class A"<< endl ;
        }
} ;
class B : public A
{
    public :
       B ( )
        {
            cout <<"class B"<< endl ;
        }
} ;
class C : public A
{
    public :
       C ( )
        {
            cout <<"class C"<< endl ;
        }
} ;
class D : public B , public C
{
    public :
       D ( )
        {
            cout <<"class D"<< endl ;
        }
} ;
```

```
void main ( )
{
    D dd ;
    system("pause");
}
```

程序的运行结果如图 7.20 所示。

```
E:\16-17第一学期\教材\源码\7.14\Debug\7.14.exe
class A
class B
class A
class C
class D
请按任意键继续. . .
```

图 7.20　例 7.14 的运行结果

从程序的运行结果来看,两次调用了 A 的构造函数,如图 7.21 所示。

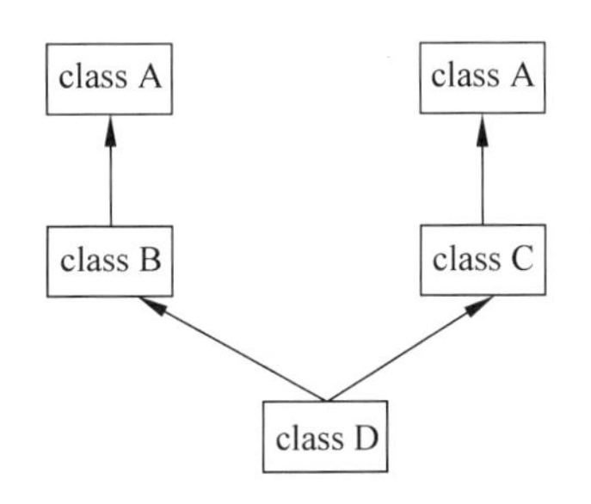

图 7.21　例 7.14 中类的关系图

若把例 7.14 修改为以下代码:

```
#include < iostream >
using namespace std;
class A
{
    public :
      A ( )
       {
           cout <<"class A"<< endl ;
       }
} ;
class B : virtual public A
{
    public :
      B ( )
       {
           cout <<"class B"<< endl ;
       }
} ;
```

```
class C : virtual public A
{
    public :
        C ( )
        {
            cout <<"class C"<< endl ;
        }
} ;
class D : public B , public C
{
    public :
        D ( )
        {
            cout <<"class D"<< endl ;
        }
} ;
void main ( )
{
    D dd ;
    system("pause");
}
```

程序的运行结果如图 7.22 所示。

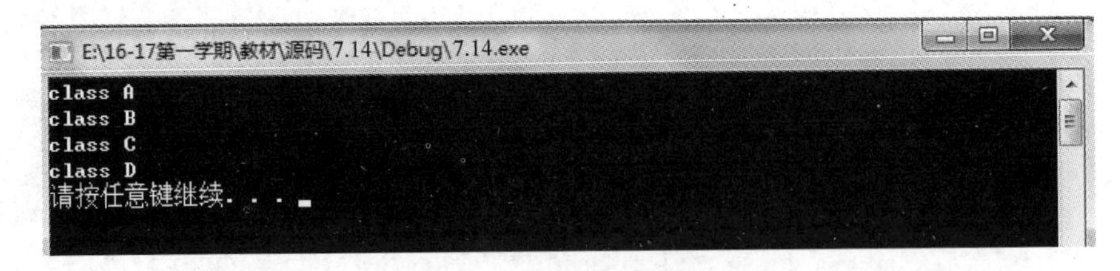

图 7.22　虚基类的实现结果

由程序的运行结果可以看出,一次调用了 A 的构造函数。

综合实例

定义一个硬件类 Hardware 和一个软件类 software,其派生类——计算机系统类 ComputerSystem 继承了硬件类 Hardware 和软件类 software,输出计算机系统对象的信息,使结果如图 7.23 所示。

```
E:\16-17第一学期\教材\源码\综合实例7\Debug\综合实例7.exe
Owner is Wang
Hardware name is 486
Operating system is Windows 95
Apple software is Office 97
Owner is Zhang
Hardware name is 586
Operating system is Windows 95
Apple software is VB
请按任意键继续. . .
```

图 7.23　综合实例的运行结果

程序的实现代码如下：

```
#include<iostream>
using namespace std;
class Hardware
{
    protected:
        char *HardName;
    public:
        Hardware(char *hn)
        {
            HardName=hn;
        }
        Hardware(Hardware& HardObj)
        {
            HardName=HardObj.HardName;
        }
        void show()
        {
            cout<<"Hardware name is "<<HardName<<endl;
        }
};
class Software
{
    protected:
        char *OperatingSystem;
        char *AppSoftware;
    public:
        Software(char *os,char *as)
        {
            OperatingSystem=os;
            AppSoftware=as;
        }
        Software(Software& SoftObj)
        {
            OperatingSystem=SoftObj.OperatingSystem;
            AppSoftware=SoftObj.AppSoftware;
        }
        void show()
        {
            cout<<"Operating system is "<<OperatingSystem<<endl;
            cout<<"Apple software is "<<AppSoftware<<endl;
        }
};
class ComputerSystem:public Hardware,public Software
{
    char *owner;
    public:
        ComputerSystem(char *hn,char *os,char *as,char *ow):Hardware(hn),Software(os,
as)
```

```
        {
            owner = ow;
        }
        ComputerSystem( Hardware& HardObj,Software& SoftObj,ComputerSystem CSObj):Hardware
(HardObj),Software(SoftObj)
        {
            owner = CSObj.owner;
        }
        void show()
        {
            cout <<"Owner is "<< owner << endl;
            cout <<"Hardware name is "<< HardName << endl;
            cout <<"Operating system is "<< OperatingSystem << endl;
            cout <<"Apple software is "<< AppSoftware << endl;
        }
};
void main()
{
    ComputerSystem c1("486","Windows 95","Office 97","Wang");
    ComputerSystem c2("586","Windows 95","VB","Zhang");
    c1.show();
    c2.show();
    system("pause");
}
```

本章小结

本章主要介绍了面向对象编程的一个重要的特性——继承(Inheritance),继承是类与类之间的关系,是一个简单、直观的概念,与现实世界中的继承(儿子继承父亲的财产)类似。本章主要讲解了继承的概念和语法、继承方式、派生类的构造函数和析构函数、多继承和虚基类等知识。

习题

一、选择题

1. 下面叙述不正确的是(　　)。

   A. 派生类一般都用公有派生

   B. 对基类成员的访问必须是无二义性的

   C. 赋值兼容规则也适用于多重继承的组合

   D. 基类的公有成员在派生类中仍然是公有的

2. 公有派生类的成员函数不能直接访问基类中继承而来的某个成员,则该成员一定是基类中的(　　)。

   A. 私有成员　　　　　　　　B. 公有成员

C. 保护成员　　　　D. 保护成员或私有成员

3. 下列对基类和派生类关系的描述错误的是(　　)。

A. 派生类是基类的具体化　　　　B. 基类继承了派生类的属性

C. 派生类是基类定义的延续　　　　D. 派生类是基类的特殊化

4. 假设 ClassY:publicX,即类 Y 是类 X 的派生类,则说明一个 Y 类的对象时和删除 Y 类的对象时调用构造函数和析构函数的顺序分别为(　　)。

A. X,Y; Y,X　　B. X,Y; X,Y　　C. Y,X; X,Y　　D. Y,X; Y,X

二、编程题

定义一个 Person 类(属性:姓名(name)、年龄(age),成员函数:构造函数、输出信息函数),定义一个 Student 类,继承 Person 类,并增加学号(studentID)属性、构造函数,输出信息函数。定义一个 Teacher 类,继承 Person 类,并增加职工号(wNumber)属性、构造函数,输出信息函数。

第8章 多态性和虚函数

本章学习目标：

- C++多态的概念；
- C++虚函数；
- C++虚函数表；
- C++虚析构函数；
- C++纯虚函数和抽象类。

8.1 C++多态的概念

多态性(Polymorphism)是面向对象程序设计的一个重要特征,多态的意思是一个事物有多种形态。如果一种语言只支持类而不支持多态,是不能称为面向对象语言的,只能说是基于对象的,例如 Ada、VB 就属于此类。C++支持多态性,在 C++程序设计中能够实现多态性。利用多态性可以设计和实现一个易于扩展的系统。

在 C++程序设计中,多态性是指具有不同功能的函数可以用同一个函数名,这样就可以用一个函数名调用不同内容的函数。在面向对象方法中一般是这样描述多态性的：向不同的对象发送同一个消息,不同的对象在接收时会产生不同的行为(即方法)。也就是说,每个对象可以用自己的方式去响应共同的消息。所谓消息,就是调用函数,不同的行为是指不同的实现,即执行不同的函数。

前面已经多次接触过具有多态性的现象,例如函数的重载、运算符重载都属于多态现象。使用运算符“+”使两个数值相加就是发送一个消息,它要调用 operator+函数。实际上,整型、单精度型、双精度型的加法操作过程是互不相同的,是由不同内容的函数实现的。显然,它们以不同的行为或方法响应同一消息。

同样,在 C++程序设计中,在不同的类中定义了其响应消息的方法,那么在使用这些类时不必考虑它们是什么类型,只要发布消息即可。正如在使用运算符“+”时不必考虑相加的数值是整型、单精度型还是双精度型,直接使用“+”,不论哪类数值都能实现相加。可以说这是以不变应万变的方法,不论对象千变万化,用户都是用同一形式的信息去调用它们,使它们根据事先的安排作出反应。

从系统实现的角度看,多态性分为下面两类。

(1) 静态多态性：静态多态性又称编译时的多态性,在程序编译时系统就能决定调用的是哪个函数，因此静态多态性是通过函数的重载实现的（运算符重载实质上也是函数重载），以前学过的函数重载和运算符重载实现的多态性属于静态多态性。

（2）动态多态性：动态多态性是在程序运行过程中才动态地确定操作所针对的对象，它又称运行时的多态性。动态多态性是通过虚函数（Virtual Function）实现的。

由于有关静态多态性的应用（函数的重载和运算符重载）已经介绍过了，在本章主要介绍动态多态性和虚函数。这里要研究的问题是：当一个基类被继承为不同的派生类时各派生类可以使用与基类成员相同的成员名，如果在运行时用同一个成员名调用类对象的成员会调用哪个对象的成员？也就是说，通过继承产生了相关的不同的派生类，与基类成员同名的成员在不同的派生类中有不同的含义。也可以说多态性是“一个接口”的多种方法。

在本章主要讨论这些问题。

8.1.1　多态概念的引入

前面讲过，基类的指针可以指向派生类对象，例如下面的例子。

【例 8.1】　基类指针指向派生类对象示例。

```
#include<iostream>
using namespace std;
class People
{
protected:
    char *name;
public:
    People(char *name):name(name){}
    void display()
    {
        cout<<"People:"<<name<<endl;
    }
};
class Student:public People
{
public:
    Student(char *name):People(name){}
    void display()
    {
        cout<<"Student:"<<name<<endl;
    }
};
int main()
{
    People *p=new People("xiao wang");
    p->display();
    p=new Student("xiao Li");
    p->display();
    system("pause");
    return 0;
}
```

程序的运行结果如图 8.1 所示。

图 8.1　例 8.1 的运行结果

通常认为，如果指针指向了派生类对象，那么就应该使用派生类的成员变量和成员函数，这符合人们的思维习惯。

但是本例的运行结果却告诉我们：当基类指针 p 指向派生类 Student 的对象时，虽然使用了 Student 的成员变量，但是却没有使用它的成员函数，造成输出结果不伦不类，不符合预期。

如果希望通过 p 指针访问 Student 类的成员函数，可以将该成员函数声明为虚函数，请看下面的代码。

【例 8.2】 对例 8.1 进行修改。

```
#include< iostream >
using namespace std;
class People
{
protected:
    char * name;
public:
    People(char * name):name(name){}
    //加 virtual 关键字声明为虚函数
    virtual void display()
    {
        cout <<"People: "<< name << endl;
    }
};
class Student: public People
{
public:
    Student(char * name):People(name){}
    //加 virtual 关键字声明为虚函数
    virtual void display()
    {
        cout <<"Student: "<< name << endl;
    }
};
int main(){
    People * p = new People("Xiao Ming");
    p->display();
    p = new Student("Li Lei");
    p->display();
```

```
    system("pause");
    return 0;
}
```

程序的运行结果如图 8.2 所示。

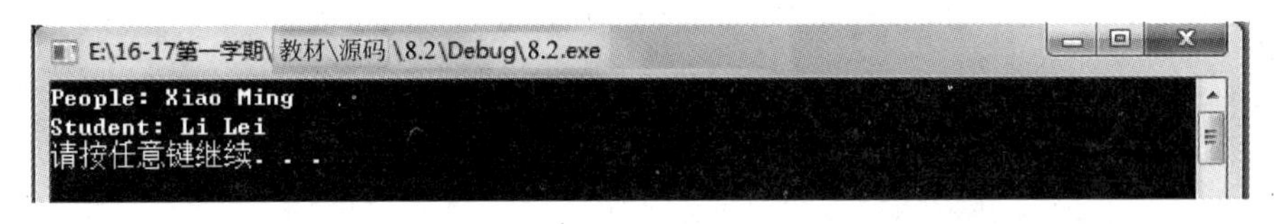

图 8.2 例 8.2 的运行结果

与上面的代码相比,这段代码仅仅是在 display()函数声明前加了一个 virtual 关键字,将成员函数声明为虚函数(Virtual Function)。这样就可以通过 p 指针调用 Student 类的成员函数,运行结果也证明了这一点。

借助虚函数,基类指针既可以使用基类的成员函数,也可以使用派生类的成员函数,它有多种形态或多种表现方式,这就是多态(Polymorphism)。

在上面的代码中,同样是"p-> display();"这条语句,当 p 指向不同的对象时它执行的操作是不一样的。同一条语句可以执行不同的操作,看起来有不同的表现方式,这就是多态。

多态是面向对象的主要特征之一。在 C++ 中,虚函数的唯一用处就是构成多态。

C++提供多态的目的是可以通过基类指针对所有派生类(包括直接派生和间接派生)的成员变量和成员函数进行"全方位"的访问,尤其是成员函数。如果没有多态,用户只能访问成员变量。

8.1.2 构成多态的条件

多态存在下面 3 个条件:

(1) 必须存在继承关系。

(2) 继承关系中必须有同名的虚函数,并且它们是覆盖关系(重载不行)。

(3) 存在基类的指针,通过该指针调用虚函数。

注意:派生类中的虚函数必须覆盖(不是重载)基类中的虚函数,这样才能通过基类指针访问。请看下面的代码。

【例 8.3】 派生类中的虚函数覆盖基类中的虚函数示例。

```
#include <iostream>
using namespace std;
class Base
{
public:
    void a()
    {
        cout <<"Base::a()"<< endl;
    }
```

```
    virtual void b()
    {
        cout <<"Base::b()"<< endl;
    }
    virtual void c()
    {
        cout <<"Base::c()"<< endl;
    }
};

class Derived: public Base{
public:
    //覆盖基类普通成员函数,不构成多态
    void a()
    {
        cout <<"Derived::a()"<< endl;
    }
    //覆盖基类虚函数,构成多态
    virtual void b()
    {
        cout <<"Derived::b()"<< endl;
    }
    //重载基类虚函数,不构成多态
    virtual void c(int n)
    {
        cout <<"Derived::c()"<< endl;
    }
    //派生类新增函数
    int d()
    {
        cout <<"Derived::d()"<< endl;
    }
};
int main(){
    Base * p = new Derived;
    p -> a();
    p -> b();
    p -> c(0);    //编译错误
    p -> d();     //编译错误
    return 0;
}
```

在程序中下面两行出现了编译错误：

```
p -> c(0);        //编译错误
p -> d();         //编译错误
```

原因如下：

(1) 如果想通过基类指针访问派生类的函数,那么该函数必须覆盖基类中的函数,普通函数如此，虚函数也是如此。

（2）如果覆盖的是虚函数，那么就构成了多态。

8.2　虚函数

在同一类中不能定义两个名字相同、参数个数和类型都相同的函数，否则就是“重复定义”。但是在类的继承层次结构中，在不同的层次中可以出现名字相同、参数个数和类型都相同而功能不同的函数。

C++中的虚函数就是用来解决这个问题的。虚函数的作用是允许在派生类中重新定义与基类同名的函数，并且可以通过基类指针或引用来访问基类和派生类中的同名函数。

虚函数对于多态具有决定性的作用，有虚函数才能构成多态。

【例 8.4】　假设你正在玩一款军事游戏，敌人突然发动了地面战争，于是你命令陆军、空军及其所有现役装备进入作战状态。

```
#include <iostream>
using namespace std;
//军队
class Troops
{
    public:
        virtual void fight()
        {
            cout <<"Strike back! "<< endl;
        }
};
//陆军
class Army: public Troops
{
    public:
        void fight()
        {
        cout <<" -- Army is fighting! "<< endl;
        }
};
//99A 主战坦克
class _99A: public Army
{
    public:
        void fight()
        {
            cout <<" ---- 99A(Tank) is fighting! "<< endl;
        }
};
//武直 10 武装直升机
class WZ_10: public Army
```

```
{
    public:
        void fight()
        {
            cout <<" ---- WZ - 10(Helicopter) is fighting! "<< endl;
        }
};
//长剑 10 巡航导弹
class CJ_10: public Army
{
    public:
        void fight()
        {
            cout <<" ---- CJ - 10(Missile) is fighting! "<< endl;
        }
};
//空军
class AirForce: public Troops
{
    public:
        void fight()
        {
            cout <<" -- AirForce is fighting! "<< endl;
        }
};
//J - 20 隐形歼击机
class J_20: public AirForce
{
    public:
        void fight()
        {
            cout <<" ---- J - 20(Fighter Plane) is fighting! "<< endl;
        }
};
//CH5 无人机
class CH_5: public AirForce
{
    public:
        void fight()
        {
            cout <<" ---- CH - 5(UAV) is fighting! "<< endl;
        }
};
//轰 6K 轰炸机
class H_6K: public AirForce
{
    public:
        void fight()
        {
            cout <<" ---- H - 6K(Bomber) is fighting! "<< endl;
```

```
    }
};

int main(){
    Troops *p = new Troops;
    p->fight();
    //陆军
    p = new Army;
    p->fight();
    p = new _99A;
    p->fight();
    p = new WZ_10;
    p->fight();
    p = new CJ_10;
    p->fight();
    //空军
    p = new AirForce;
    p->fight();
    p = new J_20;
    p->fight();
    p = new CH_5;
    p->fight();
    p = new H_6K;
    p->fight();
    system("pause");
    return 0;
}
```

程序的运行结果如图 8.3 所示。

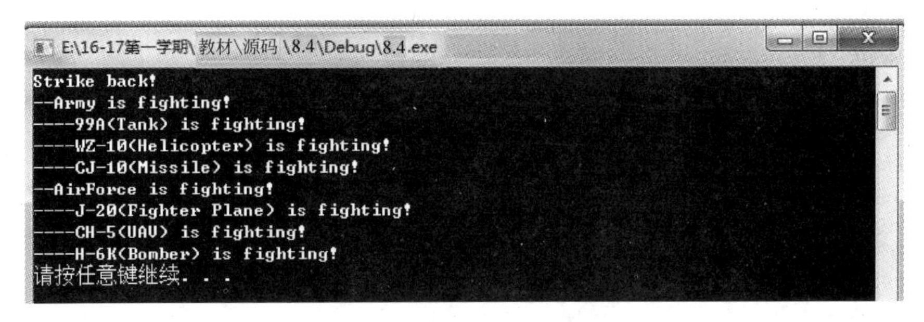

图 8.3　例 8.4 的运行结果

这个例子中，由于派生类比较多，如果不使用多态，那么就需要定义多个变量，很容易造成混乱。有了多态，只需要一个变量 p，就可以调用所有派生类的虚函数。

从这个例子中也可以发现，对于具有复杂继承关系的大中型程序，多态可以增加其灵活性，小程序凸显不出多态的优势。

另外要注意以下几点：

(1) virtual 关键字仅用于函数声明，如果函数是在类外定义，则不需要再加上 virtual 关键字。

(2) 为了方便，可以只将基类中的函数声明为虚函数，则所有派生类中具有覆盖关系的同名函数都将自动成为虚函数。

在什么情况下考虑把一个成员函数声明为虚函数呢？

首先看成员函数所在的类是否会作为基类，然后看成员函数在类的继承后有无可能被更改功能，如果希望更改其功能，一般应该将它声明为虚函数。如果成员函数在类被继承后功能不需要修改，或派生类用不到该函数，则不要把它声明为虚函数。用户不能仅仅考虑到要作为基类而把类中的所有成员函数都声明为虚函数。

8.3 虚析构函数

在 C++中，构造函数用于在创建对象时进行初始化工作，不能声明为虚函数。因为在执行构造函数前对象尚未创建完成，虚函数表尚不存在，也没有指向虚函数表的指针，所以此时无法查询虚函数表，也就不知道要调用哪一个构造函数。

析构函数则用于在销毁对象时完成相应的资源释放工作，可以被声明为虚函数。

为了说明虚析构函数的必要性，先看下面的例子：

【例 8.5】 虚析构函数。

```
#include <iostream>
using namespace std;
//基类
class Base
{
private:
    int *a;
public:
    Base();
    ~Base()
    {
        cout <<"Base destructor"<< endl;
    }
};
Base::Base()
{
    a = new int[100];
    cout <<"Base constructor"<< endl;
}
//派生类
class Derived: public Base
{
private:
    int *b;
public:
    Derived();
    ~Derived( )
    {
```

```
            cout <<"Derived destructor"<< endl;
        }
};
Derived::Derived()
{
    b = new int[100];
    cout <<"Derived constructor"<< endl;
}

int main( )
{
    Base *p = new Derived;
    delete p;
    return 0;
}
```

程序的运行结果如下：

```
Base constructor
Derived constructor
Base destructor
```

本例中定义了两个类，即基类 Base 和派生类 Derived，它们都有自己的构造函数和析构函数。在构造函数中会分配 100 个 int 型的内存空间，在析构函数中会把这些内存释放掉。

在 main 函数中定义了基类类型的指针 p，并指向派生类对象，然后希望用 delete 释放 p 所指向的空间。

从运行结果可以看出，执行下面的语句只调用了基类的析构函数，却没有调用派生类的析构函数。

```
delete p;
```

这会导致 b 所指向的 100 个 int 型内存空间得不到释放，除非程序运行结束被操作系统收回，否则再也没有机会释放这些内存。这是典型的内存泄露。

内存泄露问题是需要程序员极力避免的。本例中出现的内存泄露是由于派生类的析构函数未被调用引起的，为了解决这个问题，需要将基类的析构函数声明为虚函数。修正后的代码如下：

```
class Base
{
private:
    int *a;
public:
    Base();
    virtual ~Base()
    {
        cout <<"Base destructor"<< endl;
```

```
    }
};
Base::Base()
{
    a = new int[100];
    cout<<"Base constructor"<< endl;
}
```

程序的运行结果如下：

```
Base constructor
Derived constructor
Derived destructor
Base destructor
```

如此，派生类的析构函数也会自动成为虚析构函数。在执行“delete p;”语句时会先执行派生类的析构函数，再执行基类的析构函数，这样就不存在内存泄露的问题了。

这个例子足以说明虚析构函数的必要性，但是如果将所有基类的析构函数都声明为虚函数，也是不合适的。通常来说，如果基类中存在一个指向动态分配内存的成员变量，并且基类的析构函数中定义了释放该动态分配内存的代码，那么应该将基类的析构函数声明为虚函数。

8.4 纯虚函数和抽象类

在C++中可以将成员函数声明为纯虚函数，语法格式如下：

```
virtual 函数返回类型 函数名(函数参数) = 0;
```

纯虚函数没有函数体，只有函数声明，在虚函数声明结尾加上“=0”，表明此函数为纯虚函数。

注意： 最后的“=0”并不表示函数的返回值为0，它只起形式上的作用，告诉编译系统“这是纯虚函数”。

包含纯虚成员函数的类称为抽象类(Abstract Class)。之所以说它抽象，是因为它无法实例化，也就是无法创建对象。原因很明显，纯虚函数没有函数体，不是完整的函数，无法调用，也无法为其分配内存空间。

抽象类通常作为基类，让派生类去实现纯虚函数。派生类必须实现纯虚函数才能被实例化。

【例8.6】 纯虚函数使用示例。

```
#include<iostream>
using namespace std;
//线
class Line
```

```
{
protected:
    float len;
public:
    Line(float len): len(len){}
    virtualfloat area() = 0;
    virtualfloat volume() = 0;
};
//矩形
class Rec: public Line{
protected:
    float width;
public:
    Rec(float len, float width): Line(len),width(width){}
    float area()
 {
    return len * width;
}
};
//长方体
class Cuboid: public Rec
{
protected:
    float height;
public:
    Cuboid(float len, float width, float height): Rec(len, width), height(height){}
    float area()
{
    return 2 * (len * width + len * height + width * height);
}
    float volume()
{
    return len * width * height;
}
};
//正方体
class Cube: public Cuboid
{
public:
    Cube(float len): Cuboid(len, len, len){}
    float area()
{
    return 6 * len * len;
}
    float volume()
{
    return len * len * len;
}
};
int main()
```

```
{
    Line * p = new Cuboid(10, 20, 30);
    cout <<"The area of Cuboid is "<< p -> area()<< endl;
    cout <<"The volume of Cuboid is "<< p -> volume()<< endl;
    p = new Cube(15);
    cout <<"The area of Cube is "<< p -> area()<< endl;
    cout <<"The volume of Cube is "<< p -> volume()<< endl;
     system("pause");
     return 0;
}
```

程序的运行结果如图 8.4 所示。

图 8.4 例 8.6 的运行结果

在本例中定义了 4 个类，它们的继承关系为 Line → Rec → Cuboid → Cube。

Line 是一个抽象类，也是最顶层的基类，在 Line 类中定义了两个纯虚函数 area()和 volume()。

在 Rec 类中实现了 area()函数。所谓实现，就是定义了纯虚函数的函数体。但这时 Rec 仍不能被实例化，因为它没有实现继承而来的 volume()函数，volume()仍然是纯虚函数，所以 Rec 仍然是抽象类。

直到 Cuboid 类才实现了 volume()函数，才是一个完整的类，才可以被实例化。

可以发现，Line 类表示"线"，没有面积和体积，但它仍然定义了 area()和 volume()两个纯虚函数。这样的用意很明显：Line 类不需要被实例化，但是它为派生类提供了"约束条件"，派生类必须要实现这两个函数，完成计算面积和体积的功能，否则就不能实例化。

在实际开发中可以定义一个抽象基类，只完成部分功能，将未完成的功能交给派生类去实现(谁派生谁实现)。这部分未完成的功能往往是基类不需要的，或者是在基类中无法实现的。虽然抽象基类没有完成，但是却强制要求派生类完成，这就是抽象基类的"霸王条款"。

抽象基类除了具有约束派生类的功能，还可以实现多态。请注意以下代码：

```
Line * p = new Cuboid(10, 20, 30);
```

指针 p 的类型是 Line，但是它却可以访问派生类中的 area()和 volume()函数，正是由于在 Line 类中将这两个函数定义为纯虚函数。如果不这样做，后面的代码将都是错误的。这或许才是 C++提供纯虚函数的主要目的。

对纯虚函数的几点说明如下：

(1) 一个纯虚成员函数可以使类成为抽象基类，但是抽象基类中除了包含纯虚成员函数外，还可以包含其他的成员函数（虚函数或普通函数）和成员变量。

(2) 只有类中的虚函数才能被声明为纯虚成员函数，普通成员函数和顶层函数均不能声明为纯虚函数。例如：

```
//顶层函数不能被声明为纯虚函数
void fun() = 0;            //compile error
class base
{
public :
    //普通成员函数不能被声明为纯虚函数
    void display() = 0;  //compile error
};
```

综合实例

虚函数和抽象基类的应用：

这里有以 Point 为基类的点一圆、一圆柱体类的层次结构。现在要对它进行改写，在程序中使用虚函数和抽象基类。类的层次结构的顶层是抽象基类 Shape（形状），Point（点）、Circle（圆）、Cylinder（圆柱体）都是 Shape 类的直接派生类和间接派生类。

下面是一个完整的程序，为了便于阅读，分段插入一些文字说明。

第一部分：

```
#include <iostream>
using namespace std;
//声明抽象基类 Shape
class Shape
{
public:
    virtual float area( )const
    //虚函数
    {
        return 0.0;
    }
    virtual float volume()const
    //虚函数
    {
        return 0.0;
    }
    virtual void shapeName()const = 0;
    //纯虚函数
};
```

Shape 类有 3 个成员函数，没有数据成员。3 个成员函数都声明为虚函数，其中 shapeName 声明为纯虚函数，因此 Shape 是一个抽象基类。shapeName 函数的作用是输出具体形状（例如点、圆、圆柱体）的名字，这个信息是与相应的派生类密切相关的。显然这不应该在基类中定义,而应该在派生类中定义,所以把它声明为纯虚函数。Shape虽然是抽象基类,但是也可以包括某些成员的定义部分。类中的两个函数area(面积)和volume(体积)包括函数体,使其返回值为0(因为可以认为点的面积和体积都为0)。由于考虑到在Point类中不再对area和volume函数重新定义,因此没有把area和volume函数也声明为纯虚函数。在Point类中继承了Shape类的area和volume函数。这3个函数在各派生类中都要用到。

第二部分:

```
//声明 Point 类
class Point:public Shape
//Point 是 Shape 的公用派生类
{
public:
    Point(float = 0,float = 0);
    void setPoint(float ,float );
    float getX( )const
    {
        return x;
    }
    float getY( )const
    {
        return y;
    }
    virtual void shapeName( )const
    //对虚函数进行再定义
    {
        cout <<"Point:";
    }
    friend ostream & operator <<(ostream &,const Point &);
protected:
    float x,y;
};
//定义 Point 类成员函数
Point::Point(float a,float b)
{
    x = a;
    y = b;
}
void Point::setPoint(float a,float b)
{
    x = a;
    y = b;
}
ostream & operator <<(ostream &output,const Point &p)
{
    output <<"["<< p.x <<","<< p.y <<"]";
    return output;
}
```

Point 从 Shape 继承了 3 个成员函数，由于“点”是没有面积和体积的，因此不必重新定义 area 和 volume。虽然在 Point 类中用不到这两个函数，但是 Point 类仍然从 Shape 类继承了这两个函数，以便其派生类继承它们。shapeName 函数在 Shape 类中是纯虚函数，在 Point 类中要进行定义。Point 类还有自己的成员函数（setPoint、getX、getY）和数据成员（x、y）。

第三部分：

```
//声明 Circle 类
class Circle:public Point
{
public:
    Circle(float x = 0,float y = 0,float r = 0);
    void setRadius(float );
    float getRadius( )const;
    virtual float area( )const;
    virtual void shapeName( )const
    //对虚函数进行再定义
    {
        cout <<"Circle:";
    }
    friend ostream &operator <<(ostream &,const Circle &);
protected :
    float radius;
};
//声明 Circle 类成员函数
Circle::Circle(float a,float b,float r):Point(a,b),radius(r){}
void Circle::setRadius(float r):radius(r){}
float Circle::getRadius( )const
{
    return radius;
}
float Circle::area( )const
{
    return 3.14159 * radius * radius;
}
ostream &operator <<(ostream &output,const Circle &c)
{
    output <<"["<< c.x <<","<< c.y <<"], r = "<< c.radius;
    return output;
}
```

在 Circle 类中要重新定义 area 函数，因为需要指定求圆面积的公式。由于圆没有体积，因此不必重新定义 volume 函数，而是从 Point 类继承 volume 函数。shapeName 函数是虚函数，需要重新定义，赋予新的内容（如果不重新定义，就会继承 Point 类中的 shapeName 函数）。此外，Circle 类还有自己新增加的成员函数（setRadius、getRadius）和数据成员（radius）。

第四部分：

```
//声明 Cylinder 类
class Cylinder:public Circle
{
public:
    Cylinder (float x = 0,float y = 0,float r = 0,float h = 0);
    void setHeight(float );
    virtual float area( )const;
    virtual float volume( )const;
    virtual void shapeName( )const
    //对虚函数进行再定义
    {
        cout <<"Cylinder:";
    }
    friend ostream& operator <<(ostream&,const Cylinder&);
protected:
    float height;
};
//定义 Cylinder 类成员函数
Cylinder::Cylinder(float a,float b,float r,float h):
Circle(a,b,r),height(h){}
void Cylinder::setHeight(float h)
{
    height = h;
}
float Cylinder::area( )const
{
    return 2 * Circle::area( ) + 2 * 3.14159 * radius * height;
}
float Cylinder::volume( )const
{
    return Circle::area( ) * height;
}
ostream &operator <<(ostream &output,const Cylinder& cy)
{
    output <<"["<< cy.x <<","<< cy.y <<"], r = "<< cy.radius <<", h = "<< cy.height;
    return output;
}
```

Cylinder 类是从 Circle 类派生的。由于圆柱体有表面积和体积，所以要对 area 和 volume 函数重新定义。虚函数 shapeName 也需要重新定义。此外，Cylinder 类还有自己的成员函数 setHeight 和数据成员 radius。

第五部分：

```
//main 函数
int main( )
{
    Point point(3.2,4.5);
```

```
    //建立 Point 类对象 point
    Circle circle(2.4,1.2,5.6);
    //建立 Circle 类对象 circle
    Cylinder cylinder(3.5,6.4,5.2,10.5);
    //建立 Cylinder 类对象 cylinder
    point.shapeName();
    //静态关联
    cout << point << endl;
    circle.shapeName();
    //静态关联
    cout << circle << endl;
    cylinder.shapeName();
    //静态关联
    cout << cylinder << endl << endl;
    Shape * pt;
    //定义基类指针
    pt = &point;
    //指针指向 Point 类对象
    pt -> shapeName( );
    //动态关联
    cout <<"x = "<< point.getX( )<<", y = "<< point.getY( )<<"\\narea = "<< pt -> area( )
    <<"\\nvolume = "<< pt -> volume()<<"\\n\\n";
    pt = &circle;
    //指针指向 Circle 类对象
    pt -> shapeName( );
    //动态关联
    cout <<"x = "<< circle.getX( )<<", y = "<< circle.getY( )<<"\\narea = "<< pt -> area( )
    <<"\\nvolume = "<< pt -> volume( )<<"\\n\\n";
    pt = &cylinder;
    //指针指向 Cylinder 类对象
    pt -> shapeName( );
    //动态关联
    cout <<"x = "<< cylinder.getX( )<<", y = "<< cylinder.getY( )<<"\\narea = "<< pt -> area( )<<
    "\\nvolume = "<< pt -> volume( )<<"\\n\\n";
    return 0;
}
```

在主函数中调用有关函数并输出结果。首先分别定义了 Point 类对象 point、Circle 类对象 circle 和 Cylinder 类对象 cylinder。然后分别通过对象名 point、circle 和 cylinder 调用了 shapeName 函数，这属于静态关联，在编译阶段就能确定应调用哪一个类的 shapeName 函数。同时用重载运算符“<<”来输出各对象的信息，可以验证对象的初始化是否正确。

再定义一个指向基类 Shape 对象的指针变量 pt，使它先后指向 3 个派生类对象 point、circle 和 cylinder，然后通过指针调用各函数，例如 pt-> shapeName()、pi-> area()、pt-> volume()。这时通过动态关联分别确定应该调用哪个函数，分别输出不同类对象的信息。

程序运行结果如下(请读者对照程序分析)：

```
Point:[3.2,4.5]                          (Point类对象point的数据:点的坐标)
Circle:[2.4,1.2], r=5.6                  (Circle类对象circle的数据:圆心和半径)
Cylinder:[3.5,6.4], r=5.5, h=10.5        (Cylinder类对象cylinder的数据: 圆心、半径和高)
Point:x=3.2,y=4.5                        (输出Point类对象point的数据:点的坐标)
area=0                                   (点的面积)
volume=0                                 (点的体积)
Circle:x=2.4,y=1.2                       (输出Circle类对象circle的数据:圆心坐标)
area=98.5203                             (圆的面积)
volume=0                                 (圆的体积)
Cylinder:x=3.5,y=6.4                     (输出Cylinder类对象cylinder的数据:圆心坐标)
area=512.595                             (圆的面积)
volume=891.96                            (圆柱的体积)
```

从本例可以进一步明确以下结论：

(1) 一个基类如果包含一个或一个以上的纯虚函数，就是抽象基类。抽象基类不能也不必要定义对象。

(2) 抽象基类与普通基类不同，它一般并不是现实存在的对象的抽象(例如圆形(Circle)就是千千万万个实际的圆的抽象)，它可以没有任何物理上的或其他实际意义方面的含义。例如Shape类只有3个成员函数，没有数据成员。它既不代表点，也不代表圆。

(3) 在类的层次结构中，顶层或最上面的几层可以是抽象基类。抽象基类体现了本类族中各类的共性，把各类中共有的成员函数集中在抽象基类中声明。例如，area(面积)、volume(体积)、shapeName(形状名)是本类族中各类都用到的成员函数(可以认为点也有面积和体积，圆也有体积，它们的值为0)，把它们集中在抽象基类中声明为虚函数，然后在派生类中重新定义，这样可以利用多态性方便地调用各类中的虚函数。可以看到，用基类指针调用虚函数能使程序简明、灵活。

(4) 抽象基类是本类族的公共接口，或者说从同一基类派生出的多个类有同一接口。因此能响应同一形式的消息(例如各类对象都能对用基类指针调用虚函数作出响应)，但是响应的方式因对象的不同而异(在不同的类中对虚函数的定义不同)。在通过虚函数实现动态多态性时可以不必考虑对象是什么类的，都用同一种方式调用(因为基类指针可以指向同一类族的所有类，所以可通过基类指针调用不同类中的虚函数)。也就是说，程序员即使不了解类的定义细节，也能够调用其中的函数。

(5) 区别静态关联和动态关联。如果是通过对象名调用虚函数(例如poixu.shapeName())，在编译阶段就能确定调用的是哪一个类的虚函数，所以属于静态关联。如果是通过基类指针调用虚函数(例如pt-> shapeName())，在编译阶段无法从语句本身确定调用哪一个类的虚函数，只有在运行时指向某一类对象后才能确定调用的是哪一个类的虚函数，故为动态关联。

(6) 如果在基类中声明了虚函数，则在派生类中凡是与该函数有相同的函数名、函数类型、参数个数和类型的函数均为虚函数(不论在派生类中是否用virtual声明)。但是同一虚函数在不同的类中可以有不同的定义。纯虚函数是在抽象基类中声明的，只是在抽象基类中它才称为纯虚函数，在其派生类中虽然继承了该函数，但除非再次用“=0”把它声明为纯虚函数，否则它不是也不能称为纯虚函数。例如程序Point类中的shapeName函数不能称为纯虚函数，它是虚函数。

(7) 使用虚函数提高了程序的可扩充性。在上面的程序中有 3 个派生类，如果想将 Circle 类更换为 Globe(圆球)类是很简单的。在 main 函数中只需把出现 Circle 类对象的地方改成 Globe 类对象即可。例如原来为：

```
Circle circle(2.4,1.2,5.6);
```

改为：

```
Globe globe(2.4,1.2,5.6);
```

原来为：

```
pt = &circle;
pt -> shapeName();
```

改为：

```
pt = &globe;
pt -> shapeName();
```

原来为：

```
cout <<"x" = << circle.gelX()<<",y = "<< circle.getY()<<"\narea = "<< pt -> area()<<"\n
volume = "<< pt -> volume()<<"\n\n";
```

改为：

```
cout <<"x = "<< globe.gelX()<<",y = "<< globe.getY()<<"\narea = "<< pt -> area()<<"\n
volume = "<< pt -> volume()<<"\n\n";
```

其他部分不必改动。这十分方便，相当于换零件一样，当然要重新定义 Globe 类。

如果要增加一个新的类(例如保留 Circle 类，增加 Globe 类)，同样很简单。甚至可以在不知道类的声明或未对该类进行声明时就可以在程序中写出对它进行操作的语句(如同上面对 Circle 的修改一样)，只需要知道新的类名即可。这样无须修改基本系统就可以将一个新的类增加到系统中。

由于在调用虚函数时是在运行阶段才确定调用哪一个函数，因此有可能在程序中要调用某一虚函数，而该函数所在的类还未声明。正如上面程序中调用 Globe 类对象的虚函数时并未声明 Globe 类一样。这是可以的、正常的，只要在运行前定义好，在运行时能保证动态关联即可。

这一点对于软件开发是很有意义的，把类的声明和类的使用分离，这对于设计类库的软件开发商来说尤为重要。开发商设计了各种各样的类，但不向用户提供源代码，用户可以不知道类是怎样声明的，但是可以使用这些类派生出自己的类。当然开发商要向用户提供类的接口(类所在的文件和类成员函数定义的目标文件的路径和文件名)，以及使用说明(例如可以调用类中的虚函数 area 计算出面积)。

利用虚函数和多态性,程序员的注意力集中在处理普遍性上,而让执行环境处理特殊性。例如,抽象基类 Shape 派生出 4 个派生类 Square(正方形)、Circle(圆形)、Rectangle(矩形)、Triangle(三角形),在每一个派生类中都包含一个虚函数 draw,其作用是在屏幕上分别画出正方形、圆形、矩形和三角形。程序员只需要进行宏观的操作,让程序调用各对象的 draw 函数即可。他使用基类指针控制有关对象。不论对象在继承层次中处于哪一层,都可以用基类指针指向它,并调用其中的 draw 函数画出需要的图形。每个对象的 draw 函数都知道应该怎样工作,这是在类中指定的,这就是执行时程序员不必考虑这些细节,只要简单地告诉每个对象"绘制自己"即可。

多态性把操作的细节留给类的设计者(他们多为专业人员)去完成,让程序人员(类的使用者)只需要做一些宏观性的工作,告诉系统做什么,而不必考虑怎么做,极大地简化了应用程序的编码工作,大大减轻了程序员的负担,也降低了学习和使用 C++编程的难度,使更多的人能更快地进入 C++程序设计的大门。也有人说,多态性是开启继承功能的钥匙。

(此综合实例引用自谭浩强著的《C++程序设计》。)

本章小结

本章主要介绍了 C++的多态性,主要内容包括:①多态性的定义,即由继承产生的相关的不同的类,向其对象发送同一个消息,不同的对象接收到后会产生不同的行为。②虚函数,多态性分为静态多态性和动态多态性,动态多态性是程序运行过程中才动态地确定操作所针对的对象,称为运行时多态,它是通过虚函数实现的。③虚析构函数,当类里面有虚函数时,编译器会给类添加一个虚函数表,里面存放虚函数指针,这样就会增加类的存储空间。所以,当一个类被用来作为基类的时候,把性函数写成虚函数。④纯虚函数和抽象类,在许多情况下,在基类中不能对虚函数给出有意义的实现,而把它说明为纯虚函数,它的实现留给该基类的派生类去做,这是纯虚函数的作用。

习题

一、选择题

所谓多态性,是指(　　)。

A. 不同的对象调用不同名称的函数　　B. 不同的对象调用相同名称的函数

C. 一个对象调用不同名称的函数　　D. 一个对象调用不同名称的对象

二、填空题

C++语言支持的两种多态性分别是编译时的多态性和________的多态性。

三、程序分析题

给出下面程序的输出结果。

```
#include<iostream.h>
class a
```

```
{
public:
    virtual void print()
    {
        cout <<"a prog… "<< endl;
    };
};
    class b:public a
    {};
    class c:public b
    {
    public:
        void print()
        {
            cout <<"c prog… "<< endl;
        }
    };
void show(a * p)
{
    ( * p).print();
}
void main()
{
    a a;
    b b;
    c c;
    show(&a);
    show(&b);
    show(&c);
}
```

四、编程题

1. 定义 Point(点)类,由 Point 类派生出 Circle(圆)类,再由 Circle 类派生出 Cylinder(圆柱体)类。将类的定义部分分别作为 3 个头文件,将它们的成员函数的声明部分分别作为 3 个源文件(.cpp 文件),在主函数中用 include 命令把它们包含进来,形成一个完整的程序,并上机运行。

2. 写一个程序,定义抽象基类 Shape,由它派生出 3 个派生类,即 Circle(圆形)、Rectangle(矩形)、Triangle(三角形),用一个函数 printArea 分别输出以上三者的面积,3 个图形的数据在定义对象时给定。

3. 写一个程序,定义抽象基类 Shape,由它派生出 5 个派生类,即 Circle(圆形)、Square(正方形)、Rectangle(矩形)、Trapezoid(梯形)、Triangle(三角形)。用虚函数分别计算几种图形的面积,并求它们的和。要求用基类指针数组,使它的每一个元素指向一个派生类对象。

第9章 模板、字符串和异常

本章学习目标：

- 函数模板；
- 模板类；
- 模板中的函数式参数；
- string 类和字符串；
- string 字符串的访问和拼接；
- string 字符串的增删改查；
- C++异常入门；
- 用 throw 抛出异常；
- C++中的 exception 类。

9.1 C++函数模板

在 C++函数重载中，为了求 3 个数的最大值，通过函数重载定义了 3 个名字相同、参数列表不同的函数：

```
//求 3 个整数的最大值
int max(int a, int b, int c)
{
    if(b>a) a=b;
    if(c>a) a=c;
    return a;
}
//求 3 个浮点数的最大值
double max(double a, double b, double c)
{
    if(b>a) a=b;
    if(c>a) a=c;
    return a;
}
//求 3 个长整型数的最大值
long max(long a, long b, long c)
{
```

```
    if(b>a) a=b;
    if(c>a) a=c;
    return a;
}
```

这些函数虽然在调用时方便了一些，但从本质上说还是定义了3个功能相同、函数体相同的函数，仍然不能节省代码，能不能把它们压缩成一个呢？

当然可以，这就需要借助本节讲解的函数模板。

数据或数值可以通过函数参数传递，在函数定义时它们是未知的，只有在发生函数调用时才能确定其值，这就是数据的参数化。

其实，数据类型也可以通过参数传递，在函数定义时可以不指明具体的数据类型，当发生函数调用时编译器可以根据传入的参数自动确定数据类型，这就是数据类型的参数化。

所谓函数模板，实际上是建立一个通用函数，其返回值类型和形参类型不具体指定，用一个虚拟的类型来代替（实际上是用一个标识符占位）。这个通用函数就称为函数模板（Function Template）。凡是函数体相同的函数都可以用这个模板来代替，不必定义多个函数，只需在模板中定义一次即可。在调用函数时系统会用实参的类型来取代模板中的虚拟类型，从而实现不同函数的功能。

定义模板函数的语法如下：

```
  template<typename 数据类型参数 , typename 数据类型参数 , …> 返回值类型 函数名(形参列表)
  {
//TODO:
//在函数体中可以使用数据类型参数
  }
```

其中，template是定义模板函数的关键字，template后面的尖括号不能省略；typename是声明数据类型参数名的关键字，多个数据类型参数以逗号分隔。例如求两个数的值：

```
//在返回值类型、形参列表、函数体中都可以使用T
template<typename T> T sum(T a, T b)
{
    T temp = a + b;
    return temp;
}
```

template<typename T>为模板头，T为类型参数。模板函数的调用形式和普通函数一样：

```
int n = sum(10, 20);
float m = sum(12.6, 23.9);
```

编译器可以根据调用时传递的参数自动推演数据类型。

改进本节开头的代码，通过函数模板求3个数的最大值。

【例 9.1】 利用函数模板求 3 个数的最大值。

```
#include <iostream>
using namespace std;
template<typename T>
//模板头,这里不能有分号
T max(T a, T b, T c)
{
    //函数头
    if(b>a) a=b;
    if(c>a) a=c;
    return a;
}
int main( ){
    //求 3 个整数的最大值
    int i1, i2, i3, i_max;
    cin >> i1 >> i2 >> i3;
    i_max = max(i1,i2,i3);
    cout <<"i_max = "<< i_max << endl;
    //求 3 个浮点数的最大值
    double d1, d2, d3, d_max;
    cin >> d1 >> d2 >> d3;
    d_max = max(d1,d2,d3);
    cout <<"d_max = "<< d_max << endl;
    //求 3 个长整型数的最大值
    long g1, g2, g3, g_max;
    cin >> g1 >> g2 >> g3;
    g_max = max(g1,g2,g3);
    cout <<"g_max = "<< g_max << endl;
    system("pause");
    return 0;
}
```

运行结果如下:

```
12  34  100↙
i_max = 100
73.234  90.2  878.23↙
d_max = 878.23
344  900  1000↙
g_max = 1000
```

模板函数也可以提前声明,不过在声明时需要带上模板头,请看下面的例子:

```
#include <iostream>
using namespace std;
//声明模板函数
template<typename T> T sum(T a, T b);
int main()
{
```

```
    cout << sum(10, 40)<< endl;
    return 0;
}
//定义模板函数
template<typename T> T sum(T a, T b){
    T temp = a + b;
    return temp;
}
```

可以发现，模板头和函数定义（声明）是一个不可分割的整体，可以换行，但是中间不能有分号。

9.2 模板类

9.2.1 模板类的定义

C++除了支持模板函数以外，还支持模板类。模板类的目的同样是将数据类型参数化。

声明模板类的语法如下：

```
template<typename 数据类型参数 , typename 数据类型参数 , …> class 类名
{
    //TODO:
};
```

模板类和模板函数都是以 template 开头，后跟数据类型参数列表；数据类型参数不能为空，多个参数用逗号隔开。

一旦声明了模板类，就可以用数据类型参数来声明类中的成员变量和成员函数。也就是说，原来使用 C++内置类型（例如 int、float、char 等）的地方都可以用类型参数来代替。

假如现在要定义一个类来表示坐标，要求坐标的数据类型可以是整数、小数和字符串，例如：

- x = 10，y = 10
- x = 12.88，y = 129.65
- x = "东京 180 度"，y = "北纬 210 度"

这个时候就可以使用模板类，请看下面的代码：

```
template<typename T1, typename T2> //这里不能有分号
class Point
{
private:
    T1 x;
    T2 y;
public:
    Point(T1 _x, T2 _y): x(_x),y(_y){}
```

```
    T1 getX();
    void setX(T1 x);
    T2 getY();
    void setY(T2 y);
};
```

坐标 x 和 y 的数据类型不确定，借助模板类就可以将数据类型参数化，否则要定义多个类。

注意：模板头和类头是一个整体，可以换行，但是中间不能有分号。

上面是类的声明，还需要在类外定义成员函数。在类外定义成员函数时仍然需要带上模板头，语法如下：

```
template<类型参数列表> 函数返回值类型 类名<类型参数列表>::函数名(参数列表)
{
    //TODO:
}
```

下面对 Point 类的成员函数进行定义：

```
template < typename T1, typename T2 >
T1 Point < T1, T2 >::getX()
{
    return x;
}
template < typename T1, typename T2 >
void Point < T1, T2 >::setX(T1 x)
{
    this -> x = x;
}
template < typename T1, typename T2 >
T2 Point < T1, T2 >::getY()
{
    return y;
}
template < typename T1, typename T2 >
void Point < T1, T2 >::setY(T2 y)
{
    this -> y = y;
}
```

9.2.2 模板类的实例化

在实例化模板类时需要指明数据类型。例如：

```
Point < int, int > p1(10, 20);
Point < int, float > p2(10, 15.5);
Point < float, char * > p3(12.4, "东京 180 度");
```

与模板函数不同的是，模板类在实例化时必须显式地指明数据类型，编译器不能根据给定的数据推演出数据类型。下面的实例化代码是错误的：

```
Point p1(10, 20);
Point p2(10.4, "东京 180 度");
```

至此就可以定义模板类并实例化了。

下面将以上代码整合起来，给出一个完整的示例。

【例 9.2】 模板类实例化示例。

```
#include <iostream>
using namespace std;
template <typename T1, typename T2> //这里不能有分号
class Point
{
private:
    T1 x;
    T2 y;
public:
    Point(T1 _x, T2 _y): x(_x),y(_y){}
    T1 getX();
    void setX(T1 x);
    T2 getY();
    void setY(T2 y);
};
template <typename T1, typename T2>
T1 Point <T1, T2>::getX()
{
    return x;
}
template <typename T1, typename T2>
void Point <T1, T2>::setX(T1 x)
{
    this->x = x;
}
template <typename T1, typename T2>
T2 Point <T1, T2>::getY(){
    return y;
}
template <typename T1, typename T2>
void Point <T1, T2>::setY(T2 y)
{
    this->y = y;
}
int main()
{
    Point <int, int> p1(10, 20);
    cout <<"p1.x = "<< p1.getX()<<", p1.y = "<< p1.getY()<< endl;
    Point <int, char *> p2(10, "东京 180 度");
```

```
    cout <<"p2.x = "<< p2.getX()<<", p2.y = "<< p2.getY()<< endl;
    Point < float, float > *p = new Point < float, float >(10.6, 109.3);
    cout <<"p->x = "<< p->getX()<<", p->y = "<< p->getY()<< endl;
    return 0;
}
```

运行结果如下：

```
p1.x = 10, p1.y = 20
p2.x = 10, p2.y = 东京 180 度
p->x = 10.6, p->y = 109.3
```

注意以下代码行：

```
Point < float, float > *p = new Point < float, float >(10.6, 109.3);
```

当定义模板类的指针时，赋值号两边都需要指明具体的数据类型，并且要保持一致。下面的写法是错误的：

```
//赋值号两边的数据类型不一致
Point < float, float > *p = new Point < float, int >(10.6, 109);
//赋值号右边没有指明数据类型
Point < float, float > *p = new Point(10.6, 109);
```

9.3 C++模板中的函数式参数

C++对模板类的支持比较灵活，模板类的参数中除了可以有类型参数以外，还可以有普通参数。例如：

```
template < typename T, int N > class Demo{ };
```

N 是一个普通参数，用来传递数据，而不是类型，它与常见的函数中的参数一样可以在类体中使用，这称为模板中的函数式参数。

T 用来传递数据的类型，*N* 用来传递数据的值，数据的值和类型都可以参数化，这是典型的面向对象编程思想。

为了演示模板中的函数式参数，下面定义一个数组类。

【例 9.3】 模板中的函数式参数示例。

```
#include < iostream >
using namespace std;
template < typename T, int N >
class Array
{
public:
    Array();
```

```
    T & operator[]( int );
    int length()
    {
        return len;
    }
private:
    int len;
    T * p;
};
template < typename T, int N >
Array < T, N >::Array()
{
    p = new T[N];
    len = N;
}
template < typename T, int N >
T & Array < T, N >::operator[](int i)
{
    if(i < 0 || i >= len)
        cout <<"Exception: Array index out of bounds! "<< endl;
    return p[i];
}
int main()
{
    Array < int, 10 > arr;
    int i, len = arr.length();
    for(i = 0; i < len; i++)
    //为数组元素赋值
    {
        arr[i] = 2 * i;
    }
    for(i = 0; i < len; i++)
    //遍历数组
    {
        cout <<"arr["<< i <<"] = "<< arr[i]<< endl;
    }
    system("pause");
    return 0;
}
```

本例中定义了一个模板类，它有一个类型参数 T 和一个普通参数 N，T 用来说明数组元素的类型，N 用来说明数组长度。

请注意代码

```
arr[i] = 2 * i;
```

和

```
cout <<"arr["<< i <<"] = "<< arr[i]<< endl;
```

之所以能通过“[ ]”来访问数组元素，是因为重载了运算符“[ ]”，并且返回值是数组元素的引用。如果直接返回数组元素的值，那么将无法给数组元素赋值。

细心的读者可能发现，这段代码有内存泄露的风险，因为在构造函数中通过 new 分配了一段内存，却没有在析构函数中通过 delete 释放。

9.4 C++中的 string 类和字符串

9.4.1 string 类的定义

C++大大增强了对字符串的支持，用户除了可以使用 C 风格的字符串以外，还可以使用内置的数据类型 string。使用 string 类处理字符串方便很多，完全可以代替 C 语言中的 char 数组或 char 指针。

使用 string 类需要包含头文件< string >，下面逐一介绍该类的功能。

【例 9.4】 string 的几种用法。

```
#include <iostream>
#include <string>
using namespace std;
int main()
{
    string s1;
    string s2 = "c plus plus";
    string s3 = s2;
    string s4 (5, 's');
    return 0;
}
```

本例介绍了几种定义 string 类型变量的方法。变量 s1 只是定义没有初始化，编译器会将默认值赋给 s1，默认值是""（空字符串）。变量 s2 在定义的同时被初始化为"c plus plus"。与 C 风格的 char 字符串不同，string 类型变量的结尾没有'\0'，string 类型的本质是一个 string 类，而定义的变量是一个个 string 类的对象。变量 s3 在定义的时候直接用 s2 进行初始化，因此 s3 的内容也是"c plus plus"。变量 s4 被初始化为由 5 个's'字符组成的字符串，也就是"sssss"。

从上面的代码可以看出，string 变量可以直接通过赋值操作符"＝"进行赋值。string 变量也可以用 C 风格的字符串进行赋值。例如，s2 是用一个字符串常量进行初始化的，而 s3 是通过 s2 变量进行初始化的。

与 C 风格的字符串不同，当需要知道字符串长度时可以调用 string 类提供的 length() 函数。例如：

```
string s = "c plus plus";
int len = s.length();
cout << len << endl;
```

运行结果如下：

```
11
```

这里，变量 *s* 也是 string 类的对象，length()是它的成员函数。

由于 string 变量的末尾没有'\0'字符，所以 length()返回的是字符串的真实长度，而不是长度+1。

9.4.2 转换为 char 数组字符串

虽然 C++提供了 string 类来替代 C 语言中的 char 数组形式的字符串，但在编程中有时必须要使用 C 风格的字符串，为此，string 类提供了一个转换函数“c_str()”，该函数能够将 string 变量转换为一个 const 字符串数组的形式，并将指向该数组的指针返回。请看下面的代码：

```
string filename = "input.txt";
ifstream in;
in.open(filename.c_str());
```

为了使用文件打开函数 open()，必须将 string 类型的变量转换为字符串数组。

9.4.3 string 字符串的输入与输出

string 类重载了输入与输出运算符，用户可以像对待普通变量那样对待 string 类型变量，也就是用“>>”进行输入，用“<<”进行输出。请看下面的代码：

【例 9.5】 string 的输入和输出。

```
#include <iostream>
#include <string>
using namespace std;
int main(){
    string s;
    cin >> s;                    //输入字符串
    cout << s << endl;           //输出字符串
    return 0;
}
```

运行结果如下：

```
string string↙
string
```

虽然输入了两个由空格隔开的"string"，但是只输出了一个，这是因为输入运算符“>>”默认会忽略空格，遇到空格就认为输入结束，所以最后输入的"string"没有被存储到变量 s。

9.5 C++中 string 字符串的访问和拼接

9.5.1 访问字符串中的字符

string 字符串也可以像字符串数组那样按照下标来访问其中的每一个字符。string 字符串的起始下标仍然是从 0 开始。请看下面的代码：

【例 9.6】 访问字符串中的字符。

```
#include <iostream>
#include <string>
using namespace std;
int main()
{
    string s1 ;
    s1 = "1234567890";
    for(int i = 0, len = s1.length(); i < len; i++)
        cout << s1[i]<<"";
    cout << endl;
    s1[5] = '5';
    cout << s1 << endl;
    return 0;
}
```

运行结果如下：

```
1 2 3 4 5 6 7 8 9 0
1234557890
```

在本例中定义了一个 string 变量 s1，并赋值"1234567890"，之后用 for 循环遍历输出每一个字符。借助下标，除了能够访问每个字符以外，也可以修改每个字符，"s1[5] = '5';"语句就将第 6 个字符修改为'5'，所以 s1 最后为"1234557890"。

9.5.2 字符串的拼接

有了 string 类，用户可以使用"+"或"+="运算符直接拼接字符串，非常方便，再也不需要使用 C 语言中的 strcat()、strcpy()、malloc()等函数拼接字符串了，也不用担心空间不够会溢出了。

在用"+"拼接字符串时，运算符的两边可以都是 string 字符串，也可以是一个 string 字符串和一个 C 风格的字符串，还可以是一个 string 字符串和一个 char 字符串。请看下面的例子：

【例 9.7】 字符串的拼接。

```
#include <iostream>
#include <string>
```

```
using namespace std;
int main()
{
    string s1, s2, s3;
    s1 = "first";
    s2 = "second";
    s3 = s1 + s2;
    cout << s3 << endl;
    s2 += s1;
    cout << s2 << endl;
    s1 += "third";
    cout << s1 << endl;
    s1 += 'a';
    cout << s1 << endl;
    return 0;
}
```

运行结果如下：

```
firstsecond
secondfirst
firstthird
firstthirda
```

9.6 C++中 string 字符串的增、删、改、查

C++提供的 string 类包含了若干实用的成员函数，大大方便了字符串的增加、删除、更改、查询等操作。

9.6.1 插入字符串

使用 insert()函数可以在 string 字符串中的指定位置插入另一个字符串，它的一种原型如下：

```
string& insert (size_t pos, const string& str);
```

pos 表示要插入的位置，也就是下标；str 表示要插入的字符串，它可以是 string 变量，也可以是 C 风格的字符串。

请看下面的代码：

【例 9.8】 插入字符串。

```
#include <iostream>
#include <string>
using namespace std;
```

```
int main()
{
    string s1, s2, s3;
    s1 = s2 = "1234567890";
    s3 = "aaa";
    s1.insert(5, s3);
    cout << s1 << endl;
    s2.insert(5, "bbb");
    cout << s2 << endl;
    return 0;
}
```

运行结果如下：

```
12345aaa67890
12345bbb67890
```

insert()函数的第1个参数有越界的可能，如果越界，则会产生运行时异常，后续会讲解如何捕获这个异常。

9.6.2 删除字符串

使用erase()函数可以删除string变量中的一个子字符串。它的一种原型如下：

```
string& erase (size_t pos = 0, size_t len = npos);
```

pos表示要删除的子字符串的起始下标，len表示要删除的子字符串的长度。如果不指明len，那么直接删除从pos到字符串结束处的所有字符(此时len = str.length-pos)。

【例9.9】 删除字符串。

```
#include <iostream>
#include <string>
using namespace std;
int main()
{
    string s1, s2, s3;
    s1 = s2 = s3 = "1234567890";
    s2.erase(5);
    s3.erase(5, 3);
    cout << s1 << endl;
    cout << s2 << endl;
    cout << s3 << endl;
    return 0;
}
```

运行结果如下：

```
1234567890
12345
1234590
```

有读者担心，在 pos 参数没有越界的情况下 len 参数可能会导致要删除的子字符串越界。但实际上这种情况不会发生，erase()函数会从以下两个值中取出最小的一个作为待删除子字符串的长度。

(1) len 的值；

(2) 字符串长度减去 pos 的值。

说得简单一些，待删除字符串最多只能删除到字符串结尾。

9.6.3　提取子字符串

substr()函数用于从 string 字符串中提取子字符串，它的原型如下：

```
string substr (size_t pos = 0, size_t len = npos) const;
```

pos 为要提取的子字符串的起始下标，len 为要提取的子字符串的长度。

请看下面的代码：

【例 9.10】 提取子字符串。

```
#include <iostream>
#include <string>
using namespace std;
int main()
{
    string s1 = "first second third";
    string s2;
    s2 = s1.substr(6, 6);
    cout << s1 << endl;
    cout << s2 << endl;
    return 0;
}
```

运行结果如下：

```
first second third
second
```

系统对 substr()参数的处理和 erase()类似：

(1) 如果 pos 越界，会抛出异常；

(2) 如果 len 越界，会提取从 pos 到字符串结尾处的所有字符。

9.6.4　字符串的查找

string 类提供了几个与字符串查找有关的函数，下面分别介绍。

1. find()函数

find()函数用于在 string 字符串中查找子字符串出现的位置，它的两种原型如下：

(1) size_t find (const string& str, size_t pos = 0) const;

(2) size_t find (const char * s, size_t pos = 0) const;

第1个参数为待查找的子字符串,它可以是string变量,也可以是C风格的字符串。第2个参数为开始查找的位置(下标),如果不指明,则从第0个字符开始查找。

【例9.11】 find函数的应用。

```
#include <iostream>
#include <string>
using namespace std;
int main()
{
    string s1 = "first second third";
    string s2 = "second";
    int index = s1.find(s2,5);
    if(index < s1.length())
        cout <<"Found at index : "<< index << endl;
    else
        cout <<"Not found"<< endl;
    return 0;
}
```

运行结果如下:

```
Found at index : 6
```

find()函数最终返回的是子字符串第1次出现在字符串中的起始下标。本例最终是在下标6处找到了s2字符串。如果没有查找到子字符串,那么会返回一个无穷大值"4294967295"。

2. rfind()函数

rfind()和find()函数很类似,同样是在字符串中查找子字符串,不同的是find()函数从第2个参数开始往后查找,而rfind()函数最多查找到第2个参数处,如果到了第2个参数指定的下标还没有找到子字符串,则返回一个无穷大值"4294967295"。

【例9.12】 rfind函数的应用。

```
#include <iostream>
#include <string>
using namespace std;
int main()
{
    string s1 = "first second third";
    string s2 = "second";
    int index = s1.rfind(s2,6);
    if(index < s1.length())
        cout <<"Found at index : "<< index << endl;
    else
        cout <<"Not found"<< endl;
    return 0;
}
```

运行结果如下：

```
Found at index : 6
```

3. find_first_of()函数

find_first_of()函数用于查找子字符串和字符串共同具有的字符在字符串中首次出现的位置。

请看下面的代码：

【例 9.13】 find_first_of()函数的应用。

```
#include <iostream>
#include <string>
using namespace std;
int main()
{
    string s1 = "first second second third";
    string s2 = "asecond";
    int index = s1.find_first_of(s2);
    if(index < s1.length())
        cout <<"Found at index : "<< index << endl;
    else
        cout <<"Not found"<< endl;
    return 0;
}
```

运行结果如下：

```
Found at index : 3
```

本例中 s1 和 s2 共同具有的字符是's'，该字符在 s1 中首次出现的下标是 3，故查找结果返回 3。

9.7 C++异常处理

9.7.1 C++的异常引入

编译器能够保证代码的语法是正确的，但是对逻辑错误和运行时错误却无能为力，例如除数为 0、内存分配失败、数组越界等。如果对这些错误放任不管，系统就会执行默认操作，终止程序的运行，也就是人们常说的程序崩溃(Crash)。

优秀的程序员能够从故障中恢复，或者提示用户发生了什么；不负责任的程序员对这些错误放任不管，让程序崩溃。C++提供了异常机制，让程序员能够捕获逻辑错误和运行时错误，并做出进一步的处理。

【例 9.14】 出现异常的例子。

```
#include <iostream>
using namespace std;
int main()
{
    string str = "c plus plus";
    char ch1 = str[100];
    //下标越界,ch1 为垃圾值
    cout << ch1 << endl;
    char ch2 = str.at(100);
    //下标越界,抛出异常
    cout << ch2 << endl;
    return 0;
}
```

运行代码,在控制台输出 ch1 的值后程序崩溃。下面分析一下。

at()是 string 类的一个成员函数,它会根据下标返回字符串的一个字符。与“[ ]”不同,at()会检查下标是否越界,如果越界就抛出一个异常(错误);而“[ ]”不做检查,不管下标是多少都会照常访问。

在上面的代码中,下标 100 显然超出了字符串 str 的长度。由于第 6 行代码不会检查下标越界,虽然有逻辑错误,但是程序能够正常运行。而第 8 行代码不同,at()函数检测到下标越界会抛出一个异常(也就是报错),这个异常本应由程序员处理,但是在代码中并没有处理,所以系统只能执行默认操作,终止程序的执行。

9.7.2 捕获异常

在 C++中可以捕获上面的异常,避免程序崩溃。捕获异常的语法如下:

```
try
{
    //可能抛出异常的语句
}
catch(异常类型)
{
    //处理异常的语句
}
```

try 和 catch 都是 C++中的关键字,后跟语句块,不能省略“{ }”。在 try 中包含可能会抛出异常的语句,一旦有异常抛出就会被捕获。从“try”的意思可以看出,它只是“尝试”捕获异常,如果没有异常抛出,那就什么也不捕获。catch 用来处理 try 捕获到的异常;如果 try 没有捕获到异常,就不会执行 catch 中的语句。

修改上面的代码,加入捕获异常的语句:

【例 9.15】 捕获异常示例。

```
#include <iostream>
using namespace std;
int main()
{
    string str = "c plus plus";
    try
    {
        char ch1 = str[100];
        cout << ch1 << endl;
    }
    catch(exception e)
    {
        cout <<"[1]out of bound!"<< endl;
    }

    try
    {
        char ch2 = str.at(100);
        cout << ch2 << endl;
    }
    catch(exception e)
    {
        cout <<"[2]out of bound!"<< endl;
    }
    return 0;
}
```

运行结果如下：

```
[2]out of bound!
```

可以看出，第 1 个 try 没有捕获到异常，输出了一个垃圾值。因为“[ ]”不会检查下标越界，不会抛出异常，所以即使有逻辑错误，try 什么也捕获不到。

第 2 个 try 捕获到了异常，并跳转到 catch，执行 catch 中的语句。需要说明的是，异常一旦抛出会立即被捕获，而且不会再执行异常点后面的语句。本例中抛出异常的位置是以下语句中的 at()函数：

```
char ch2 = str.at(100);
```

它后面的 cout 语句不会再被执行，也就看不到输出。

9.7.3 异常的类型

所谓抛出异常，实际上是创建一份数据，这份数据包含了错误信息，程序员可以根据这些信息判断到底出了什么问题，接下来应该怎么处理。

异常既然是一份数据，那么就应该有数据类型。C++规定异常类型可以是基本类型，也可以是标准库中类的类型,还可以是自定义类的类型。C++语言本身以及标准库中的函数抛出的异常都是 exception 类或其子类的类型。也就是说,抛出异常时会创建一个 exception 类或其子类的对象。

异常被捕获后会和 catch 所能处理的类型对比,如果正好和 catch 类型匹配,或者是它的子类,那么就交给当前 catch 块处理。catch 后面的括号中给出的类型就是它所能处理的异常类型。在上面的例子中,catch 所能处理的异常类型是 exception,at()函数抛出的类型是 out_of_range,out_of_range 是 exception 的子类,所以就交给这个 catch 块处理。

catch 后面的 exception e 可以分为两部分,exception 为异常类型,e 为 exception 类的对象。在异常抛出时系统会创建 out_of_range 对象,然后将该对象作为"实参",像函数一样传递给"形参"e,这样,在 catch 块中就可以使用 e 了。

其实,在一个 try 后面可以跟多个 catch,形式如下:

```
try
{
    //可能抛出异常的语句
}
catch (exception_type_1)
{
    //处理异常的语句
}
catch (exception_type_2)
{
    //处理异常的语句
}
 //…
catch (exception_type_n)
{
    //处理异常的语句
}
```

异常被捕获时先和 exception_type_1 作比较,如果异常类型是 exception_type_1 或其子类,那么执行当前 catch 中的代码;如果不是,再和 exception_type_2 作比较,以此类推,直到 exception_type_n。如果最终也没有找到匹配的类型,就只能交给系统处理,终止程序。

【例 9.16】 多个 catch 块的例子。

```
#include <iostream>
#include <exception>
#include <stdexcept>
using namespace std;
//自定义错误类型
class myType: public out_of_range
{
public:
    myType(const string& what_arg): out_of_range(what_arg){}
};
```

```
int main()
{
    string str = "c plus plus";
    try
    {
        char ch1 = str.at(100);
        cout << ch1 << endl;
    }
    catch(myType)
    {
        cout <<"Error: myType!"<< endl;
    }
    catch(out_of_range)
    {
        cout <<"Error: out_of_range!"<< endl;
    }
    catch(exception)
    {
        cout <<"Error: exception!"<< endl;
    }
    return 0;
}
```

运行结果如下：

```
Error: out_of_range!
```

try 捕获到异常后和第 1 个 catch 对比，由于此时异常类型为 out_of_range，myType 是 out_of_range 的子类，所以匹配失败；继续向下匹配，发现第 2 个 catch 合适，匹配结束；第 3 个 catch 不会被执行。

需要注意的是，catch 后面的括号中仅仅给出了异常类型，而没有所谓的“形参”，这是合法的。如果在 catch 中不需要使用错误信息，就可以省略“形参”。

9.8 用 throw 抛出异常

9.8.1 throw 关键字

throw 是 C++中的关键字，用来抛出异常。如果不使用 throw 关键字，try 就什么也捕获不到；9.7 节提到的 at()函数在内部也使用了 throw 关键字抛出异常。

throw 既可以用在标准库中，也可以用在自定义的函数中，抛出用户期望的异常。throw 关键字的语法如下：

```
throw exceptionData;
```

exceptionData 是“异常数据”的意思，它既可以是一个普通变量，也可以是一个对象，只要能在 catch 中匹配就可以。

下面的例子演示了如何使用 throw 关键字。

【例 9.17】 使用 throw 关键字。

```
#include <iostream>
#include <string>
using namespace std;
char get_char(const string &, int);
int main()
{
    string str = "c plus plus";
    try
    {
        cout << get_char(str, 2) << endl;
        cout << get_char(str, 100) << endl;
    }
    catch(int e)
    {
        if(e == 1)
        {
            cout << "Index underflow! " << endl;
        }
        else if(e == 2)
        {
            cout << "Index overflow! " << endl;
        }
    }
    return 0;
}
char get_char(const string &str, int index)
{
    int len = str.length();
    if(index < 0)
        throw 1;
    if(index >= len)
        throw 2;
    return str[index];
}
```

运行结果如下：

```
p
Index overflow!
```

在 get_char()函数中使用了 throw 关键字，如果下标越界，就会抛出一个 int 类型的异常。如果是下溢，异常数据的值为 1；如果是上溢，异常数据的值为 2。在 catch 中将捕获 int 类型的异常，然后根据异常数据输出不同的提示语。

9.8.2　不被建议的用法

throw 关键字除了可以用在函数体中抛出异常以外，还可以用在函数头和函数体之间指明函数能够抛出的异常类型。在有些文档中称之为异常列表。例如：

```
double func (char param) throw (int);
```

这条语句声明了一个名为 func 的函数，它的返回值类型为 double，有一个 char 类型的参数，并且只能抛出 int 类型的异常。如果抛出其他类型的异常，try 将无法捕获，只能终止程序。

如果希望能够抛出多种类型的异常，可以用逗号隔开：

```
double func (char param) throw (int, char, exception);
```

如果不希望限制异常类型，可以省略：

```
double func (char param) throw ();
```

如此，func()函数可以抛出任何类型的异常，try 都能捕获到。

更改上例中的代码：

```
#include <iostream>
#include <string>
using namespace std;
char get_char(const string &, int) throw(char, exception);
int main()
{
    string str = "c plus plus";
    try
    {
        cout << get_char(str, 2)<< endl;
        cout << get_char(str, 100)<< endl;
    }
    catch(int e)
    {
        if(e == 1)
        {
            cout <<"Index underflow! "<< endl;
        }
        else if(e == 2)
        {
            cout <<"Index overflow! "<< endl;
        }
    }
    return 0;
}
```

```
char get_char(const string &str, int index) throw(char, exception)
{
    int len = str.length();
    if(index < 0)
        throw 1;
    if(index >= len)
        throw 2;
    return str[index];
}
```

在使用 GCC 的 IDE 中运行代码，执行到以下语句时程序会崩溃。

```
cout << get_char(str, 100) << endl;
```

虽然 func 函数检测到下标越界，知道发生了异常，但是由于 throw 限制了函数只能抛出 char、exception 类型的异常，所以 try 将捕获不到异常，只能交给系统处理，终止程序。

需要说明的是，C++标准已经不建议这样使用 throw 关键字了，因为各个编译器对 throw 的支持不同，有的直接忽略，不接受 throw 的限制，有的将 throw 作为函数签名，导致引用函数时可能会有问题。上面的代码在 GCC 下运行时会崩溃，在 VS 下运行时则直接忽略 throw 关键字对异常类型的限制，try 可以正常捕获到 get_char()抛出的异常，程序并不会崩溃。

9.9 C++中的 exception 类

C++语言本身或者标准库抛出的异常都是 exception 的子类，称为标准异常(Standard Exception)。用户可以通过下面的语句匹配所有标准异常：

```
try
{
    //可能抛出异常的语句
}catch(exception &e){
    //处理异常的语句
}
```

之所以使用引用是为了提高效率，如果不使用引用，就要经历一次对象复制(复制对象时要调用复制构造函数)的过程。

exception 类位于< exception >头文件中，它被声明为：

```
class exception {
public:
    exception () throw();                                  //构造函数
    exception (const exception&) throw();                  //复制构造函数
    exception& operator = (const exception&) throw();      //运算符重载
    virtual ~exception() throw();                          //虚析构函数
    virtual const char * what() const throw();             //虚函数
}
```

这里需要说明的是 what()函数。what()函数返回一个能识别异常的字符串，正如它的名字“what”一样，可以粗略地告诉用户这是什么异常。不过 C++标准并没有规定这个字符串的格式，各个编译器的实现也不同，所以 what()的返回值仅供参考。

图 9.1 展示了 exception 类的继承层次：

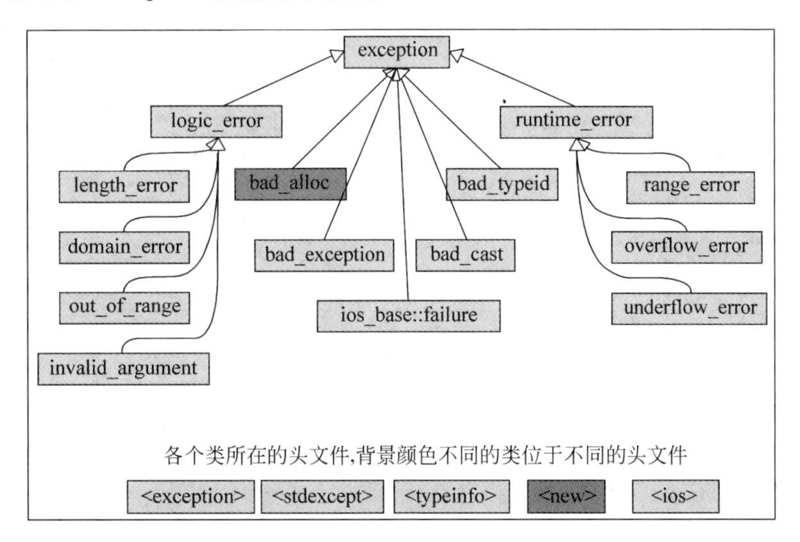

图 9.1 exception 类的继承层次以及它们所对应的头文件

先来看一下 exception 类的直接派生类，如表 9.1 所示。

表 9.1 exception 类的直接派生类

异常名称	说明
logic_error	逻辑错误
runtime_error	运行时错误
bad_alloc	使用 new 或 new[ ]分配内存失败时抛出的异常
bad_typeid	使用 typeid 操作一个 NULL 指针，而且该指针是带有虚函数的类，这时抛出 bad_typeid 异常
bad_cast	使用 dynamic_cast 转换失败时抛出的异常
ios_base::failure	io 过程中出现的异常
bad_exception	这是一个特殊的异常，如果函数的异常列表中声明了 ad_exception 异常，当函数内部抛出了异常列表中没有的异常时，若调用的 unexpected()函数中抛出了异常，不论什么类型，都会被替换为 bad_exception 类型

然后看一下 logic_error 的派生类，如表 9.2 所示。

表 9.2 logic_error 的派生类

异常名称	说明
length_error	试图生成一个超出该类型最大长度的对象时抛出该异常，例如 vector 的 resize 操作
domain_error	参数的值域错误，主要用在数学函数中，例如使用一个负值调用只能操作非负数的函数

续表

异常名称	说明
out_of_range	超出有效范围
invalid_argument	参数不合适，在标准库中，当利用 string 对象构造 bitset，而 string 中的字符不是'0'或'1'的时候抛出该异常

再看一下 runtime_error 的派生类，如表 9.3 所示。

表 9.3 runtime_error 的派生类

异常名称	说明
range_error	计算结果超出了有意义的值域范围
overflow_error	算术计算上溢
underflow_error	算术计算下溢

综合实例

下面是一个关于 C++异常的示例。

```
#include <stdlib.h>
#include <crtdbg.h>
#include <iostream>
//内存泄露检测机制
#define _CRTDBG_MAP_ALLOC
#ifdef _DEBUG
#define new new(_NORMAL_BLOCK, _FILE_, _LINE_)
#endif

//自定义异常类
class MyExcepction
{
public:
//构造函数,参数为错误代码
MyExcepction(int errorId)
{
//输出构造函数被调用信息
std::cout <<"MyExcepction is called"<< std::endl;
m_errorId = errorId;
}
//复制构造函数
MyExcepction( MyExcepction& myExp)
{
//输出复制构造函数被调用信息
std::cout <<"copy construct is called"<< std::endl;
this->m_errorId = myExp.m_errorId;
}
~MyExcepction()
```

```
{
//输出析构函数被调用信息
std::cout <<" ~MyExcepction is called"<< std::endl;
}
//获取错误码
int getErrorId()
{
return m_errorId;
}
private:
//错误码
int m_errorId;
};
int main(int argc, char * argv[])
{
//内存泄露检测机制
_CrtSetDbgFlag( _CRTDBG_ALLOC_MEM_DF | _CRTDBG_LEAK_CHECK_DF );
//可以改变错误码,以便抛出不同的异常进行测试
int throwErrorCode = 110;
std::cout <<" input test code :"<< std::endl;
std::cin >> throwErrorCode;
try
{
if ( throwErrorCode == 110)
{
MyExcepction myStru(110);
//抛出对象的地址 ->由 catch( MyExcepction * pMyExcepction) 捕获
//这里该对象的地址抛出给 catch 语句,不会调用对象的复制构造函数
//传地址是提倡的做法,不会频繁地调用该对象的构造函数或复制构造函数
//catch 语句执行结束后 myStru 会被析构掉
throw &myStru;
}
else if ( throwErrorCode == 119 )
{
MyExcepction myStru(119);
//抛出对象,这里会通过复制构造函数创建一个临时的对象传给 catch
//由 catch( MyExcepction myExcepction) 捕获
//在 catch 语句中会再次调用复制构造函数创建临时对象复制这里传过去的对象
//throw 结束后 myStru 会被析构掉
throw myStru;
}
else if ( throwErrorCode == 120 )
{
//不提倡这样的抛出方法
//如果这样做,若 catch( MyExcepction * pMyExcepction)中不执行 delete 操作则会发生内存泄露
//由 catch( MyExcepction * pMyExcepction) 捕获
MyExcepction * pMyStru = new MyExcepction(120);
throw pMyStru;
}
else
{
//直接创建新对象抛出
//相当于创建了临时的对象传递给 catch 语句
```

```
//由 catch 接收时通过复制构造函数再次创建临时对象接收传递过去的对象
// throw 结束后两次创建的临时对象会被析构掉
throw MyExcepction(throwErrorCode);
}
}
catch( MyExcepction * pMyExcepction)
{
//输出本语句被执行信息
std::cout <<"执行了 catch( MyExcepction * pMyExcepction) "<< std::endl;
//输出错误信息
std::cout <<"error Code : "<< pMyExcepction->getErrorId()<< std::endl;
//异常抛出的新对象并非创建在函数栈上,而是创建在专用的异常栈上,不需要进行 delete
//delete pMyExcepction;
}
catch ( MyExcepction myExcepction)
{
//输出本语句被执行信息
std::cout <<"执行了 catch ( MyExcepction myExcepction) "<< std::endl;
//输出错误信息
std::cout <<"error Code : "<< myExcepction.getErrorId()<< std::endl;
}
catch( … )
{
//输出本语句被执行信息
std::cout <<"执行了 catch( … ) "<< std::endl;
//如果处理不了,重新抛出给上级
throw ;
}
//暂停
int temp;
std::cin >> temp;
return 0;
}
```

本章小结

本章主要讲解了函数模板、string 类和 C++的异常，要求学生掌握函数模板的概念、模板类的应用和模板中的函数式参数；理解应用 string 类和字符串、string 字符串的访问和拼接，以及 string 字符串的增、删、改、查，并了解 C++异常的概念和 exception 类。

习题

1. 统计字符串中英文字母个数的程序。

```
#include <iostream.h>
int count (char str[]);
void main()
```

```
{
    char s1[80];
    cout <<"Enter a line:";
    cin >> s1;
    cout <<"count = "<< count(s1)<< endl;
}
int count(char str[])
{
    int num = 0;      //给统计变量赋初值
    for(int i = 0;str[i];i++)
    if (str[i]> = 'a' && str[i]< = 'z' ||(1) )
        (2);
(3);
}
```

2. 主函数调用一个 fun 函数将字符串逆序。

```
#include < iostream >
#include < string.h >
(1);
void main( )
{
    char s[80];
    cin >> s;
    (2);
    cout <<"逆序后的字符串:"<< s << endl ;
}
void fun(char ss[])
{
    int n = strlen(ss);
    for(int i = 0; (3); i++) {
        char c = ss[i];
        ss[i] = ss[n - 1 - i];
        ss[n - 1 - i] = c;
    }
}
```

3. 从一个字符串中删除所有同一个给定字符后得到一个新字符串并输出。

```
#include < iostream.h >
const int len = 20;
void delstr(char a[],char b[],char c);
void main()
{
    char str1[len],str2[len];
    char ch;
    cout <<"输入一个字符串:";
    cin >> str1;
    cout <<"输入一个待删除的字符:";
```

```
    cin >> ch;
    delstr(str1,str2,ch);
    cout << str2 << endl;
}
void delstr(char a[ ],char b[ ],char c)
{
    int j = 0;
    for(int i = 0; (1); i++)
        if((2)) b[j++] = a[i];
    b[j] = (3);
}
```

第10章 C++的输入与输出

本章学习目标：

- 输入与输出的概念；
- 与输入和输出有关的类和对象；
- 标准输出流；
- C++格式化输出；
- 用 put 输出单个字符；
- cin 输入流；
- 用 get 函数读入一个字符；
- 用 getline 函数读入一行字符；
- 其他 istream 类成员函数；
- 文件的概念、文件流类与文件流对象；
- 文件的打开与关闭；
- 对 ASCII 文件的读写操作；
- 字符串流的读写。

10.1 C++输入与输出的概念

10.1.1 输入与输出

输入和输出都是以终端为对象的，即从键盘输入数据，运行结果输出到显示器屏幕上。从操作系统的角度看，每一个与主机相连的输入和输出设备都被看作一个文件。除了以终端为对象进行输入和输出以外，还经常用磁盘(光盘)作为输入输出对象，磁盘文件既可以作为输入文件，也可以作为输出文件。

程序的输入指的是从输入文件将数据传送给程序，程序的输出指的是从程序将数据传送给输出文件。

C++输入与输出包含以下 3 个方面的内容。

(1) 对系统指定的标准设备的输入和输出：即从键盘输入数据，输出到显示器屏幕上。这种输入输出称为标准的输入输出，简称标准 I/O。

(2) 以外存磁盘文件为对象进行输入和输出：即从磁盘文件输入数据，数据输出到磁盘文件。以外存文件为对象的输入输出称为文件的输入输出，简称文件 I/O。

(3) 对内存中指定的空间进行输入和输出：通常指定一个字符数组作为存储空间（实际上可以利用该空间存储任何信息）。这种输入和输出称为字符串输入输出，简称串 I/O。

C++采取不同的方法实现以上各种输入与输出。为了实现数据的有效流动，C++系统提供了庞大的 I/O 类库，调用不同的类实现不同的功能。

在 C 语言中用 printf 和 scanf 进行输入与输出往往不能保证所输入、输出的数据是可靠的、安全的。在 C++的输入与输出中，编译系统对数据类型进行严格的检查，凡是类型不正确的数据都不可能通过编译，因此 C++的 I/O 操作是类型安全(type safe)的。C++的 I/O 操作是可扩展的，不仅可以用来输入与输出标准类型的数据，也可以用于用户自定义类型的数据。C++对标准类型的数据和对用户声明类型数据的输入与输出采用同样的方法处理。C++通过 I/O 类库实现丰富的 I/O 功能。C++的输入与输出优于 C 语言中的 printf 和 scanf，但是比较复杂，需要掌握许多细节。

10.1.2 C++的 I/O 相对于 C 的发展

在 C 语言中用 printf 和 scanf 进行输入与输出往往不能保证所输入、输出的数据是可靠的、安全的。学过 C 语言的读者可以分析下面的用法，想用格式符%d 输出一个整数，但不小心用它输出了单精度变量和字符串，会出现什么情况？假设所用的系统 int 型占两个字节。

```
printf("%d", i);        //i 为整型变量,正确,输出 i 的值
printf("%d", f);        //f 为单精度变量,输出 f 变量中前两个字节的内容
printf("%d", "C++");    //输出字符串"C++"的地址
```

编译系统认为以上语句都是合法的，而不对数据类型的合法性进行检查，显然所得到的结果不是人们所期望的，在用 scanf 输入时出现的问题有时是很隐蔽的。例如：

```
scanf("%d", &i);        //正确,输入一个整数,赋给整型变量 i
scanf("%d", i);         //漏写 &
```

假如已有声明语句"int i = 1; "，定义 *i* 为整型变量，其初值为 1。编译系统不认为上面的 scanf 语句出错，而是将输入的值存放到地址为 000001 的内存单元中，这个错误可能产生严重的后果。

C++为了与 C 兼容，保留了用 printf 和 scanf 进行输出和输入的方法，以便使过去所编写的大量的 C 程序仍然可以在 C++环境下运行，但是希望读者在编写新的 C++程序时不要用 C 的输入输出机制，而是用 C++自己特有的输入输出方法。

此外，用 printf 和 scanf 可以输出和输入标准类型的数据（如 int、float、double、char），但无法输出用户自己声明的类型（如数组、结构体、类）的数据。在 C++中大家会经常遇到对类对象的输入与输出，显然无法使用 printf 和 scanf 来处理。在用户声明了一个新类后是无法用 printf 和 scanf 函数直接输出和输入这个类的对象的。

可扩展性是C++输入与输出的重要特点之一，它能提高软件的重用性，加快软件的开发过程。

C++通过I/O类库实现丰富的I/O功能，这样使C++的输入与输出明显地优于C语言中的printf和scanf，但是也为之付出了代价，C++的I/O系统变得比较复杂，用户需要掌握许多细节。在本章中只介绍其基本概念和基本操作，对于具体细节可在日后实际应用时进一步掌握。

10.2　与C++输入和输出有关的类和对象

10.2.1　输入输出流类的概念

输入和输出是数据传送的过程，数据如流水一样从一处流向另一处。C++形象地将此过程称为流(Stream)。C++的输入输出流是指由若干字节组成的字节序列，这些字节中的数据按顺序从一个对象传送到另一个对象。流表示了信息从源到目的端的流动。在进行输入操作时，字节流从输入设备(如键盘、磁盘)流向内存；在进行输出操作时，字节流从内存流向输出设备(如屏幕、打印机、磁盘等)。流中的内容可以是ASCII字符、二进制形式的数据、图形图像、数字音频/视频或其他形式的信息。

实际上，在内存中为每一个数据流开辟一个内存缓冲区，用来存放流中的数据。当用cout和插入运算符“<<”向显示器输出数据时先将这些数据送到程序中的输出缓冲区保存，直到缓冲区满了或遇到endl将缓冲区中的全部数据送到显示器显示出来。在输入时，从键盘输入的数据先放在键盘的缓冲区中，当按回车键时，键盘缓冲区中的数据输入到程序中的输入缓冲区，形成cin流，然后用提取运算符“>>”从输入缓冲区中提取数据送给程序中的有关变量。总之，流与内存缓冲区相对应，或者说缓冲区中的数据就是流。

在C++中，输入输出流被定义为类。C++的I/O库中的类称为流类(stream class)。用流类定义的对象称为流对象。

其实，cout和cin并不是C++语言中提供的语句，它们是iostream类的对象，当不了解类和对象时，在不至于引起误解的前提下，为叙述方便，把它们称为cout语句和cin语句。正如C++并未提供赋值语句，只提供赋值表达式，在赋值表达式后面加分号就成了C++的语句，为方便起见，习惯称之为赋值语句。又如，在C语言中常用printf和scanf进行输出和输入，printf和scanf是C语言库函数中的输入输出函数，一般也习惯地将由printf和scanf函数构成的语句称为printf语句和scanf语句。在使用它们时，用户对其本来的概念应该有准确的理解。

在了解了类和对象以后，用户对C++的输入与输出应当有了更深刻的认识。

C++编译系统提供了用于输入与输出的iostream类库。iostream这个单词是由3个部分组成的，即i—o—stream，意为输入输出流。在iostream类库中包含了许多用于输入与输出的类，常用的见表10.1。

表 10.1 I/O 类库中的常用流类

类名	作　用	在哪个头文件中声明
ios	抽象基类	iostream
istream	通用输入流和其他输入流的基类	iostream
ostream	通用输出流和其他输出流的基类	iostream
iostream	通用输入输出流和其他输入输出流的基类	iostream
ifstream	输入文件流类	fstream
ofstream	输出文件流类	fstream
fstream	输入输出文件流类	fstream
istrstream	输入字符串流类	strstream
ostrstream	输出字符串流类	strstream
strstream	输入输出字符串流类	strstream

ios 是抽象基类,由它派生出 istream 类和 ostream 类,两个类名中的第 1 个字母 i 和 o 分别代表输入(input)和输出(output)。istream 类支持输入操作,ostream 类支持输出操作,iostream 类支持输入输出操作。iostream 类是从 istream 类和 ostream 类通过多重继承派生的类。其继承层次如图 10.1 所示。

C++对文件的输入与输出需要用 ifstrcam 和 ofstream 类,两个类名中的第 1 个字母 i 和 o 分别代表输入和输出,第 2 个字母 f 代表文件(file)。ifstream 支持对文件的输入操作,ofstream 支持对文件的输出操作。ifstream 继承了类 istream,类 ofstream 继承了类 ostream,类 fstream 继承了类 iostream,如图 10.2 所示。

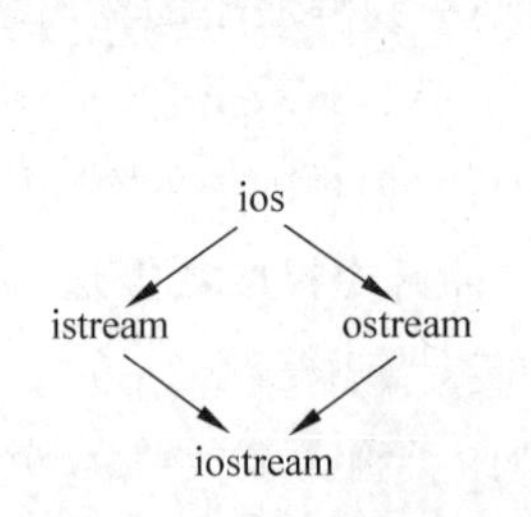

图 10.1 iostream 类库

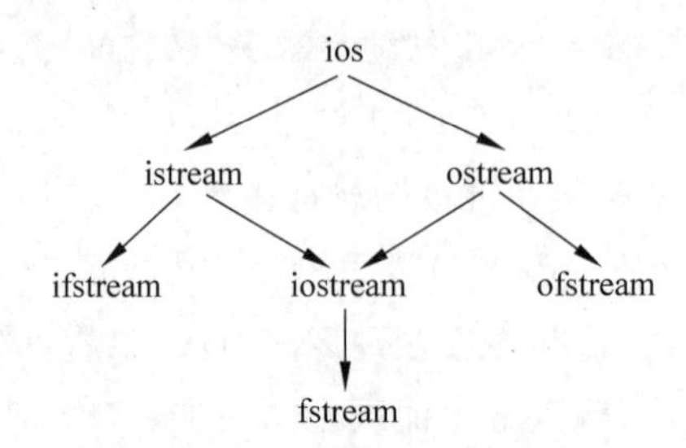

图 10.2 输入输出流的继承关系

10.2.2 与 iostream 类库有关的头文件

iostream 类库中不同的类的声明被放在不同的头文件中,用户在自己的程序中用 #include 命令包含有关的头文件就相当于在本程序中声明了所需要用到的类。可以换一种说法:头文件是程序与类库的接口,iostream 类库的接口分别由不同的头文件实现。常用的有 iostream,包含了对输入输出流进行操作所需的基本信息。

(1) fstream 用于用户管理的文件的 I/O 操作。

(2) strstream 用于字符串流 I/O。

(3) stdiostream 用于混合使用 C 和 C++的 I/O 机制时,例如想将 C 程序转变为 C++程序。

(4) iomanip 在使用格式化 I/O 时应包含。

10.2.3 在 iostream 头文件中定义的流对象

在 iostream 头文件中定义的类有 ios、istream、ostream、iostream、istream _withassign、ostream_withassign、iostream_withassign 等。

iostream.h 包含了对输入输出流进行操作所需的基本信息，因此大多数 C++程序都包括 iostream.h。在 iostream.h 头文件中不仅定义了有关的类，还定义了 4 种流对象，见表 10.2。

表 10.2 文件中定义的 4 种流对象

对象	含义	对于设备	对应的类	C 语言中相应的标准文件
cin	标准输入流	键盘	istream_withassign	stdin
cout	标准输出流	屏幕	ostream_withassign	stdout
cerr	标准错误流	屏幕	ostream_withassign	stderr
clog	标准错误流	屏幕	ostream_withassign	stderr

在 iostream 头文件中定义以上 4 个流对象用以下形式(以 cout 为例)：

```
ostream cout ( stdout);
```

在定义 cout 为 ostream 流类对象时把标准输出设备 stdout 作为参数，这样它就与标准输出设备(显示器)联系起来，如果有

```
cout << 3;
```

就会在显示器的屏幕上输出 3。

10.2.4 在 iostream 头文件中重载运算符

“<<”和“>>”本来在 C++ 中是被定义为左位移运算符和右位移运算符的，由于在 iostream 头文件中对它们进行了重载，使它们能用作标准类型数据的输入和输出运算符。所以，在用它们的程序中必须用 #include 命令把 iostream 包含到程序中。

```
#include <iostream>
```

在 istream 和 ostream 类(这两个类都是在 iostream 中声明的)中分别有一组成员函数对位移运算符“<<”和“>>”进行重载，以便能用它输入或输出各种标准数据类型的数据。对于不同的标准数据类型要分别进行重载，例如：

```
ostream operator << (int );
//用于向输出流插入一个 int 数据
ostream operator << (float );
//用于向输出流插入一个 float 数据
ostream operator << (char);
//用于向输出流插入一个 char 数据
```

```
ostream operator << (char * );
//用于向输出流插入一个字符串数据
```

如果在程序中有下面的表达式：

```
cout <<"C++";
```

实际上相当于：

```
cout.operator <<("C++")
```

"C++"的值是其首字节地址，是字符型指针(char *)类型，因此选择调用上面最后一个运算符重载函数，通过重载函数的函数体将字符串插入到 cout 流中，函数返回流对象 cout。

在 istream 类中已将运算符“>>”重载为对以下标准类型的提取运算符：char、signed char、unsigned char、short、unsigned short、int、unsigned int、long、unsigned long、float、double、long double、char *、signed char *、unsigned char * 等。

在 ostream 类中将“<<”重载为插入运算符，其适用类型除了以上标准类型外，还增加了一个 void * 类型。

如果想将“<<”和“>>”用于自己声明的类型的数据，就不能简单地采用包含 iostream 头文件来解决，必须自己对“<<”和“>>”进行重载。

怎样理解运算符“<<”和“>>”的作用呢？有一个简单、形象的方法，它们指出了数据移动的方向，例如：

```
>> a
```

箭头方向表示把数据放入 a 中。而

```
<< a
```

箭头方向表示从 a 中拿出数据。

10.3 C++标准输出流详解

标准输出流是流向标准输出设备(显示器)的数据。ostream 类定义了几个输出流对象，即 cout、cerr、clog，分别介绍如下。

10.3.1 cout 流对象

cout 是 console output 的缩写，意为在控制台(终端显示器)的输出。前面已对 cout 作了一些介绍(详情请查看“与 C++输入和输出有关的类和对象”)，在此再强调几点。

(1) cout 不是 C++预定义的关键字，它是 ostream 流类的对象，在 iostream 中定义。顾名思义，流是流动的数据，cout 流是流向显示器的数据。cout 流中的数据是用流插入运算符“<<”顺序加入的。如果有以下代码：

```
cout <<"I "<<"study C++"<<"very hard.";
```

按顺序将字符串"I "、"study C++"、"very hard."插入到 cout 流中，cout 就将它们送到显示器，在显示器上输出字符串"I study C++very hard."。cout 流是容纳数据的载体，它并不是一个运算符。人们关心的是 cout 流中的内容，也就是向显示器输出什么。

(2) 在用“cout <<”输出基本类型的数据时可以不必考虑数据是什么类型，系统会判断数据的类型，并根据其类型选择调用与之匹配的运算符重载函数。这个过程是自动的，用户不必干预。如果在 C 语言中用 printf 函数输出不同类型的数据，必须分别指定相应的输出格式符，十分麻烦，而且容易出错。C++的 I/O 机制对用户来说显然是方便且安全的。

(3) cout 流在内存中对应开辟了一个缓冲区，用来存放流中的数据，当向 cout 流插入一个 endl 时，不论缓冲区是否已满都立即输出流中的所有数据，然后插入一个换行符，并刷新流(清空缓冲区)。注意，如果插入一个换行符“\n”(如 cout << a <<"\n")，则只输出和换行，不刷新 cout 流(但并不是所有编译系统都体现出这一区别)。

(4) 在 iostream 中只对“<<”和“>>”运算符用于标准类型数据的输入与输出进行了重载，未对用户声明的类型数据的输入与输出进行重载。如果用户声明了新的类型，并希望用“<<”和“>>”运算符对其进行输入与输出，应该按照前面介绍的方法(详情请查看“C++运算符重载”)对“<<”和“>>”运算符另作重载。

10.3.2 cerr 流对象

cerr 流对象是标准错误流，cerr 流已被指定为与显示器关联。cerr 的作用是向标准错误设备(standard error device)输出有关的出错信息。cerr 与标准输出流 cout 的作用和用法差不多。但有一点不同：cout 流通常是传送到显示器输出，但也可以被重定向输出到磁盘文件，而 cerr 流中的信息只能在显示器输出。当调试程序时往往不希望程序运行时的出错信息被送到其他文件，而要求在显示器上及时输出，这时应该用 cerr。cerr 流中的信息是用户根据需要指定的。

【例 10.1】 有一元二次方程 $ax^2+bx+c=0$，其一般解为

$$x_{1,2}=\frac{-b\pm\sqrt{b^2-4ac}}{2a}$$

但若 $a=0$，或 $b^2-4ac<0$，用此公式会出错。

编程序，从键盘输入 a、b、c 的值，求 x_1 和 x_2。如果 $a=0$ 或 $b^2-4ac<0$，则输出出错信息。

代码如下：

```
#include < iostream >
#include < cmath >
using namespace std;
int main()
```

```
{
    float a,b,c,disc;
    cout <<"please input a,b,c:";
    cin >> a >> b >> c;
    if (a == 0)
       cerr <<"a is equal to zero,error! "<< endl;
    //将有关出错信息插入 cerr 流,在屏幕输出
    else
       if ((disc = b * b - 4 * a * c)< 0)
          cerr <<"disc = b * b - 4 * a * c < 0"<< endl;
    //将有关出错信息插入 cerr 流,在屏幕输出
    else
    {
       cout <<"x1 = "<<( - b + sqrt(disc))/(2 * a)<< endl;
       cout <<"x2 = "<<( - b - sqrt(disc))/(2 * a)<< endl;
    }
    return 0;
}
```

运行情况如下：

① please input a,b,c：0 2 3↙

```
a is equal to zero,error!
```

② please input a,b,c：5 2 3↙

```
sc = b * b - 4 * a * c < 0
```

③ please input a,b,c：1 2.5 1.5↙

```
x1 = -1
x2 = -1.5
```

10.3.3 clog 流对象

clog 流对象也是标准错误流,它是 console log 的缩写。它的作用和 cerr 相同,都是在终端显示器上显示出错信息。它们的区别在于 cerr 不经过缓冲区,直接向显示器上输出有关信息,而 clog 中的信息存放在缓冲区中,缓冲区满后或遇 endl 时向显示器输出。

10.4 C++格式化输出

在输出数据时,为简便起见,往往不指定输出的格式,由系统根据数据的类型采取默认的格式,但有时希望数据按指定的格式输出,如要求以十六进制或八进制形式输出一个整数,对输出的小数只保留两位小数等。通常有两种方法可以达到此目的,第一种是已经介绍过的使用控制符的方法；第二种是使用流对象的有关成员函数。

10.4.1 用控制符控制输出格式

【例 10.2】 用控制符控制输出格式。

```
#include <iostream>
#include <iomanip>
//不要忘记包含此头文件
using namespace std;
int main()
{
    int a;
    cout <<"input a:";
    cin >> a;
    cout <<"dec:"<< dec << a << endl;
    //以十进制形式输出整数 a
    cout <<"hex:"<< hex << a << endl;
    //以十六进制形式输出整数 a
    cout <<"oct:"<< setbase(8)<< a << endl;
    //以八进制形式输出整数 a
    char *pt = "China";
    //pt 指向字符串"China"
    cout << setw(10)<< pt << endl;
    //指定域宽,输出字符串
    cout << setfill('*')<< setw(10)<< pt << endl;
    //指定域宽,输出字符串,空白处以'*'填充
    double pi = 22.0/7.0;
    //计算 pi 值
    //按指数形式输出,8 位小数
    cout << setiosflags(ios::scientific)<< setprecision(8);
    cout <<"pi = "<< pi << endl;
    //输出 pi 值
    cout <<"pi = "<< setprecision(4)<< pi << endl;
    //改为位小数
    cout <<"pi = "<< setiosflags(ios::fixed)<< pi << endl;
    //改为小数形式输出
    return 0;
}
```

运行结果如下：

```
input a:34 ↙              (输入 a 的值)
dec:34                    (十进制形式)
hex:22                    (十六进制形式)
oct:42                    (八进制形式)
     China                (域宽为 10)
*****China                (域宽为 10,空白处以'*'填充)
pi = 3.14285714e + 00     (以指数形式输出,8 位小数)
pi = 3.1429e + 00         (以指数形式输出,4 位小数)
pi = 3.143                (以小数形式输出)
```

10.4.2 用流对象的成员函数控制输出格式

用户除了可以用控制符来控制输出格式以外，还可以通过调用流对象 cout 中用于控制输出格式的成员函数来控制输出格式。用于控制输出格式的常用流成员函数见表 10.3。

表 10.3 用于控制输出格式的流成员函数

流成员函数	与之作用相同的控制符	作　用
precision(*n*)	setprecision(*n*)	设置实数的精度为 *n* 位
width(*n*)	setw(*n*)	设置字段宽度为 *n* 位
fill(*c*)	setfill(*c*)	设置填充字符 *c*
setf()	setiosflags()	设置输出格式状态，括号中应给出格式状态，内容与控制符 setiosflags 括号中的内容相同，如表 10.4 所示
unsetf()	resetioflags()	终止已设置的输出格式状态，在括号中应指定内容

流成员函数 setf 和控制符 setiosflags 括号中的参数表示格式状态，它是通过格式标志来指定的，格式标志在类 ios 中被定义为枚举值，因此在引用这些格式标志时要在前面加上类名 ios 和域运算符"::"。格式标志见表 10.4。

表 10.4 设置格式状态的格式标志

格式标志	作　用
ios::left	输出数据在本域宽范围内向左对齐
ios::right	输出数据在本域宽范围内向右对齐
ios::internal	数值的符号位在域宽内左对齐，数值右对齐，中间由填充字符填充
ios::dec	设置整数的基数为 10
ios::oct	设置整数的基数为 8
ios::hex	设置整数的基数为 16
ios::showbase	强制输出整数的基数（八进制数以 0 打头，十六进制数以 0x 打头）
ios::showpoint	强制输出浮点数的小点和尾数 0
ios::uppercase	在用科学记数法格式 E 和用十六进制输出字母时以大写表示
ios::showpos	对正数显示"+"号
ios::scientific	浮点数以科学记数法格式输出
ios::fixed	浮点数以定点格式（小数形式）输出
ios::unitbuf	每次输出之后刷新所有流
ios::stdio	每次输出之后清除 stdout、stderr

【例 10.3】 用流控制成员函数输出数据。

```
#include <iostream>
using namespace std;
int main()
{
    int a = 21
    cout.setf(ios::showbase);
    //显示基数符号
```

```
cout <<"dec:"<< a << endl;
 //默认以十进制形式输出 a
cout.unsetf(ios::dec);
 //终止十进制的格式设置
cout.setf(ios::hex);
 //设置以十六进制输出的状态
cout <<"hex:"<< a << endl;
 //以十六进制形式输出 a
cout.unsetf(ios::hex);
 //终止十六进制的格式设置
cout.setf(ios::oct);
 //设置以八进制输出的状态
cout <<"oct:"<< a << endl;
 //以八进制形式输出 a
cout.unseft(ios::oct);
char * pt = "China";
 //pt 指向字符串"China"
cout.width(10);
 //指定域宽为 10
cout << pt << endl;
 //输出字符串
cout.width(10);
 //指定域宽为 10
cout.fill(' * ');
 //指定空白处以' * '填充
cout << pt << endl;
 //输出字符串
double pi = 22.0/7.0;
 //输出 pi 值
cout.setf(ios::scientific);
 //指定用科学记数法输出
cout <<"pi = ";
 //输出"pi = "
cout.width(14);
 //指定域宽为 14
cout << pi << endl;
 //输出 pi 值
cout.unsetf(ios::scientific);
 //终止科学记数法状态
cout.setf(ios::fixed);
 //指定用定点形式输出
cout.width(12);
 //指定域宽为 12
cout.setf(ios::showpos);
 //正数输出" + "号
cout.setf(ios::internal);
 //数符出现在左侧
cout.precision(6);
 //保留位小数
```

```
    cout << pi << endl;
    //输出 pi,注意数符"+"的位置
    return 0;
}
```

运行情况如下：

```
dec:21                    (十进制形式)
hex:0x15                  (十六进制形式,以 x 开头)
oct:025                   (八进制形式)
     China                (域宽 10)
*****China                (域宽 10,空白处以'*'填充)
pi=**3.142857e+00         (以指数形式输出,域宽为 14,默认 6 位小数)
+***3.142857              (以小数形式输出,最左侧输出数符"+")
```

对程序有以下几点说明：

(1) 成员函数 width(n)和控制符 setw(n)只对其后的第 1 个输出项有效。例如：

```
cout. width(6);
cout << 20 << 3.14 << endl;
```

输出结果为“203.14”。

在输出第 1 个输出项 20 时域宽为 6,因此在 20 前面有 4 个空格,在输出 3.14 时 width(6)已不起作用,此时按系统默认的域宽输出(按数据实际长度输出)。如果要求在输出数据时都按指定的同一域宽 n 输出,不能只调用一次 width(n),而必须在输出每一项前都调用一次 width(n),上面的程序就是这样做的。

(2) 在表 10.4 中的输出格式状态分为 5 组,每一组中同时只能选用一种(例如 dec、hex 和 oct 中只能选一,它们是互相排斥的)。在用成员函数 setf 和控制符 setiosflags 设置输出格式状态后,如果想改设置为同组的另一状态,应当调用成员函数 unsetf(对应于成员函数 self)或 resetiosflags(对应于控制符 setiosflags),先终止原来设置的状态,然后再设置其他状态,大家可以从本程序中看到这一点。程序在开始虽然没有用成员函数 self 和控制符 setiosflags 设置用 dec 输出格式状态,但系统默认指定为 dec,因此要改变为 hex 或 oct,应该先用 unsetf 函数终止原来的设置。如果删除程序中的

```
cout <<"dec:"<< a << endl;
//默认以十进制形式输出 a
```

和

```
cout <<"hex:"<< a << endl;
//以十六进制形式输出 a
```

虽然在代码行

```
cout.unsetf(ios::dec);
//终止十进制的格式设置
```

和

```
cout.unsetf(ios::hex);
//终止十六进制的格式设置
```

中用成员函数 setf 设置了 hex 和 oct 格式，由于未终止 dec 格式，因此 hex 和 oct 的设置均不起作用，系统依然以十进制形式输出。

同理，程序

```
cout.unsetf(ios::scientific);
//终止科学记数法状态
```

的 unsetf 函数的调用也是不可缺少的。

(3) 在用 setf 函数设置格式状态时可以包含两个或多个格式标志，由于这些格式标志在 ios 类中被定义为枚举值，每一个格式标志以一个二进位代表，因此可以用位或运算符"|"组合多个格式标志。例如：

```
cout.width(12);
//指定域宽
cout.setf(ios::showpos);
//正数输出"+"号
```

可以用下面一行代替：

```
cout.setf(ios::internal I ios::showpos);
//包含两个状态标志,用"|"组合
```

(4) 可以看到对输出格式的控制既可以用控制符(如例 10.2)，也可以用 cout 流的有关成员函数(如例 10.3)，二者的作用是相同的。控制符是在头文件 iomanip 中定义的，因此用控制符时必须包含 iomanip 头文件。cout 流的成员函数是在头文件 iostream 中定义的，因此只需包含头文件 iostream，不必包含 iomanip。许多程序人员感到使用控制符方便、简单，可以在一个 cout 输出语句中连续使用多种控制符。

10.5　用 C++流成员函数 put 输出单个字符

在程序中一般用 cout 和插入运算符"<<"实现输出，cout 流在内存中有相应的缓冲区。有时用户还有特殊的输出要求，例如只输出一个字符。ostream 类除了提供上面介绍的用于格式控制的成员函数外，还提供了专用于输出单个字符的成员函数 put。例如：

```
cout.put('a');
```

调用该函数的结果是在屏幕上显示一个字符 a。put 函数的参数可以是字符或字符的 ASCII 码(也可以是一个整型表达式)。例如：

```
cout.put(65 + 32);
```

也显示字符 a,因为 97 是字符 a 的 ASCII 代码。

可以在一个语句中连续调用 put 函数。例如:

```
cout.put(71).put(79).put(79). put(68).put('\n');
```

在屏幕上显示 GOOD。

【例 10.4】 有一个字符串"BASIC",要求把它们按相反的顺序输出。

```
#include <iostream>
using namespace std;
int main()
{
    char *a = "BASIC"; //字符指针指向'B'
    for(int i = 4;i >= 0;i--)
        cout.put(*(a + i));
    //从最后一个字符开始输出
    cout.put('\n');
    return 0;
}
```

运行时在屏幕上输出:

```
CISAB
```

除了可以使用 cout.put 函数输出一个字符外,还可以用 putchar 函数输出一个字符。putchar 函数是 C 语言中所使用的,在 stdio.h 头文件中定义。C++保留了这个函数,在 iostream 头文件中定义。

该例也可以改用 putchar 函数实现。

```
#include <iostream>
//也可以用#include <stdio.h>,同时不要下一行
using namespace std;
int main()
{
    char *a = "BASIC";
    for(int i = 4;i >= 0;i--)
        putchar(*(a + i));
    putchar('\n');
}
```

运行结果与前面相同。

成员函数 put 不仅可以用 cout 流对象调用,而且可以用 ostream 类的其他流对象调用。

10.6 cin 输入流详解

标准输入流是从标准输入设备(键盘)流向程序的数据。在头文件 iostream.h 中定义了 cin、cout、cerr、clog 几个流对象(详情请查看“与 C++输入和输出有关的类和对象”),cin 是输入流,cout、cerr、clog 是输出流。

cin 是 istream 类的对象,它从标准输入设备(键盘)获取数据,程序中的变量通过流提取符“>>”从流中提取数据。流提取符“>>”从流中提取数据时通常跳过输入流中的空格、Tab 键、换行符等空白字符。

注意:只有在输入完数据并按回车键后该行数据才被送入键盘缓冲区,形成输入流,提取运算符“>>”才能从中提取数据,注意保证从流中读取数据能正常进行。

例如:

```
int a,b;
cin >> a >> b;
```

若从键盘上输入

```
21 abc↙
```

变量 a 从输入流中提取整数 21,提取操作成功,此时 cin 流处于正常状态。但在变量 b 准备提取一个整数时遇到了字母 a,显然提取操作失败了,此时 cin 流被置为出错状态,只有在正常状态时才能从输入流中提取数据。

当遇到无效字符或遇到文件结束符(不是换行符,是文件中的数据已读完)时输入流 cin 处于出错状态,即无法正常提取数据。此时对 cin 流的所有提取操作都将终止。在 IBM PC 及其兼容机中以 Ctrl + Z 表示文件结束符。在 UNIX 和 Macintosh 系统中以 Ctrl + D 表示文件结束符。当输入流 cin 处于出错状态时,如果测试 cin 的值,可以发现它的值为 false(假),即 cin 为 0 值。如果输入流在正常状态,cin 的值为 true(真),即 cin 为一个非 0 值。可以通过测试 cin 的值判断流对象是否处于正常状态和提取操作是否成功。例如:

```
if(!cn)
//流 cin 处于出错状态,无法正常提取数据
cout <<"error";
```

【例 10.5】 通过测试 cin 的真值判断流对象是否处于正常状态。

```
#include <iostream>
using namespace std;
int main()
{
    float grade;
    cout <<"enter grade:";
    while(cin >> grade)      //能从 cin 流读取数据
```

```
    {
        if(grade >= 85) cout << grade <<"GOOD!"<< endl;
        if(grade < 60) cout << grade <<"fail!"<< endl;
        cout <<"enter grade:";
    }
    cout <<"The end."<< endl;
    return 0;
}
```

流提取符">>"不断地从流中提取数据(每次提取一个浮点数),如果成功,就赋给grade,此时 cin 为真,若不成功则 cin 为假。如果输入文件结束符,表示数据已完。

运行情况如下:

```
enter grade: 67↙
enter grade: 89↙
89 GOOD!
enter grade: 56↙
56 fail!
enter grade: 100↙
100 GOOD!
enter grade: ^Z↙       //输入文件结束符
The end.
```

在遇到文件结束符时程序结束。如果某次输入的数据为

```
enter grade: 100/2↙
```

流提取符">>"提取 100,赋给 grade,进行 if 语句的处理。之后遇到"/",认为是无效字符,cin 返回 0。循环结束,输出"The end."。

10.7 用 get()函数读入一个字符

get()函数是 cin 输入流对象的成员函数,它有 3 种形式,即不带参数的、有一个参数的、有 3 个参数的。

对于 cin 输入流的更多信息请查看"与 C++输入和输出有关的类和对象"和"cin 输入流详解"。

10.7.1 不带参数的 get 函数

其调用形式如下:

```
cin.get()
```

其用来从指定的输入流中提取一个字符(包括空白字符),函数的返回值就是读入的字符。若遇到输入流中的文件结束符,则函数值返回文件结束标志 EOF(End Of File),一般

以－1代表EOF,用－1而不用0或正值,这是考虑到不与字符的ASCII码混淆,但不同的C++系统所用的EOF值有可能不同。

【例10.6】 用get函数读入字符。

```
#include <iostream>
using namespace std;
int main()
{
   int c;
   cout <<"enter a sentence:"<< endl;
   while((c = cin.get())!= EOF)
      cout.put(c);
   return 0;
}
```

运行情况如下:

```
enter a sentence:
I study C++very hard.↙          (输入一行字符)
I study C++very hard.           (输出该行字符)
^Z↙                             (程序结束)
```

C语言中的getchar函数与流成员函数cin.get( )的功能相同,C++保留了C的这种用法,可以用getchar(*c*)从键盘读入一个字符赋给*c*。

10.7.2 有一个参数的get函数

其调用形式如下:

```
cin.get(ch)
```

其作用是从输入流中读取一个字符赋给字符变量ch。如果读取成功则函数返回true(真);如果失败(遇文件结束符)则函数返回false(假)。例10.6可以改写如下:

```
#include <iostream>
using namespace std;
int main()
{
    char c;
    cout <<"enter a sentence:"<< endl;
    while(cin.get(c))       //读取一个字符赋给字符变量c,如果读取成功,cin.get(c)为真
    {
        cout.put(c);
    }
    cout <<"end"<< endl;
    return 0;
}
```

10.7.3 有三个参数的 get 函数

其调用形式如下：

```
cin.get(字符数组, 字符个数 n, 终止字符)
```

或

```
cin.get(字符指针, 字符个数 n, 终止字符)
```

其作用是从输入流中读取 $n-1$ 个字符赋给指定的字符数组(或字符指针指向的数组)，如果在读取 $n-1$ 个字符之前遇到指定的终止字符,则提前结束读取。如果读取成功则函数返回 true(真)。如果失败(遇文件结束符)则函数返回 false(假)。再将例 10.6 改写如下：

```
#include < iostream >
using namespace std;
int main()
{
    char ch[20];
    cout <<"enter a sentence:"<< endl;
    cin.get(ch,10,'\\n'); //指定换行符为终止字符
  cout << ch << endl;
    return 0;
}
```

运行情况如下：

```
enter a sentence:
I study C++very hard.↙
I study
```

在输入流中有 22 个字符,但由于在 get 函数中指定的 n 为 10,读取 $n-1$ 个(即 9 个)字符并赋给字符数组 ch 中的前 9 个元素。有人可能要问：指定 $n-10$,为什么只读取 9 个字符呢？因为存放的是一个字符串,所以在 9 个字符之后要加入一个字符串结束标志,实际上存放到数组中的是 10 个字符。请读者思考：如果不加入字符串结束标志会出现什么情况？结果是在用“cout << ch;”输出数组中的字符时不是输出读入的字符串,而是输出数组中的全部元素。大家可以测试一下 ch[9](即数组中的第 10 个元素)的值是什么。

如果输入↙

```
abcde
```

即未读完第 9 个字符就遇到终止字符,读取操作终止,前 5 个字符已存放到数组 ch[0]到 ch[4]中,ch[5]中存放'\0'。

如果在 get 函数中指定的 n 为 20,而输入 22 个字符,则将输入流中的前 19 个字符赋给

字符数组 ch 中的前 19 个元素，再加入一个'\0'。

get 函数中的第 3 个参数可以省略，此时默认为'\n'。下面的两行等价：

```
cin.get(ch,10,'\\n');
cin.get(ch,10);
```

终止字符也可以用其他字符。例如：

```
cin.get(ch,10,'x');
```

在遇到字符'x'时停止读取操作。

10.8 用 getline()函数读入一行字符

getline 函数的作用是从输入流中读取一行字符，其用法与带 3 个参数的 get 函数类似，即：

```
cin.getline(字符数组(或字符指针), 字符个数 n, 终止标志字符)
```

【例 10.7】 用 getline 函数读入一行字符。

```
#include <iostream>
using namespace std;
int main()
{
   char ch[20];
   cout <<"enter a sentence:"<< endl;
   cin >> ch;
   cout <<"The string read with cin is:"<< ch << endl;
   cin.getline(ch,20,'/');    //读字符或遇'/'结束
   cout <<"The second part is:"<< ch << endl;
   cin.getline(ch,20);        //读字符或遇'/n'结束
   cout <<"The third part is:"<< ch << endl;
   return 0;
}
```

程序运行情况如下：

```
enter a sentence: I like C++./I study C++./I am happy.↙
The string read with cin is:I
The second part is: like C++.
The third part is:I study C++./I am h
```

请仔细分析运行结果。用“cin >>”从输入流提取数据，遇空格就终止。因此只读取一个字符'I'，存放在字符数组元素 ch[0]中，然后在 ch[1]中存放'\0'，所以用"cout << ch"输出时只输出一个字符'I'。然后用 cin.getline(ch, 20, '/')从输入流读取 19 个字符(或遇'/'结

束)。注意,此时并不是从输入流的开头读取数据。在输入流中有一个字符指针,指向当前应访问的字符。在开始时指针指向第 1 个字符,在读入第 1 个字符'I'后指针就移到下一个字符('I'后面的空格),所以 getline 函数从空格读起,把字符串" like C++. "存放到 ch[0]开始的 10 个数组元素中,然后用"cout << ch;"输出这 10 个字符。注意,遇终止标志字符"/"时停止读取且不放到数组中。再用 cin. getline(ch, 20)读 19 个字符(或遇'/n'结束),由于未指定以'/'为结束标志,所以第 2 个'/'被当作一般字符读取,共读入 19 个字符,最后输出这 19 个字符。

这里有几点请读者思考:

(1) 如果第 2 个 cin. getline 函数也写成 cin. getline(ch, 20, '/'),输出结果会如何? 此时最后一行的输出如下:

```
The third part is: I study C++.
```

(2) 如果在用 cin. getline(ch, 20, '/')从输入流读取数据时遇到回车键("\n"),是否结束读取? 结论是此时"\n"不是结束标志,"\n"被作为一个字符读入。

(3) 当用 getline 函数从输入流读字符时,若遇到终止标志字符结束,指针移到该终止标志字符之后,下一个 getline 函数将从该终止标志的下一个字符开始接着读入,如本程序的运行结果所示那样。如果用 cin. get 函数从输入流读字符时遇终止标志字符停止读取,指针不向后移动,仍然停留在原位置,下一次读取时仍从该终止标志字符开始。这是 getline 函数和 get 函数的不同之处。假如把例 10.7 程序中的两个 cin. line 函数调用都改为以下函数调用:

```
cin.getline(ch, 20, '/');
```

则运行结果如下:

```
enter a sentence: I like C++./I study C++./I am happy.↙
The string read with cin is: I
The second part is: like C++.
The third part is: (没有从输入流中读取有效字符)
```

第 2 个 cin. getline(ch, 20, '/')从指针当前位置起读取字符,遇到的第 1 个字符,就是终止标志字符读入结束,只把"\0"存放到 ch[0]中,所以用“cout << ch”输出时无字符输出。

因此用 get 函数时要特别注意,必要时用其他方法跳过该终止标志字符(如用后面介绍的 ignore 函数),一般来说用 getline 函数更方便。

(4) 请比较用“cin <<”和用成员函数 cin. getline()读数据的区别。用“cin <<”读数据时以空白字符(包括空格、Tab 键、回车键)作为终止标志,而用 cin. getline()读数据时连续读取一系列字符,可以包括空格。用“cin <<”可以读取 C++的标准类型的各类型数据(如果经过重载,还可以用于输入自定义类型的数据),而用 cin. getline()只用于输入字符型数据。

10.9 一些与输入有关的 istream 类成员函数

除了前面介绍的用于读取数据的成员函数以外，istream 类还有其他在输入数据时用得着的一些成员函数。

10.9.1 eof 函数

eof 是 end of file 的缩写，表示“文件结束”。从输入流读取数据，如果到达文件末尾(遇文件结束符)，eof 函数的值为非零值(真)，否则为 0(假)。

【例 10.8】 逐个读入一行字符，将其中的非空格字符输出。

```
#include <iostream>
using namespace std;
int main()
{
   char c;
   while(!cin.eof())          //eof( )为假表示未遇到文件结束符
   if((c=cin.get())!=' ')  //检查读入的字符是否为空格字符
      cout.put(c);
   return 0;
}
```

运行情况如下：

```
C++ is very interesting.↙
C++isveryinteresting.
```

10.9.2 peek 函数

peek 是“观察”的意思，peek 函数的作用是观测下一个字符。其调用形式如下：

```
c=cin.peek();
```

函数的返回值是指针指向的当前字符，但它只是观测，指针仍停留在当前位置，并不后移。如果要访问的字符是文件结束符，则函数值是 EOF(−1)。

10.9.3 putback 函数

其调用形式如下：

```
cin.putback(ch);
```

其作用是将前面用 get 或 getline 函数从输入流中读取的字符 ch 返回到输入流，插入到当前指针位置，以供后面读取。

【例 10.9】 peek 函数和 putback 函数的用法。

```
#include <iostream>
using namespace std;
int main()
{
    char c[20];
    int ch;
    cout <<"please enter a sentence:"<< endl;
    cin.getline(c,15,'/');
    cout <<"The first part is:"<< c << endl;
    ch = cin.peek();       //观看当前字符
    cout <<"The next character(ASCII code) is:"<< ch << endl;
    cin.putback(c[0]);  //将'I'插入到指针所指处
    cin.getline(c,15,'/');
    cout <<"The second part is:"<< c << endl;
    return 0;
}
```

运行情况如下：

```
please enter a sentence:
I am a boy./ am a student./↙
The first part is:I am a boy.
The next character(ASCII code) is:32  (下一个字符是空格)
The second part is:I am a student
```

10.9.4 ignore 函数

其调用形式如下：

```
cin.ignore(n, 终止字符)
```

函数的作用是跳过输入流中的 n 个字符，或在遇到指定的终止字符时提前结束(此时跳过包括终止字符在内的若干字符)。例如：

```
ighore(5, 'A')
//跳过输入流中的 5 个字符,遇'A'后就不再跳了
```

也可以不带参数或只带一个参数。例如：

```
ignore()
//终止字符默认为 EOF
```

相当于

```
ignore(1, EOF)
```

【例 10.10】 用 ignore 函数跳过输入流中的字符。

先看不用 ignore 函数的情况：

```
#include <iostream>
using namespace std;
int main()
{
    char ch[20];
    cin.get(ch,20,'/');
    cout<<"The first part is:"<<ch<<endl;
    cin.get(ch,20,'/');
    cout<<"The second part is:"<<ch<<endl;
    return 0;
}
```

运行结果如下：

```
I like C++./I study C++./I am happy.↙
The first part is:I like C++.
The second part is:(字符数组 ch 中没有从输入流中读取有效字符)
```

如果希望第 2 个 cin.get 函数能读取"I study C++.",应该设法跳过输入流中的第 1 个'/',可以用 ignore 函数实现此目的,将程序改为：

```
#include <iostream>
using namespace std;
int main()
{
    char ch[20];
    cin.get(ch,20,'/');
    cout<<"The first part is:"<<ch<<endl;
    cin.ignore();        //跳过输入流中的一个字符
    cin.get(ch,20,'/');
    cout<<"The second part is:"<<ch<<endl;
    return 0;
}
```

运行结果如下：

```
I like C++./I study C++./I am happy.↙
The first part is:I like C++.
The second part is:I study C++.
```

以上介绍的各成员函数不仅可以用 cin 流对象调用,也可以用 istream 类的其他流对象调用。

10.10 C++中文件的概念

迄今为止，本书讨论的输入与输出是以系统指定的标准设备(输入设备为键盘，输出设备为显示器)为对象的。在实际应用中常以磁盘文件作为对象，即从磁盘文件读取数据，将数据输出到磁盘文件。磁盘是计算机的外部存储器，它能够长期保留信息，能读能写，可以刷新重写，方便携带，因而得到广泛使用。

文件(file)是程序设计中的一个重要的概念。所谓“文件”，一般指存储在外部介质上的数据的集合。一批数据是以文件的形式存放在外部介质(如磁盘、光盘和U盘)上的。操作系统是以文件为单位对数据进行管理的，也就是说如果想找存在外部介质上的数据必须先按文件名找到所指定的文件，然后再从该文件中读取数据。如果要向外部介质上存储数据也必须先建立一个文件(以文件名标识)才能向它输出数据。

外存文件包括磁盘文件、光盘文件和U盘文件，目前使用最广泛的是磁盘文件，为叙述方便，本书凡用到外存文件的地方均以磁盘文件来代表，在程序中对光盘文件和U盘文件的使用方法与磁盘文件相同。

对用户来说常用到的文件有两大类，一类是程序文件(program file)，如C++的源程序文件(.cpp)、目标文件(.obj)、可执行文件(.exe)等；另一类是数据文件(data file)，在程序运行时经常需要将一些数据(运行的最终结果或中间数据)输出到磁盘上存放起来，当以后需要时再从磁盘中输入到计算机内存，这种磁盘文件就是数据文件。程序中输入和输出的对象就是数据文件。

文件根据数据的组织形式可分为ASCII文件和二进制文件。ASCII文件又称文本(text)文件或字符文件，它的每一个字节存放一个ASCII码，代表一个字符。二进制文件又称内部格式文件或字节文件，是把内存中的数据按其在内存中的存储形式原样输出到磁盘上存放。

对于字符信息而言，在内存中是以ASCII码形式存放的，因此无论是用ASCII文件输出还是用二进制文件输出，其数据形式都是一样的，但是对于数值数据二者是不同的。例如有一个长整数100000，在内存中占4字节，如果按内部格式直接输出，在磁盘文件中占4字节，如果将它转换为ASCII码形式输出，则要占6字节。

用ASCII码形式输出的数据是与字符一一对应的，一个字节代表一个字符，可以直接在屏幕上显示或打印出来。这种方式使用方便，比较直观，便于阅读，便于对字符逐个进行输入与输出，但一般占用的存储空间较多，而且要花费转换时间(二进制形式与ASCII码间的转换)。用内部格式(二进制形式)输出数值可以节省外存空间，而且不需要转换时间，但一个字节并不对应一个字符，不能直接显示文件中的内容。如果在程序运行过程中有些中间结果数据暂时保存在磁盘文件中，以后又需要输入到内存，这时用二进制文件保存是最合适的。如果为了能显示和打印以供用户阅读，则应按ASCII码形式输出。此时得到的是ASCII文件，它的内容可以直接在显示屏上观看。

C++提供了低级的I/O功能和高级的I/O功能。高级的I/O功能是把若干个字节组合为一个有意义的单位(例如整数、单精度数、双精度数、字符串或用户自定义的类型的数据)，然后以ASCII字符形式输入和输出。例如将数据从内存送到显示器输出就属于高级I/O

功能，先将内存中的数据转换为 ASCII 字符，然后分别按整数、单精度数、双精度数等形式输出。这种面向类型的输入与输出在程序中用得很普遍，用户感到方便。但在传输大容量的文件时由于数据格式转换速度较慢，效率不高。

所谓低级的 I/O 功能是以字节为单位输入和输出的，在输入和输出时不进行数据格式的转换。这种输入与输出是以二进制形式进行的，通常用来在内存和设备之间传输一批字节。这种输入与输出速度快、效率高，一般大容量的文件传输用无格式转换的 I/O，但使用时会感到不大方便。

10.11 C++中的文件流类与文件流对象

文件流是以外存文件为输入与输出对象的数据流。输出文件流是从内存流向外存文件的数据，输入文件流是从外存文件流向内存的数据。每一个文件流都有一个内存缓冲区与之对应。

请区分文件流与文件的概念，不要误以为文件流是由若干个文件组成的流。文件流本身不是文件，只是以文件为输入与输出对象的流。若要对磁盘文件输入与输出，必须通过文件流来实现。

在 C++的 I/O 类库中定义了几种文件类，专门用于对磁盘文件的输入与输出操作。在图 10.2(详情请查看“与 C++输入和输出有关的类和对象”)中可以看到除了标准输入输出流类 istream、ostream 和 iostream 类外，还有 3 个用于文件操作的文件类。

(1) ifstream 类：它是从 istream 类派生的，用来支持从磁盘文件的输入。

(2) ofstream 类：它是从 ostream 类派生的，用来支持向磁盘文件的输出。

(3) fstream 类：它是从 iostream 类派生的，用来支持对磁盘文件的输入与输出。

如果要以磁盘文件为对象进行输入与输出，必须定义一个文件流类的对象，通过文件流对象将数据从内存输出到磁盘文件，或者通过文件流对象从磁盘文件将数据输入到内存中。

其实在使用标准设备为对象的输入与输出中也是要定义流对象的，例如 cin、cout 就是流对象，C++是通过流对象进行输入与输出的。由于 cin、cout 已经在 iostream.h 中事先定义，所以用户不需要自己定义。在用磁盘文件时，由于情况各异，无法事先统一定义，必须由用户自己定义。此外，对磁盘文件的操作是通过文件流对象(而不是 cin 和 cout)实现的。文件流对象是用文件流类定义的，而不是用 istream 和 ostream 类定义。用户可以用下面的方法建立一个输出文件流对象：

```
ofstream outfile;
```

如同在头文件 iostream 中定义了流对象 cout 一样，现在在程序中定义了 outfile 为 ofstream 类(输出文件流类)的对象。但是有一个问题还未解决：在定义 cout 时已将它和标准输出设备(显示器)建立关联，而现在虽然建立了一个输出文件流对象，但是还未指定它向哪一个磁盘文件输出，需要在使用时加以指定。在下一节将解答这个问题。

10.12 文件的打开与关闭

这里讲一下如何打开和关闭磁盘上的文件，其他外设（U 盘、光盘等）上的文件与此相同。

10.12.1 打开文件

所谓打开（open）文件是一种形象的说法，如同打开房门就可以进入房间活动一样。打开文件是指在文件读写之前做必要的准备工作，包括：

（1）为文件流对象和指定的磁盘文件建立关联，以便使文件流流向指定的磁盘文件。

（2）指定文件的工作方式，例如该文件是作为输入文件还是输出文件，是 ASCII 文件还是二进制文件等。

以上工作可以通过两种不同的方法实现。

1. 调用文件流的成员函数 open。

例如：

```
ofstream outfile;
//定义 ofstream 类(输出文件流类)对象 outfile
outfile.open("f1.dat",ios::out);
//使文件流与 f1.dat 文件建立关联
```

第 3 行是调用输出文件流的成员函数 open 打开磁盘文件 f1.dat，并指定它为输出文件，文件流对象 outfile 将向磁盘文件 f1.dat 输出数据。ios::out 是 I/O 模式的一种，表示以输出方式打开一个文件。或者简单地说此时 f1.dat 是一个输出文件，接收从内存输出的数据。

调用成员函数 open 的一般形式如下：

```
文件流对象.open(磁盘文件名, 输入输出方式);
```

磁盘文件名可以包括路径，例如“c:\new\\f1.dat”，如果省略路径，则默认为当前目录下的文件。

2. 在定义文件流对象时指定参数

在声明文件流类时定义了带参数的构造函数，其中包含了打开磁盘文件的功能，因此可以在定义文件流对象时指定参数，调用文件流类的构造函数实现打开文件的功能。例如：

```
ostream outfile("f1.dat",ios::out);
```

一般多用此形式，比较方便。其作用与 open 函数相同。

输入与输出方式是在 ios 类中定义的，它们是枚举常量，有多种选择，见表 10.5。

表 10.5 文件输入与输出方式的设置值

方　式	作　用
ios::in	以输入方式打开文件
ios::out	以输出方式打开文件(这是默认方式),如果已有此名字的文件,则将其原有内容全部清除
ios::app	以输出方式打开文件,写入的数据添加在文件末尾
ios::ate	打开一个已有的文件,文件指针指向文件末尾
ios::trunc	打开一个文件,如果文件已存在,则删除其中全部数据；如果文件不存在,则建立新文件。如果已指定了 ios::out 方式,而未指定 ios::app、ios::ate、ios::in,则同时默认此方式
ios::binary	以二进制方式打开一个文件,如果不指定此方式则默认为 ASCII 方式
ios::nocreate	打开一个已有的文件,如果文件不存在,则打开失败,nocreate 的意思是不建立新文件
ios::noreplace	如果文件不存在则建立新文件,如果文件已存在则操作失败,noreplace 的意思是不更新原有文件
ios::in | ios::out	以输入和输出方式打开文件,文件可读可写
ios::out | ios::binary	以二进制方式打开一个输出文件
ios::in | ios::binar	以二进制方式打开一个输入文件

这里有几点说明：

(1) 新版本的 I/O 类库中不提供 ios::nocreate 和 ios::noreplace。

(2) 每一个打开的文件都有一个文件指针,该指针的初始位置由 I/O 方式指定,每次读写都从文件指针的当前位置开始。每读入一个字节,指针就后移一个字节。当文件指针移到最后就会遇到文件结束符 EOF(文件结束符也占一个字节,其值为－1),此时流对象的成员函数 eof 的值为非 0 值(一般设为 1),表示文件结束了。

(3) 用户可以用"位或"运算符"|"对输入与输出方式进行组合,如表 10.5 中最后 3 行所示的那样。例如：

```
ios::in | ios::noreplace
//打开一个输入文件,若文件不存在,则返回打开失败的信息
ios::app | ios::nocreate
//打开一个输出文件,在文件尾接着写数据,若文件不存在,则返回打开失败的信息
ios::out | ios::noreplace
//打开一个新文件作为输出文件,如果文件已存在,则返回打开失败的信息
ios::in | ios::out | ios::binary
//打开一个二进制文件,可读可写
```

但不能组合互相排斥的方式,例如：

```
ios::nocreate | ios::noreplace
```

(4) 如果打开操作失败,open 函数的返回值为 0(假),如果是用调用构造函数的方式打开文件的,则流对象的值为 0。可以据此测试打开是否成功。例如：

```
if(outfile.open("f1.bat", ios::app) == 0)
    cout <<"open error";
```

或

```
if( !outfile.open("f1.bat", ios::app) )
    cout <<"open error";
```

10.12.2 关闭磁盘文件

在对已打开的磁盘文件的读写操作完成后应关闭该文件，关闭文件用成员函数 close。例如：

```
outfile.close();
//将输出文件流所关联的磁盘文件关闭
```

所谓关闭，实际上是解除该磁盘文件与文件流的关联，原来设置的工作方式也失效，这样就不能再通过文件流对该文件进行输入或输出。此时可以将文件流与其他磁盘文件建立关联，通过文件流对新的文件进行输入或输出。例如：

```
outfile.open("f2.dat",ios::app|ios::nocreate);
```

此时文件流 outfile 与 f2. dat 建立关联，并指定了 f2. dat 的工作方式。

10.13 对 ASCII 文件的读写操作

如果文件的每一个字节中均以 ASCII 码形式存放数据，即一个字节存放一个字符，这个文件就是 ASCII 文件(或称字符文件)。程序可以从 ASCII 文件中读入若干个字符，也可以向它输出一些字符。

对 ASCII 文件的读写操作可以用以下两种方法。

(1) 用流插入运算符“<<”和流提取运算符“>>”输入与输出标准类型的数据：“<<”和“>>”都已在 iostream 中被重载为能用于 ostream 和 istream 类对象的标准类型的输入与输出。由于 ifstream 和 ofstream 分别是 ostream 和 istream 类的派生类(详情请见“与 C++输入和输出有关的类和对象”)，因此它们从 ostream 和 istream 类继承了公用的重载函数，所以在对磁盘文件的操作中可以通过文件流对象和流插入运算符“<<”及流提取运算符“>>”实现对磁盘文件的读写，如同用 cin、cout 和<<、>>对标准设备进行读写一样。

(2) 用文件流的 put、get、getline 等成员函数进行字符的输入与输出：前面已经介绍，请查看“用 C++流成员函数 put 输出单个字符”“用 get()函数读入一个字符”和“用 getline()函数读入一行字符”。

【例 10.11】 有一个整型数组，含 10 个元素，从键盘输入 10 个整数给数组，将此数组送到磁盘文件中存放。

```
#include <fstream>
using namespace std;
int main()
{
   int a[10];
   ofstream outfile("f1.dat",ios::out);
    //定义文件流对象,打开磁盘文件 f1.dat
   if(!outfile)
    //如果打开失败,outfile 返回值
   {
      cerr<<"open error!"<<endl;
      exit(1);
   }
   cout<<"enter 10 integer numbers:"<<endl;
   for(int i=0;i<10;i++)
   {
      cin>>a[i];
      outfile<<a[i]<<"";
   }
    //向磁盘文件 f1.dat 输出数据
   outfile.close();
    //关闭磁盘文件 f1.dat
   return 0;
}
```

运行情况如下：

```
enter 10 integer numbers:
 1 3 5 2 4 6 10 8 7 9↙
```

对程序的几点说明如下：

(1) 程序中用#indude 命令包含了头文件 fstream，这是由于在程序中用到文件流类 ofstream，而 ofstream 是在头文件 fstream 中定义的。有人可能会提出：程序中用到 cout，为什么没有包含 iostream 头文件？这是由于在头文件 fstream 中包含了头文件 iostream，因此包含了头文件 fstream 就意味着已经包含了头文件 iostream，不必重复(当然，多写一行#include < iostream >也不出错)。

(2) 参数 ios::out 可以省略。如果不写此项，则默认为 ios::out。下面两种写法等价：

```
ofstream outfile("f1.dat", ios::out);
ofstream outfile("f1.dat");
```

(3) 系统函数 exit 用来结束程序的运行。exit 的参数为任意整数，可用 0、1 或其他整数。由于用了 exit 函数，某些老版本的 C++要求包含头文件 stdlib. h，而在新版本的 C++(如 GCC)中则不要求包含。

(4) 在程序中用“cin >>”从键盘逐个读入 10 个整数，每读入一个就将该数向磁盘文件输出，输出语句如下：

```
outfile << a[i]<<" ";
```

可以看出，其用法和向显示器输出是相似的，只是把标准输出流对象 cout 换成文件输出流对象 outfile 而已。由于是向磁盘文件输出，所以在屏幕上看不到输出结果。

注意：在向磁盘文件输出一个数据后要输出一个(或几个)空格或换行符，以作为数据间的分隔，否则以后从磁盘文件读数据时 10 个整数的数字会连成一片，无法区分。

【例 10.12】 从例 10.11 建立的数据文件 f1.dat 中读入 10 个整数放在数组中，找出并输出 10 个数中的最大者和它在数组中的序号。

```
#include <fstream>
using namespace std;
int main()
{
    int a[10],max,i,order;
    //定义输入文件流对象,以输入方式打开磁盘文件 f1.dat
    ifstream infile("f1.dat",ios::in|ios::nocreate);
    if(!infile)
    {
        cerr <<"open error!"<< endl;
        exit(1);
    }
    for(i = 0;i < 10;i++)
    {
        infile >> a[i];
          //从磁盘文件读入 10 个整数,顺序存放在 a 数组中
        cout << a[i]<<" ";
     //在显示器上顺序显示 10 个数
    }
    cout << endl;
    max = a[0];
    order = 0;
    for(i = 1;i < 10;i++)
        if(a[i]> max)
        {
            max = a[i];
          //将当前最大值放在 max 中
            order = i;
          //将当前最大值的元素序号放在 order 中
        }
    cout <<"max = "<< max << endl <<"order = "<< order << endl;
    infile.close();
    return 0;
}
```

运行情况如下：

```
1 3 5 2 4 6 10 8 7 9          (在磁盘文件中存放的个数)
max = 10                      (最大值为 10)
```

```
order = 6                    (最大值是数组中序号为 6 的元素)
```

可以看到：文件 f1.dat 在例 10.11 中作为输出文件，在例 10.12 中作为输入文件。一个磁盘文件可以在一个程序中作为输入文件，而在另一个程序中作为输出文件，在不同的程序中可以有不同的工作方式。甚至可以在同一个程序中先后以不同的方式打开，如先以输出方式打开，接收从程序输出的数据，然后关闭它，再以输入方式打开，程序可以从中读取数据。

【例 10.13】 从键盘读入一行字符，把其中的字母字符依次存放在磁盘文件 f2.dat 中。再把它从磁盘文件读入程序，将其中的小写字母改为大写字母，再存入磁盘文件 f3.dat。

```
#include <fstream>
using namespace std;
//save_to_file 函数从键盘读入一行字符,并将其中的字母存入磁盘文件
void save_to_file()
{
   ofstream outfile("f2.dat");
    //定义输出文件流对象 outfile,以输出方式打开磁盘文件 f2.dat
   if(!outfile)
   {
      cerr<<"open f2.dat error!"<<endl;
      exit(1);
   }
   char c[80];
   cin.getline(c,80);
    //从键盘读入一行字符
   for(int i = 0;c[i]!= 0;i++)
    //对字符逐个处理,直到遇'/0'为止
   if(c[i]> = 65 && c[i]< = 90||c[i]> = 97 && c[i]< = 122)
    //如果是字母字符
   {
      outfile.put(c[i]);
    //将字母字符存入磁盘文件 f2.dat
      cout<<c[i];
    //同时送显示器显示
   }
   cout<<endl;
   outfile.close();
    //关闭 f2.dat
}
//从磁盘文件 f2.dat 读入字母字符,将其中的小写字母改为大写字母,再存入 f3.dat
void get_from_file()
{
   char ch;
   //定义输入文件流 outfile,以输入方式打开磁盘文件 f2.dat
   ifstream infile("f2.dat",ios::in|ios::nocreate);
   if(!infile)
   {
      cerr<<"open f2.dat error!"<<endl;
```

```
        exit(1);
    }
    ofstream outfile("f3.dat");
    //定义输出文件流 outfile,以输出方式打开磁盘文件 f3.dat
    if(!outfile)
    {
        cerr<<"open f3.dat error!"<<endl;
        exit(1);
    }
    while(infile.get(ch))
    //当读取字符成功时执行下面的复合语句
    {
        if(ch>=97 && ch<=122)
          //判断 ch 是否为小写字母
        ch=ch-32;
          //将小写字母变为大写字母
        outfile.put(ch);
          //将该大写字母存入磁盘文件 f3.dat
        cout<<ch;
          //同时在显示器输出
    }
    cout<<endl;
    infile.close();
    //关闭磁盘文件 f2.dat
    outfile.close();
    //关闭磁盘文件 f3.dat
}
int main()
{
    save_to_file();
    //调用 save_to_file()从键盘读入一行字符,并将其中的字母存入磁盘文件 f2.dat
    get_from_file();
    //调用 get_from_file()从 f2.dat 读入字母字符,改为大写字母,再存入 f3.dat
    return 0;
}
```

运行情况如下：

```
New Beijing, Great Olypic, 2008, China.↙
NewBeijingGreatOlypicChina  (将字母写入磁盘文件 f2.dat,同时在屏幕显示)
NEWBEIJINGGREATOLYPICCHINA  (改为大写字母)
```

本程序用了文件流的 put、get、getline 等成员函数实现输入和输出，用成员函数 inline 从键盘读入一行字符，调用函数的形式是 cin.inline(c, 80)，在从磁盘文件读一个字符时用 infile.get(ch)。可以看到二者的使用方法是一样的，cin 和 infile 都是派生类 istream 的对象，它们都可以使用 istream 类的成员函数。二者的区别在于对标准设备“显示器”输出时用 cin，对磁盘文件输出时用文件流对象。

磁盘文件 f3.dat 的内容虽然是 ASCII 字符，但人们是不能直接看到的，如果想从显示器上观看磁盘上 ASCII 文件的内容，可以采用以下两种方法。

(1) 在 DOS 环境下用 TYPE 命令,例如:

```
D:\\C++> TYPE f3.dat ↙  (假设当前目录是 D:\\C++)
```

在显示屏上会输出

```
NEWBEIJINGGREATOLYPICCHINA
```

如果用 GCC 编译环境,可以选择 File 菜单中的 DOS Shell 菜单项,此时即可进入 DOS 环境。如果想从 DOS 返回 GCC 主窗口,从键盘上输入 exit 即可。

(2) 编一程序将磁盘文件内容读入内存,然后输出到显示器。可以编一个专用函数。

```
#include <fstream>
using namespace std;
void display_file(char * filename)
{
   ifstream infile(filename,ios::in|ios::nocreate);
   if(!infile)
   {
      cerr<<"open error!"<<endl;
      exit(1);
   }
   char ch;
   while(infile.get(ch))
      cout.put(ch);
   cout<<endl;
   infile.close();
}
//然后在调用时给出文件名即可
int main()
{
   display_file("f3.dat"); //将 f3.dat 的入口地址传给形参 filename
   return 0;
}
```

运行时输出 f3.dat 中的字符:

```
NEWBEIJINGGREATOLYPICCHINA
```

10.14 对二进制文件的读写操作

二进制文件不是以 ASCII 码存放数据的,它将内存中数据的存储形式不加转换地传送到磁盘文件,因此它又称为内存数据的映像文件。因为文件中的信息不是字符数据,而是字节中的二进制形式的信息,因此它又称为字节文件。

对二进制文件的操作也需要先打开文件,用完后要关闭文件。在打开时要用 ios::binary 指定为以二进制形式传送和存储。二进制文件除了可以作为输入文件或输出文件外，还可以是既能输入又能输出的文件。这是和 ASCII 文件不同的地方。

10.14.1 用成员函数 read 和 write 读写二进制文件

对二进制文件的读写主要用 istream 类的成员函数 read 和 write 实现，这两个成员函数的原型如下：

```
istream& read(char * buffer, int len);
ostream& write(const char * buffer, int len);
```

字符指针 buffer 指向内存中的一段存储空间，len 是读写的字节数。其调用方式如下：

```
a. write(p1,50);
b. read(p2,30);
```

上面第 1 行中的 a 是输出文件流对象，write 函数将字符指针 p1 所给出的地址开始的 50 个字节的内容不加转换地写到磁盘文件中。在第 2 行中，b 是输入文件流对象，read 函数从 b 所关联的磁盘文件中读入 30 字节(或遇 EOF 结束)存放在字符指针 p2 所指的一段空间内。

【例 10.14】 将一批数据以二进制形式存放在磁盘文件中。

```
#include <fstream>
using namespace std;
struct student
{
   char name[20];
   int num;
   int age;
   char sex;
};
int main()
{
   student stud[3] = {"Li",1001,18,'f',"Fun",1002,19,'m',"Wang",1004,17,'f'};
   ofstream outfile("stud.dat",ios::binary);
   if(!outfile)
   {
      cerr<<"open error!"<<endl;
      abort();
    //退出程序
   }
   for(int i = 0;i < 3;i++)
      outfile.write((char * )&stud[i],sizeof(stud[i]));
      outfile.close();
   return 0;
}
```

用成员函数 write 向 stud.dat 输出数据，从前面给出的 write 函数的原型可以看出：第 1 个形参是指向 char 型常变量的指针变量 buffer，之所以用 const 声明，是因为不允许通过指针改变其指向数据的值。形参要求相应的实参是字符指针或字符串的首地址。现在要将结构体数组的一个元素(包含4个成员)一次输出到磁盘文件 stud.dat。&stud[*i*]是结构体数组的第 *i* 个元素的首地址,但这是指向结构体的指针,与形参类型不匹配。因此要用(char *)把它强制转换为字符指针。第2个参数是指定一次输出的字节数。sizeof (stud[*i*])的值是结构体数组的一个元素的字节数。调用一次 write 函数就将从 &stud[*i*]开始的结构体数组的一个元素输出到磁盘文件中,执行3次循环输出结构体数组的3个元素。

其实可以一次输出结构体数组的3个元素,将 for 循环的两行改为以下一行:

```
outfile.write((char * )&stud[0],sizeof(stud));
```

执行一次 write 函数即输出了结构体数组的全部数据。

abort 函数的作用是退出程序,与 exit 的作用相同。

可以看到,用这种方法一次可以输出一批数据,效率较高。在输出的数据之间不必加入空格,在一次输出之后也不必加回车换行符。在以后从该文件读入数据时不是靠空格作为数据的间隔,而是用字节数来控制。

【例 10.15】 将刚才以二进制形式存放在磁盘文件中的数据读入内存并在显示器上显示。

```
#include <fstream>
using namespace std;
struct student
{
   string name;
   int num;
   int age;
   char sex;
};
int main()
{
   student stud[3];
   int i;
   ifstream infile("stud.dat",ios::binary);
   if(!infile)
   {
      cerr <<"open error!"<< endl;
      abort();
   }
   for(i = 0;i < 3;i++)
   infile.read((char * )&stud[i],sizeof(stud[i]));
   infile.close();
   for(i = 0;i < 3;i++)
   {
      cout <<"NO."<< i + 1 << endl;
      cout <<"name:"<< stud[i].name << endl;
      cout <<"num:"<< stud[i].num << endl;;
      cout <<"age:"<< stud[i].age << endl;
      cout <<"sex:"<< stud[i].sex << endl << endl;
   }
   return 0;
}
```

运行时在显示器上显示：

```
NO.1
name: Li
num: 1001
age: 18
sex: f

NO.2
name: Fun
num: 1001
age: 19
sex: m

NO.3
name: Wang
num: 1004
age: 17
sex: f
```

请思考能否一次读入文件中的全部数据，例如：

```
infile.read((char * )&stud[0],sizeof(stud));
```

答案是可以的，将指定数目的字节读入内存，依次存放在以地址 &stud[0]开始的存储空间中，但要注意所读入数据的格式要与存放它的空间的格式匹配。由于磁盘文件中的数据是从内存中的结构体数组元素得来的，因此它仍然保留结构体元素的数据格式。现在再读入内存，存放在同样的结构体数组中，这必然是匹配的。如果把它放到一个整型数组中就不匹配了，会出错。

10.14.2 与文件指针有关的流成员函数

在磁盘文件中有一个文件指针，用来指明当前应进行读写的位置。在输入时每读入一个字节指针就向后移动一个字节，在输出时每向文件输出一个字节指针就向后移动一个字节，随着输出文件中的字节不断增加指针不断后移。对于二进制文件，允许对指针进行控制，使它按用户的意图移动到所需的位置，以便在该位置进行读写。文件流提供一些有关文件指针的成员函数。为了查阅方便，将它们归纳为表 10.6，并作必要的说明。

表 10.6 文件流与文件指针有关的成员函数

成员函数	作　用
gcount()	返回最后一次输入所读入的字节数
tellg()	返回输入文件指针的当前位置
seekg(文件中的位置)	将输入文件中的指针移到指定的位置
seekg(位移量,参照位置)	以参照位置为基础移动若干字节
tellp()	返回输出文件指针的当前位置
seekp(文件中的位置)	将输出文件中的指针移到指定的位置
seekp(位移量,参照位置)	以参照位置为基础移动若干字节

这里有几点说明：

(1) 这些函数名的第1个字母或最后一个字母不是g就是p。带g的是用于输入的函数(g是get的第1个字母,以g作为输入的标识容易理解和记忆),带p的是用于输出的函数(p是put的第1个字母,以p作为输出的标识)。例如有两个tell函数,tellg用于输入文件,tellp用于输出文件。同样,seekg用于输入文件,seekp用于输出文件。以上函数见名知意,一看就明白,不必死记。

如果是既可输入又可输出的文件,则任意用seekg或seekp。

(2) 函数参数中的“文件中的位置”和“位移量”已被指定为long型整数,以字节为单位。“参照位置”可以是下面三者之一。

ios::beg：文件开头(beg是begin的缩写),这是默认值。

ios::cur：指针当前的位置(cur是current的缩写)。

ios::end：文件末尾。

它们是在ios类中定义的枚举常量。举例如下：

```
infile.seekg(100);
//输入文件中的指针向前移到100字节位置
 infile.seekg(-50,ios::cur);
//输入文件中的指针从当前位置后移50字节
 outfile.seekp(-75,ios::end);
//输出文件中的指针从文件尾后移25字节
```

10.14.3 随机访问二进制数据文件

一般情况下读写是顺序进行的,即逐个字节进行读写。但是对于二进制数据文件来说可以利用上面的成员函数移动指针,随机地访问文件中任一位置上的数据,还可以修改文件中的内容。

【例10.16】 有5个学生的数据,要求：

(1) 把它们存到磁盘文件中；

(2) 将磁盘文件中的第1、3、5个学生数据读入程序,并显示出来；

(3) 将第3个学生的数据修改后存回磁盘文件中的原有位置；

(4) 从磁盘文件读入修改后的5个学生的数据并显示出来。

要实现以上要求,需要解决个问题：

(1) 由于同一磁盘文件在程序中需要频繁地进行输入和输出,因此可将文件的工作方式指定为输入输出文件,即ios::in|ios::out|ios::binary。

(2) 正确地计算好每次访问时指针的定位,即正确地使用seekg或seekp函数。

(3) 正确地进行文件中数据的重写(更新)。

可写出以下程序：

```
#include <fstream>
using namespace std;
struct student
```

```
{
    int num;
    char name[20];
    float score;
};
int main()
{
    student stud[5] = {1001,"Li",85,1002,"Fun",97.5,1004,"Wang",54,1006,"Tan",76.5,1010,
"ling",96};
    fstream iofile("stud.dat",ios::in|ios::out|ios::binary);
    //用 fstream 类定义输入输出二进制文件流对象 iofile
    if(!iofile)
    {
        cerr<<"open error!"<<endl;
        abort();
    }
    for(int i = 0;i < 5;i++)
     //向磁盘文件输出 5 个学生的数据
        iofile.write((char *)&stud[i],sizeof(stud[i]));
    student stud1[5];
     //用来存放从磁盘文件读入的数据
    for(int i = 0;i < 5;i = i + 2)
    {
        iofile.seekg(i * sizeof(stud[i]),ios::beg);
          //定位于第 0、2、4 学生数据开头
          //先后读入 3 个学生的数据,存放在 stud1[0]、stud1[1]和 stud1[2]中
          iofile.read((char *)&stud1[i/2],sizeof(stud1[0]));
          //输出 stud1[0]、stud1[1]和 stud1[2]各成员的值
        cout << stud1[i/2].num <<""<< stud1[i/2].name <<""<< stud1[i/2].score << endl;
    }
    cout << endl;
    stud[2].num = 1012;
     //修改第 3 个学生的数据
    strcpy(stud[2].name,"Wu");
    stud[2].score = 60;
    iofile.seekp(2 * sizeof(stud[0]),ios::beg);
     //定位于第 3 个学生数据的开头
    iofile.write((char *)&stud[2],sizeof(stud[2]));
     //更新第 3 个学生的数据
    iofile.seekg(0,ios::beg);
     //重新定位于文件开头
    for(int i = 0;i < 5;i++)
    {
        iofile.read((char *)&stud[i],sizeof(stud[i]));
    //读入 5 个学生的数据
        cout << stud[i].num <<""<< stud[i].name <<""<< stud[i].score << endl;
    }
    iofile.close();
    return 0;
}
```

运行情况如下：

```
1001 Li 85              (第 1 个学生数据)
1004 Wang 54            (第 3 个学生数据)
1010 ling 96            (第 5 个学生数据)

1001 Li 85              (输出修改后的 5 个学生数据)
1002 Fun 97.5
1012 Wu 60              (已修改的第 3 个学生数据)
1006 Tan 76.5
1010 ling 96
```

本程序也可以将磁盘文件 stud.dat 先后定义为输出文件和输入文件，在结束第 1 次的输出之后关闭该文件，然后按输入方式打开它，输入完后再关闭它，然后按输出方式打开，再关闭，再按输入方式打开它，输入完后再关闭，显然这是很烦琐和不方便的。在程序中把它指定为输入输出型的二进制文件，这样不仅可以向文件添加新的数据或读入数据，还可以修改（更新）数据。利用这些功能可以实现比较复杂的输入与输出任务。

注意：不能用 ifstream 或 ofstream 类定义输入与输出的二进制文件流对象，而应当用 fstream 类。

10.15 对字符串流的读写操作

文件流是以外存文件为输入与输出对象的数据流，字符串流不是以外存文件为输入与输出的对象，而以内存中用户定义的字符数组（字符串）为输入与输出的对象，即将数据输出到内存中的字符数组，或者从字符数组（字符串）将数据读入。字符串流也称为内存流。

字符串流也有相应的缓冲区，开始时流缓冲区是空的。如果向字符数组存入数据，随着向流插入数据，流缓冲区中的数据不断增加，待缓冲区满了（或遇换行符）一起存入字符数组。如果是从字符数组读数据，先将字符数组中的数据送到流缓冲区，然后从缓冲区中提取数据赋给有关变量。

在字符数组中可以存放字符，也可以存放整数、浮点数以及其他类型的数据。在向字符数组存入数据之前要先将数据从二进制形式转换为 ASCII 码，然后存放在缓冲区，再从缓冲区送到字符数组。在从字符数组读数据时先将字符数组中的数据送到缓冲区，在赋给变量前要先将 ASCII 码转换为二进制形式。总之，流缓冲区中的数据格式与字符数组相同。这种情况与以标准设备（键盘和显示器）为对象的输入与输出是类似的，键盘和显示器都是按字符形式输入与输出的设备，内存中的数据在输出到显示器之前先要转换为 ASCII 码形式，并送到输出缓冲区中。从键盘输入的数据以 ASCII 码形式输入到输入缓冲区，在赋给变量前转换为相应变量类型的二进制形式，然后赋给变量。对于字符串流的输入与输出情况，如果用户不清楚，可以从对标准设备的输入与输出中得到启发。

文件流类有 ifstream、ofstream 和 fstream，而字符串流类有 istrstream、ostrstream 和 strstream。文件流类和字符串流类都是 ostream、istream 和 iostream 类的派生类，因此对它们的操作方法是基本相同的。向内存中的一个字符数组写数据就如同向文件写数据一样，但有 3 点不同：

(1) 输出时数据不是流向外存文件,而是流向内存中的一个存储空间,输入时从内存中的存储空间读取数据。从严格意义上说,这不属于输入与输出,称为读写比较合适。因为输入与输出一般指的是在计算机内存与计算机外的文件(外部设备也视为文件)之间的数据传送。但由于 C++的字符串流采用了 C++的流输入输出机制,因此往往也用输入和输出来表述读写操作。

(2) 字符串流对象关联的不是文件,而是内存中的一个字符数组,因此不需要打开和关闭文件。

(3) 每个文件的最后都有一个文件结束符,表示文件的结束。而字符串流所关联的字符数组中没有相应的结束标志,用户要指定一个特殊字符作为结束符,在向字符数组写入全部数据后要写入此字符。

字符串流类没有 open 成员函数,因此要在建立字符串流对象时通过给定参数来确立字符串流与字符数组的关联,即通过调用构造函数来解决此问题。

10.15.1 建立输出字符串流对象

ostrstream 类提供的构造函数的原型如下:

```
ostrstream::ostrstream(char * buffer, int n, int mode = ios::out);
```

buffer 是指向字符数组首元素的指针,n 为指定的流缓冲区的大小(一般选与字符数组的大小相同,也可以不同),第 3 个参数是可选的,默认为 ios::out 方式。用户可以用以下语句建立输出字符串流对象并与字符数组建立关联:

```
ostrstream strout(ch1,20);
```

其作用是建立输出字符串流对象 strout,并使 strout 与字符数组 ch1 关联(通过字符串流将数据输出到字符数组 ch1),流缓冲区大小为 20。

10.15.2 建立输入字符串流对象

istrstream 类提供了两个带参的构造函数,原型如下:

```
istrstream::istrstream(char * buffer);
istrstream::istrstream(char * buffer, int n);
```

buffer 是指向字符数组首元素的指针,用它来初始化流对象(使流对象与字符数组建立关联)。用户可以用以下语句建立输入字符串流对象:

```
istrstream strin(ch2);
```

其作用是建立输入字符串流对象 strin,将字符数组 ch2 中的全部数据作为输入字符串流的内容。

```
istrstream strin(ch2,20);
```

流缓冲区大小为20,因此只将字符数组ch2中的20个字符作为输入字符串流的内容。

10.15.3　建立输入输出字符串流对象

strstream类提供的构造函数的原型如下：

```
strstream::strstream(char * buffer,int n,int mode);
```

用户可以用以下语句建立输入输出字符串流对象：

```
strstream strio(ch3,sizeof(ch3),ios::in|ios::out);
```

其作用是建立输入输出字符串流对象,以字符数组ch3为输入输出对象,流缓冲区大小与数组ch3相同。

以上3个字符串流类是在头文件strstream中定义的,因此在程序中用到istrstream、ostrstream和strstream类时应包含头文件strstream(在GCC中用头文件strstream)。

【例10.17】 将一组数据保存在字符数组中。

```
#include <strstream>
using namespace std;
struct student
{
   int num;
   char name[20];
   float score;
};
int main()
{
   student stud[3] = {1001,"Li",78,1002,"Wang",89.5,1004,"Fun",90};
   char c[50];
    //用户定义的字符数组
   ostrstream strout(c,30);
    //建立输出字符串流,与数组c建立关联
   for(int i = 0;i<3;i++)
    //向字符数组c写3个学生的数据
      strout << stud[i].num << stud[i].name << stud[i].score;
   strout << ends;
    //ends是C++的I/O操作符,插入一个'\\0'
   cout <<"array c:"<< c << endl;
    //显示字符数组c中的字符
}
```

运行时显示器中的输出如下：

```
array c:
1001Li781002Wang89.51004Fun90
```

以上就是字符数组 c 中的字符。可以看到：

(1) 字符数组 c 中的数据全部是以 ASCII 码形式存放的字符，而不是以二进制形式表示的数据。

(2) 在建立字符串流 strout 时指定流缓冲区大小为 30 字节，与字符数组 c 的大小不同，这是允许的，这时字符串流最多可以传送 30 个字符给字符数组 c。

请思考：如果将流缓冲区大小改为 10 字节，即：

```
ostrstream.strout( c ,10);
```

运行情况会怎样？流缓冲区只能存放 10 个字符，将这 10 个字符写到字符数组 c 中。运行时显示的结果如下：

```
001Li7810
```

字符数组 c 中只有 10 个有效字符。一般把流缓冲区的大小指定为与字符数组的大小相同。

(3) 字符数组 c 中的数据之间没有空格，连成一片，这是由输出的方式决定的。如果以后想将这些数据读回赋给程序中相应的变量，就会出现问题，因为无法分隔两个相邻的数据。为解决此问题，可在输出时人为地加入空格。例如：

```
for(int i = 0;i < 3;i++)
    strout <<""<< stud[i].num <<""<< stud[i].name <<""<< stud[i].score;
```

同时应修改流缓冲区的大小，以便能容纳全部内容，今改为字节。这样运行时将输出：

```
1001 Li 78 1002 Wang 89.5 1004 Fun 90
```

再读入时就能清楚地将数据分隔开。

【例 10.18】 在一个字符数组 c 中存放了 10 个整数，以空格间隔，要求将它们放到整型数组中，再按大小排序，然后存放回字符数组 c 中。

```
#include < strstream >
using namespace std;
int main()
{
   char c[50] = "12 34 65  - 23  - 32 33 61 99 321 32";
   int a[10],i,j,t;
   cout <<"array c:"<< c << endl;
    //显示字符数组中的字符串
   istrstream strin(c,sizeof(c));
    //建立输入串流对象 strin 并与字符数组 c 关联
   for(i = 0;i < 10;i++)
      strin >> a[i];
    //从字符数组 c 读入 10 个整数赋给整型数组 a
```

```
    cout <<"array a:";
    for(i = 0;i < 10;i++)
      cout << a[i]<<"";
     //显示整型数组 a 的各元素
    cout << endl;
    for(i = 0;i < 9;i++)
     //用冒泡法对数组 a 排序
      for(j = 0;j < 9 - i;j++)
         if(a[j]> a[j + 1])
         {t = a[j];a[j] = a[j + 1];a[j + 1] = t;}
    ostrstream strout(c,sizeof(c));
     //建立输出串流对象 strout 并与字符数组 c 关联
      for(i = 0;i < 10;i++)
         strout << a[i]<<"";
     //将 10 个整数存放在字符数组 c
    strout << ends; //加入'\\0'
    cout <<"array c:"<< c << endl;
     //显示字符数组 c
    return 0;
}
```

运行结果如下：

```
array c: 12 34 65 -23 -32 33 61 99 321 32      (字符数组 c 原来的内容)
array a: 12 34 65 -23 -32 33 61 99 321 32      (整型数组 a 的内容)
array c: -32 -12 32 33 34 61 65 99 321         (字符数组 c 最后的内容)
```

对字符串流的几点说明如下：

(1) 在用字符串流时不需要打开和关闭文件。

(2) 通过字符串流从字符数组读数据就如同从键盘读数据一样，可以从字符数组读入字符数据，也可以读入整数、浮点数或其他类型数据。如果不用字符串流，只能从字符数组逐个访问字符，而不能按其他类型的数据形式读取数据。这是用字符串流访问字符数组的优点，使用方便、灵活。

(3) 程序中先后建立了两个字符串流，即 strin 和 strout，与字符数组 c 关联。strin 从字符数组 c 中获取数据，strout 将数据传送给字符数组，分别对同一字符数组进行操作，甚至可以对字符数组进行交叉读写，输入字符串流和输出字符串流分别有流指针指示当前位置，互不干扰。

(4) 用输出字符串流向字符数组 c 写数据时是从数组的首地址开始的，因此更新了数组的内容。

(5) 字符串流关联的字符数组并不一定是专为字符串流定义的数组，它与一般的字符数组无异，可以对该数组进行其他各种操作。

通过以上对字符串流的介绍，大家可以看到：与字符串流关联的字符数组相当于内存中的临时仓库，可以用来存放各种类型的数据(以 ASCII 形式存放)，当需要时再从中读回来。它的用法相当于标准设备(显示器与键盘)，但标准设备不能保存数据，而字符数组中的内容可以随时用 ASCII 字符输出。它比外存文件的使用方便，不必建立文件(不需要打开与关闭),存取速度快。但它的生命周期与其所在的模块(如主函数)相同,在该模块的生命周期结束后字符数组也不存在了,因此只能作为临时的存储空间。

综合实例

关于文件读和写的综合性例子:一个简单的通讯录管理程序,演示C++的文件操作。代码如下:

```
#include<iostream.h>
#include<fstream.h>
#include<string.h>
class phonebook{
      char name[40];                                   //姓名
      char postcode[10];                               //邮编
      char address[80];                                //地址
      char phonenum[20];                               //电话
public:
      phonebook(){};                                   //默认构造函数
      phonebook(char *n,char *a, char *p,char *nm)   //构造函数
      { strcpy(name,n);                                //姓名串
        strcpy(postcode,a);                            //邮编串
strcpy(address,p);                                     //地址串
        strcpy(phonenum,nm);                           //电话串
      }
      void read(istream& is);                          //输入
      void output(ostream& os);                        //输出
      friend ostream &operator<<(ostream &stream, phonebook o);
      friend istream &operator>>(istream &stream,phonebook &o);
};                                                     //输入输出操作符重载
void phonebook::read(istream& is)
{
      cout<<"输入姓名:";
      is>>name;                                        //读姓名
      cout<<"输入邮政编码:";
      is>>postcode;                                    //读邮编
cout<<"输入通信地址:";
      is>>address;                                     //读地址
      cout<<"输入电话号码:";
      is>>phonenum;                                    //读电话
      cout<<"\n";
}
void phonebook::output(ostream &os)
{     os<<name<<" ";                                   //输出姓名
      os<<"("<<postcode<<")";                          //输出邮编
      os<<address<<" -- ";                             //输出地址
      os<<phonenum<<"\n";                              //输出电话
}
```

```
//重载 operator <<
ostream &operator <<(ostream &stream,phonebook o)
{
      o.output(stream);                           //输出姓名
     return stream;                              //返回输出流对象的引用
}
//重载 operator >>
istream &operator >>(istream &stream,phonebook &o)
{
      o.read(stream);                             //输出姓名
    return stream;                               //返回输入流对象的引用
}
int main()
{      phonebook a;
      fstream pb("phone",ios::in|ios::out|ios::app);
      if(!pb){
         cout <<"无法打开文件!\n";
         return 1;
      }
      for(;;){
        char c;
        do{  cout <<"1.输入记录\n";
            cout <<"2.显示记录\n";
            cout <<"3.退出\n";
            cout <<"\n 请选择: ";
    cin >> c;
          }while(c <'1'||c >'3');
        switch(c){
                  case '1':
              cin >> a;
              cout <<"您输入的是:";
              cout << a;
              pb << a;
              break;
         case '2':
              pb.seekg(0,ios::beg);
                              //成员函数 seekg(0,ios::beg)表示
        //将文件位置指针移到文件开头(位置 0)
        //第 2 个参数指定寻找方向
        //ios::beg(默认)相对于流的开头定位
  while(!pb.eof()){
                     pb.get(c);
                     cout << c;
                  }
                  pb.clear();
                  cout << endl;
                  break;
             case '3':
                  pb.close();
```

```
                return 0;
            }
        }
        return 0;
}
```

本章小结

本章主要讲解了C++的输入输出流类，要求学生掌握输入输出类的结构、文件流类、串流类、格式控制，以及流类成员函数的使用、数据文件的输入与输出操作。

习题

一、完成程序题

下面是一个输入半径，输出其面积和周长的C++程序，在画线处填上正确的语句。

```
#include <iostream>
________;
________;
void main()
{
    double rad;
    cout <<"rad = ";
    cin >> rad;
    double l = 2.0 * pi * rad;
    double s = pi * rad * rad;
    cout <<"\n The long is: "<< l << endl;
    cout <<"The area is: "<< s << endl;
}
```

二、程序分析题

写出下面程序的运行结果。

设有文本文件abc.txt，读入其中的读据计算并输出各学生的平均成绩。

```
2004123001 ZhangSan   99 88 77 66
2004123003 LiSi       88 77 66 55
2004123009 WangWu     91 92 93 94
```

代码如下：

```
#include <iostream.h>
#include <fstream.h>
#include <iomanip.h>
```

```
void main()
{
  ifstream fin("c:\\abc.txt");
  long id;
  char name[9];
  float mark[4],sum,aver;
  while(!fin.eof())
  {
    fin >> id >> name;
    cout << setiosflags(ios::left)<< setw(15)<< id;
    cout << setiosflags(ios::left)<< setw(20)<<      name;
    sum = 0;
    for (int i = 0;i < 4;i++)
    {
    fin >> mark[i];
    cout << setw(6)<< mark[i];
    sum += mark[i];
    }
     aver = sum/4;
     cout << setw(10)<< aver << endl;
  }
}
```

图书资源支持

感谢您一直以来对清华版图书的支持和爱护。为了配合本书的使用，本书提供配套的素材，有需求的用户请到清华大学出版社主页（http://www.tup.com.cn）上查询和下载，也可以拨打电话或发送电子邮件咨询。

如果您在使用本书的过程中遇到了什么问题，或者有相关图书出版计划，也请您发邮件告诉我们，以便我们更好地为您服务。

我们的联系方式：

地　　址：北京海淀区双清路学研大厦 A 座 707

邮　　编：100084

电　　话：010－62770175－4604

资源下载：http://www.tup.com.cn

电子邮件：weijj@tup.tsinghua.edu.cn

QQ：883604（请写明您的单位和姓名）

扫一扫

资源下载、样书申请

新书推荐、技术交流

用微信扫一扫右边的二维码，即可关注清华大学出版社公众号“书圈”。